国家示范（骨干）高职院校建筑工程技术重点建设专业成果教材

地基与基础工程施工

■ 主　编　谭正清　夏念恩　贾海艳

■ 副主编　熊　熙　於重任　张红兵

WUHAN UNIVERSITY PRESS

武汉大学出版社

图书在版编目(CIP)数据

地基与基础工程施工/谭正清,夏念恩,贾海艳主编.—武汉:武汉大学出版社,2013.6
国家示范(骨干)高职院校建筑工程技术重点建设专业成果教材
ISBN 978-7-307-10468-6

Ⅰ.地… Ⅱ.①谭… ②夏… ③贾… Ⅲ.①地基—工程施工—高等职业教育—教材 ②基础(工程)—工程施工—高等职业教育—教材
Ⅳ.①TU47 ②TU753

中国版本图书馆 CIP 数据核字(2013)第 027832 号

责任编辑:胡 艳　　责任校对:王 建　　版式设计:马 佳

出版发行:**武汉大学出版社** (430072 武昌 珞珈山)
(电子邮件:cbs22@ whu. edu. cn 网址:www. wdp. com. cn)
印刷:湖北民政印刷厂
开本:787×1092 1/16　印张:16　字数:383 千字　插页:1
版次:2013 年 6 月第 1 版　2013 年 6 月第 1 次印刷
ISBN 978-7-307-10468-6/TU · 117　定价:33.00 元

前　言

本书是按照“基于工作过程”的教学模式开发的项目化教材，以满足高等职业技术院校建筑工程技术、工程监理、工程造价等专业培养技能型人才的需求。通过国家骨干院校重点专业建设，深入开展建筑工程技术行业岗位(群)调查，融入最新职业资格标准，即《建筑与市政工程施工现场专业人员职业标准》(JGJT250—2011)，加强关键能力和职业迁移能力的培养。本书共开发了土工试验与工程地质勘察报告阅读、土方工程施工、深基坑工程施工、特殊(软弱)地基处理工程施工、浅基础工程施工、桩基础工程施工六个学习情境。每个学习情境又分为若干项目来编写，结合具体的工程实践项目，注重对学生专业技能的训练，更容易培养职业素养。本书具有较强的针对性、实用性和通用性，可作为高职高专院校建筑工程技术、工程监理、道桥、工程造价等专业的课程教材，也可作为在职建筑工程技术人员的岗位培训及广大建筑工程管理人员自学的参考书籍。

本书学习情境一土工试验与工程地质勘察报告阅读和学习情境四特殊(软弱)地基处理工程施工由贾海艳老师编写，学习情境二土方工程施工由於重任老师编写，学习情境三深基坑工程施工由夏念恩老师编写，学习情境五浅基础工程施工由熊熙老师编写，学习情境六桩基础工程施工由谭正清老师编写。全书由谭正清老师、夏念恩老师补充并统稿。在此特别感谢刘晓敏院长，提出很多宝贵的指导性意见；感谢夏念恩老师提供和编辑大量工程实践项目；感谢贾海艳、熊熙老师提供很多素材。

本书编写的主要依据是《地基基础工程施工课程标准》，同时参考了《建筑与市政工程施工现场专业人员职业标准》、《建筑施工手册》(第四版)、《混凝土结构施工图平面整体表示方法制图规则和构造详图(独立基础、条形基础、筏形基础及桩基承台)》、建筑工程相关规范、标准以及其他大量出版文献及资料。

由于编写时间及编者水平有限，教材中不足及疏漏之处在所难免，敬请广大读者、同行和专家批评指正。

编　者

2013 年 1 月

目　录

绪　论

一、“地基与基础工程施工”学习领域发展进程

国家教育部、高职高专教育司于2006年启动实施“国家示范性高等职业院校建设计划”以来，推进教学改革的思想，高职院校积极探索校企合作、工学结合，主动服务社会，精神面貌焕然一新，突破传统本科压缩饼干教学模式，确定了校企合作、工学结合人才培养模式的改革方向；强化实践教学，通过生产性实训和顶岗实习增强学生就业能力，提高了毕业生就业率和企业的认可度；强化“以服务为宗旨、以就业为导向”的办学理念，提升了服务社会的能力和水平；服务于国家战略实施全局，服务于区域经济。为了服务区域经济，“地基与基础工程施工”学习领域的开发和整合变得更有意义。

“地基与基础工程施工”要解决所有的地基基础工程施工问题，我们开发该学习领域思路就是开发学习情境、项目和任务，设计教学，改变学生传统学习理念和模式，符合高职高专学生本身的基础情况的一种新的教学模式。

黄冈职业技术学院建筑工程技术专业为湖北省教学改革试点专业，“地基与基础工程施工”学习领域是建筑工程技术专业的主干课，也是该专业的核心领域之一。

“地基与基础工程施工”课程是由学科体系下“土力学地基基础”、“建筑施工”、“高层结构施工”三门课程整合而成，在课程整合过程中紧紧围绕建筑工程专业人才培养目标，突出技能性、应用性、实践性，精心构建课程结构、课程内容，明确课程的教育目标以及知识、能力、素质结构，融合了近年来的课程改革和建设中的新思想、新观念。

1985—2003年，早期的课程采用本科院校的课程体系，是按学科建立的，有关地基基础方面的知识讲授的是《土力学地基基础》、《建筑施工》中的土方工程施工，知识结构松散，学生学的东西不能马上用于实践，感觉太抽象。

2003—2006年，随着现在建筑工程地上、地下发展趋势，加入“高层结构施工”课程，里面涉及地基基础的章节有“基坑支护”、“基坑降水”、“地基处理技术”。

2006—2009年，黄冈职业技术学院在全国土建教学指导委员会多次探讨研究下，建工专业积极推动教学改革，旧的教学模式和课程体系已经不能符合高职高专人才培养的需要，我们将“土力学地基基础”、“建筑施工”和“高层结构施工”中与地基基础相关的章节按照工作过程整合成“地基与基础工程施工”学习领域。在整合过程中，我们不断探索研究，2006年，我们最初开始教学改革时，“地基与基础工程施工”只讲施工方面的知识，学生对土力学一点不知道，到工作岗位上去后，简单的工程问题都不会分析，有很大的盲区；2007年，我们重新整合了课程，加入基础平法图纸识读、基础钢筋下料单的计算、土力学和基础设计的知识，学生的拓展能力得到了很大的提高；2009年，我们又结合实际施工工作过程，引入塔吊基础设计；经过几年的努力，形成了目前的“地基与基础工程

施工”学习领域。

二、“地基与基础工程施工”学习领域开发设计

(一)“地基与基础工程施工”学习领域设计与开发过程

以面向建筑企业一线从事技术管理工作的施工员岗位为出发点，从职业岗位的现状和发展趋势入手，开展职业岗位的职责、任务、工作过程调研和分析，确定典型工作任务，归纳行动领域，将其转换成学习领域，并以施工过程为导向，按照典型工作任务设置课程，构建符合工作过程系统化的课程体系；然后针对每一学习领域设计学习情境，编制教学资料。学习情境是一个案例化的学习单元，它把理论知识、实践技能与实际应用环境结合在一起。学习情境设计应根据完整思维及职业特征分解，每个学习情境都应是完整的工作过程。

新的课程体系以新的教学组织方式实现其培养目标。“行动导向”教学通过完整的实际工作过程训练，使得学生掌握职业能力，获得实际工作经验，有利于培养学生针对工作任务具备独立计划、独立实施和独立评价的能力；有利于使学科体系与行动体系相互结合，各职业学院可以因地制宜，采取相应的个性化措施，通过不同的教学方法来实现。

“行动导向”的教学设计应重点体现以下内容：

(1)以典型的实际施工任务为载体组织教学内容，体现教学内容与工作内容一致的原则；

(2)整个行动过程从资讯、计划、决策、实施、检查到评估，均以学生独立工作为主；

(3)整个行动过程应有明确的学习目标、学习内容、典型工作任务、工作方法要求和完成时间要求。

“地基与基础工程施工”学习领域将使学生掌握地基基础施工所需的基本理论知识(包括增加的土力学知识、基础设计知识、基础平法识图知识和基础钢筋下料知识)、地基基础施工的基本操作技能、质量标准和质量检验的基本方法；具备正确选择地基基础施工材料、施工工艺、施工方法和施工机具，编制施工方案，在保证环境和安全(特别是用电安全)的条件下组织施工、进行施工质量检查验收、编制施工技术文件并进行归档的能力。整个学习领域开发了六个学习情境：土工试验与工程地质勘察报告阅读、土方工程施工、深基坑工程施工、特殊(软弱)地基处理工程施工、浅基础工程施工、桩基础工程施工。学习领域开发和教学坚持“工学结合”、“工学交替”的教学模式，按照“行动导向”六步法开发情境、项目、任务和执行教学任务，其创新之处体现在以下几个方面：

1. 学习情境一：土工试验与工程地质勘察报告阅读

共开发了六个项目：土的物理性质指标的测定、土的物理状态指标的测定、土的工程分类与鉴别、土的压缩性指标测定、土的抗剪强度指标测定、岩土工程勘察报告及应用。学习情境和项目设计符合工程地质勘察报告阅读的基本程序，符合工程建设程序，跟实际施工更接近，符合事物认知基本规律；而且，将土力学中土的压缩性和土的抗剪强度理论整合到课程中来了。

2. 学习情境三：深基坑工程施工

按照行动导向教学思想，开发具体深基坑支护设计方案项目，增加深基坑支护设计计

算的内容，将土力学中的郎肯土压力、库仑土压力理论和规范法计算土压力整合到课程中来了。

3. 学习情境五：浅基础工程施工

按照行动导向教学思想，开发刚性基础设计项目，增加了基础设计计算、基础结构施工图绘制的内容；开发扩展基础设计项目，同样增加了基础设计计算、基础结构施工图绘制的内容。同时，补充开发项目——基础平法表示图纸识读。

4. 学习情境六：灌注桩基础工程施工和预制桩基础工程施工

根据工程施工实际情况，在桩基础中补充项目塔吊基础施工和设计。

（二）“地基与基础工程施工”学习领域教学资源丰富

1. 视频动画、工程图片及照片资料

为了更形象地展现项目教学内容，将一些施工工艺制成 flash 动画，甚至工地现场录像，拍照，在网上下载典型施工图片、照片做成项目完成辅助资料。

2. 工程图纸

根据开发项目，准备施工图纸，完成识图、施工方案设计、施工的技术交底和质量检测、控制工作。

3. 国家、地方标准规范

为了配合学生项目完成，提供整个建筑工程结构设计规范、建筑施工手册、建筑质量验收统一标准。

4. 国家和地方标准图集

提供地基基础相关平法图集，如筏基、条基、独基及桩基承台平法图集及基础钢筋排布与构造详图。

（三）学生的学习方法

我们推行的是行动导向教学模式中的项目教学，将一个相对独立的项目交由学生自己处理，从信息的收集、方案的设计、项目的实施到最终的评价，都由学生自己负责。教师是组织者、主持者和伴随者，而不是单一的知识传授者。教师负责教学的组织，根据实际情况开发学习领域，选择好项目，布置教学任务，在整个过程中，教师并不处于教学的核心地位，而是让学生自行探索、发现。在试图解决问题的过程中，教师要允许学生走弯路、错路，只有在学生难以进展、出现过程障碍时，才给予适当的指导和鼓励。学生在实际或模拟的专业环境中，参与设计、实施、检查和评价职业活动的过程，发现、探讨和解决职业活动中出现的问题，体验并反思学习行动，最终获得完成相关职业活动所需要的知识和能力。学生完成整个项目过程中的每一环节，自己动手解决问题，学生的各项能力在完成项目过程中都会得到提高。行动导向教学模式是基于工作过程的教学方法，设计为六步教学法，即资讯、计划、决策、实施、检查、评估。在教学中，教师与学生互动，师生共同确定的行动项目，学生通过主动和全面的学习，独立地获取信息、独立地制订计划、独立地实施计划、独立地评估计划，掌握职业技能、学习专业知识，从而构建属于自己的经验、知识体系及各项能力。

在教学改革过程中，我们建工专业教师一直参与全国建筑院校学习领域体系开发研讨，取得很多的教学成果；我们在教学实施过程中意识到，如果学生的思想认识跟不上，没有认真领会到这种教学方法的精髓，就不会主动解决项目任务，而停留在传统学习习惯和模式上，缺乏主动学习和自主学习能力，教学效果也会不好。于是，我们从行动导向教学模式完整的“行动”过程来探讨学生应怎样改变角色，改变传统的学习方式、方法，使学生跟上改革的步伐，提高教学效果，使其到工作岗位上能够真正解决工作中的实际问题，实现“零距离”上岗。行动导向完整工作过程的结构即是获取信息、制订计划、做出决策、实施计划、检查控制、评估反馈。

(1)首先要改变学习方法，学生不是像传统的教育那样老老实实坐在教室听就行，一定要学会主动学习，完成角色的转变。“地基与基础工程施工”学习领域实践性强，所需知识量大，学生首先要经常复习以往所学的制图与识图(特别是平法)、建筑构造、建筑结构。

(2)准备好要用的参考资料，我们所选的教材只是其中一本参考书籍，对于不清楚的东西，学生要多查找资料。

(3)学生一定要把教师布置的任务独立完成，而且要按时按量地完成，要当成自己的事去做，转换了思想，就会有激情和动力了。

(4)学生要学会解决疑难问题，可以向教师咨询，或者自己查资料，对于施工中不懂的问题可以到工地去实践。

三、“地基与基础工程施工”学习领域工程实践应用

(一)赵州桥

赵州桥(图0-1)，又名安济桥(宋哲宗赐名，意为“安渡济民”)，位于河北赵县洨河上，由著名匠师李春设计和建造。它是世界上现存最早、保存最好的巨大石拱桥，被誉为“华北四宝之一”，建于隋大业年间(公元605—618年)，桥长64.40米、跨径37.02米、券高7.23米，是当今世界上跨径最大、建造最早的单孔敞肩型石拱桥。因桥两端肩部各有两个小孔，不是实的，故称敞肩型，这是世界造桥史的一个创造(没有小拱的肩部称为满肩或实肩型)。赵州桥1961年被国务院列为第一批全国重点文物保护单位。1991年，美国土木工程师学会将安济桥选定为第12个“国际历史土木工程的里程碑”，并在桥北端东侧建造了“国际历史土木工程古迹”铜牌纪念碑。赵州桥的施工方案极为科学巧妙。拱洞有两种砌筑法，一种是横向联式砌筑法，另一种是纵向并列式砌筑法。横向联式砌筑的拱洞是一个整体，比较结实，但这种砌筑法要搭大木架，而且必须整个拱洞竣工才能拆除木架，施工期较长。纵向并列砌筑法是把整个大桥沿宽度方向用28道独立拱券并列组合起来。每道拱券单独砌筑，合龙后自成一体。这样，砌完一道拱后，移动承受拱券重量的木架，再砌相邻的一道拱，一道一道地砌筑。这种砌筑法优点是，既节省搭木架的材料，又便于移动木架分别施工，并且以后也容易维修。因为每道拱券都能独立承受重压，28个拱券拼成一个大拱券，如果某一道拱券损坏了，可以部分施工维修，不影响整个桥身安全。但是，利用纵向并列砌筑法，并列的拱券之间缺乏联系，整体结构并不结实。李春建造赵州桥的时候，大胆采用纵向并列砌筑法，是由于他充分考虑到洨河水文情况和施工进度的矛盾。在当时的生产水平条件下，建造这座大石桥不可能短期竣工，而洨河冬枯夏涨，如果采取横向联式砌筑法，工程进行到一半，遇上洪水，木架和已砌成的部分就要被冲毁，但如果采取纵向并列砌筑法，即使遇上洪水，也不会太受影响。李春为了克服纵向并联砌筑法整体结为不结实的缺点，先用9条两端带帽头的铁梁横贯拱背，串连住28道

拱券，加强横向联系，再把两块毗邻的拱石用双银锭形的腰铁卡住，然后在桥的两侧各有6块长1.8米、外头向下延伸5厘米的钩石钩住主拱券，拱券外还有护拱石，这样，整个桥身便结合在一起。他还利用拱脚比拱顶宽0.6米的少量“收分”来防止拱券倾斜。经过1350多年的考验，证明这种施工方案是极其科学、极有成效的。

0-1　赵州桥

(二)意大利比萨斜塔

比萨斜塔(意大利语 Torre pendente di Pisa 或 Torre di Pisa，图0-2)是意大利比萨城大教堂的独立式钟楼，位于比萨大教堂的后面，是奇迹广场的三大建筑之一。钟楼始建于1173年，其设计为垂直建造，但是在工程开始后不久，便由于地基不均匀和土层松软而倾斜，1372年完工，塔身倾斜向东南。比萨斜塔是比萨城的标志，1987年，因其对11世纪至14世纪意大利建筑艺术的巨大影响，被联合国教育科学文化组织评选为世界遗产。比萨大教堂钟楼的建造开始于1173年8月，工程曾间断了两次很长的时间，历经约200年才完工。它的建造完全遵循了最初的设计，但它的设计者至今未知。比萨斜塔之所以会倾斜，是由于它地基下面土层的特殊性造成的。比萨斜塔下有好几层不同材质的土层，由各种软质粉土的沉淀物和非常软的黏土相间形成，而在深约一米的地方则是地下水层。这个结论是在对地基土层成分进行观测后得出的。最新的挖掘表明，它建造在了古代的海岸边缘，因此土质在建造时便已经沙化和下沉。随着时间的推移，斜塔倾斜角度的逐渐加大，到20世纪90年代，已濒于倒塌。1990年1月7日意大利政府关闭对游人的开放，1992年成立比萨斜塔拯救委员会，向全球征集解决方案。从1990年至2001年，持续了11年的修复工作帮助比萨斜塔稳住了倾斜度，塔身倾斜度从原来的5.5度挺直为现在的3.99度。

最终拯救比萨斜塔的是一项看似简单的新技术——地基应力解除法，其原理是：在斜塔倾斜的反方向(北侧)塔基下面掏土，利用地基的沉降，使塔体的重心后移，从而减小倾斜幅度。该方法于1962年由意大利工程师 Terracina 针对比萨斜塔的倾斜恶化问题提出，当时称为“掏土法”，由于显得不够深奥而遭到长期搁置，直到该法在墨西哥城主教堂的纠偏中成功应用，才又被重新得到认识和采纳。比萨斜塔拯救工程于1999年10月开始，采用斜向钻孔方式，从斜塔北侧的地基下缓慢向外抽取土壤，使北侧地基高度下降，斜塔重心在重力的作用下逐渐向北侧移动。2001年6月，倾斜角度回到安全范围之内。

比萨斜塔的拯救，作为经典范例，使地基应力解除法摆脱了偏见，得到了一致认可和广泛应用，目前这种方法已成为建筑界最常规的纠偏方法。在比萨斜塔的拯救过程中，我国建筑专家刘祖德教授曾多次向比萨斜塔拯救委员会建议采用地基应力解除法，起到了积极的作用。刘祖德在1989年用地基应力解除法成功“移动”汉口取水楼长航宿舍的8层楼房：倾斜率从1.3%降为0.63%，沉降速度减慢一半。刘祖德教授和他的课题组用地基应力解除法成功地为149座高楼纠偏扶正，其足迹踏遍湖北、广东等全国15个省市，仅武汉地区被纠偏的楼房就有80多座，为国家挽回经济损失近5亿元。

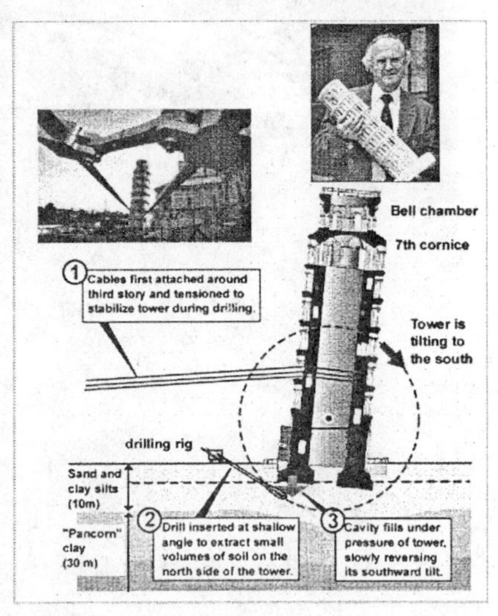

0-2 意大利比萨斜塔

(三)上海“楼脆脆”事件

2009年6月27日清晨5时30分左右，上海闵行区莲花南路、罗阳路口西侧莲花河畔景苑小区内，一栋在建的13层住宅楼(图0-3)全部倒塌，由于倒塌的高楼尚未竣工交付使用，所以事故并没有酿成特大居民伤亡事故，但是造成一名施工人员死亡。

上海市政府公布倒楼事件调查结果称，房屋倾倒的主要原因是大楼两侧的水平力超过了桩基的抗侧能力，导致房屋倾倒。原勘测报告经现场补充勘测和复核，符合规范要求；大楼所用PHC管柱经检测质量符合规范要求。房屋倒塌的主要原因是房屋的北侧堆土过高，而南侧地下车库在开挖，楼房两侧压力差过大。专家组认为事故主要原因是施工不当。倒覆大楼的一侧有近10米高的土方堆起，对大楼地基形成压迫力，再加上大楼的另一侧在开挖基坑(地下车库)，由于基坑围护措施不到位，在双重作用力的作用下大楼倒塌。

地基与基础属于隐蔽工程，其施工技术要求很高，因此，对其勘察设计及施工要给予充分的重视，因为一旦出问题，很难补救，损失巨大。一般地基基础的工程造价约占土建

0-3　上海市“楼脆脆”事件

总造价20%，甚至更大，所以，我们要科学严谨地学习相关知识，为今后规范施工打下基础。

学习情境一　土工试验与工程地质勘察报告阅读

【学习目标】 会进行土工室内试验操作检测；能够根据土工试验结果判断土的种类、名称及土的分类；能够进行土的压缩性指标测定；能够进行土的抗剪强度指标测定；能阅读和运用工程地质勘察报告。

【主要内容】 土的物理性质指标测定，土的工程分类与鉴别，土的压缩性指标测定，土的抗剪强度指标测定，岩土工程勘察报告及应用。

【学习重点】 土的物理性质指标测定，岩土工程勘察报告及应用。

【学习难点】 阅读和运用工程地质勘察报告。

项目一　土的物理性质指标的测定

一、土的三相组成

土是由固相、液相、气相组成的三相分散系。

固相：包括多种矿物成分组成土的骨架，骨架间的空隙为液相和气相填满，这些空隙是相互连通的，形成多孔介质；

液相：主要是水(溶解有少量的可溶盐类)；

气相：主要是空气、水蒸气，有时还有沼气等。

(一)土的固相

1. 土的矿物成分和土中的有机质

土的固相物质分无机矿物颗粒和有机质，构成土的骨架。

(1)原生矿物和次生矿物。矿物颗粒由原生矿物和次生矿物组成。原生矿物是岩石经物理风化作用后破碎形成的矿物颗粒，与母岩的矿物成分是相同的，常见有石英、长石和云母等。次生矿物是岩石经化学风化作用后发生化学变化而形成新的矿物颗粒，常见有高岭石、伊利石(水云母)和蒙脱石(微晶高岭石)三大黏土矿物。另外，还有一类易溶于水的次生矿物，称为水溶盐。水溶盐的矿物种类很多，按其溶解度可分为难溶盐、中溶盐和易溶盐三类。难溶盐主要是碳酸钙($CaCO_3$)，中溶盐常见的是石膏($CaSO_4 \cdot 2H_2O$)，易溶盐常见的是各种氯化物(如 NaCl、KCl、CaCl)以及易溶的钾与钠的硫酸盐和碳酸盐等。

(2)土中的有机质。土中的有机质是动植物的残骸及其分解物质经生物化学作用生成的物质，其颗粒极细，粒径小于0.1m，其成分比较复杂，主要是植物残骸、未完全分解的泥炭和完全分解的腐殖质。当有机质含量超过5%时，称为有机土。

2. 土的粒组划分

颗粒的大小及其含量直接影响着土的工程性质，例如，颗粒较粗的卵石、砾石和砂粒等透水性较大，无黏性和可塑性；而颗粒很小的黏粒则透水性较小，黏性和可塑性较大。土颗粒直径大小以粒径来表示。土的粒径与土的性质之间有一定的对应关系，土的粒径相近时，土的矿物成分接近，所呈现出的物理力学性质基本相同。因此，将土颗粒粒径大小接近、矿物成分和性质相似的土粒归并为若干组别，即称为粒组。把土在性质上表现出的有明显差异的粒径作为划分粒组的分界粒径。

界限粒径：划分粒组的分界尺寸。常用界限粒径组为200mm、60mm、20mm、2mm、0.075mm、0.005mm，把土粒分为漂石(块石)颗粒组、卵石(碎石)颗粒组、圆砾(角砾)颗粒组、砂粒组(包括粗砂、中砂、细砂)、粉粒组、粘粒组六大粒组。土粒粒组划分见表1-1。

表1-1　　土粒粒组划分

粒组名称		粒径(*d*)的范围(mm)	主要特征
漂石(块石)颗粒		>200	透水性很大，无黏性，无毛细水
卵石(碎石)颗粒		200～60	透水性很大，无黏性，无毛细水
圆砾(角砾)颗粒	粗砾	60～20	透水性大、无黏性，毛细水上升高度不超过粒径大小
	中砾	20～5	
	细砾	5～2	
砂粒组	粗	2～0.5	易透水，当混入云母等杂质时，透水性减小，而压缩性增加，无黏性，遇水不膨胀，干燥时松散，毛细水上升高度不大，随粒径变小而增大
	中	0.5～0.25	
	细	0.25～0.075	
粉粒组		0.075～0.005	透水性小，湿时稍有黏性，遇水膨胀小，干时稍有收缩，毛细水上升高度较大、较快，极易出现冻胀现象
黏粒组		<0.005	透水性很小，湿时有黏性和可塑性，遇水膨胀大，干时收缩显著，毛细水上升高度大，但速度较慢

3. 土的颗粒级配

在自然界里，绝大多数的土都是由几种粒组混合搭配而成的，而土的性质取决于不同粒组的相对含量。土中各粒组的相对含量用各粒组占土粒总质量的百分数表示，称为土的颗粒级配。颗粒级配是通过颗粒大小分析试验来测定的。

1)颗粒大小分析试验

土的颗粒大小分析试验，简称颗分试验。常用的颗分试验方法有筛分法和密度计法两种。筛分法适用于粒径大于0.075mm的粗粒土，用一套从孔径依次由大到小的标准筛来进行。密度计法适用于粒径小于0.075mm的细粒土。

若土中粗细粒组兼有时，可将土样用振摇法或水冲法通过0.075mm的筛子，使其分为两部分，大于0.075mm的土样用筛分法进行分析，小于0.075mm的土样用密度计法进行分析，然后将两种试验成果组合在一起。

2)颗粒级配表达方式

以小于某粒径的试样质量占试样总质量的百分比为纵坐标，以粒径的对数为横坐标，绘制的反映颗粒大小分布的曲线，称为土的颗粒级配曲线。

颗粒级配曲线能表示土的粒径范围和各粒组的含量。若级配曲线平缓，表示土中各种粒径的土粒都有，颗粒不均匀，级配良好；若曲线陡峻，则表示土粒均匀，级配不好。如图1-1所示，表示a、b两种土样的颗粒级配曲线，图中曲线b较平缓，故土样b的级配较土样a的级配好。

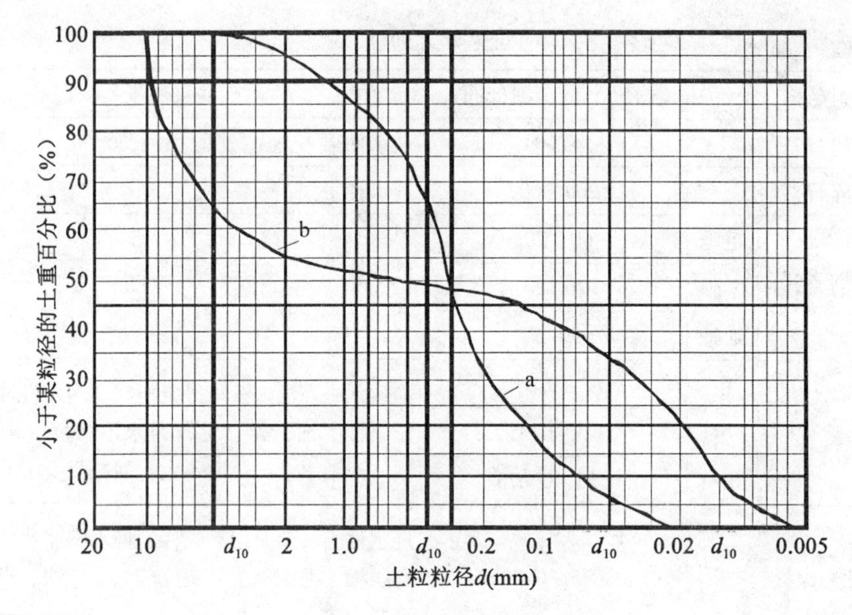

图1-1 颗粒级配曲线

级配良好的土，粗细颗粒搭配较好，粗颗粒间的孔隙有细颗粒填充，易被压实到较高的密度，因而渗透性和压缩性较小，强度较大，所以颗粒级配常作为选择筑填土料的依据。

如果曲线的坡度是渐变的，则表示土的颗粒大小分布是连续的，称为连续级配；如果曲线中出现水平段，则表示土中缺乏某些粒径的土粒，这样的级配称为不连续级配。

3)级配指标

在颗粒级配曲线上，可根据土粒的分布情况，定性地判别土的均匀程度或级配情况。为了能定量地衡量土的颗粒级配是否良好，常用不均匀系数 c_u 和曲率系数 c_c。

(1)不均匀系数 c_u，按下式计算：

$$c_u=\frac{d_{60}}{d_{10}} \tag{1-1}$$

式中：c_u——不均匀系数；

d_{60}——限制粒径，颗粒级配曲线上的某粒径小于该粒径的土含量占总质量的60%；

d_{10}——有效粒径，颗粒级配曲线上的某粒径小于该粒径的土含量占总质量的10%。

不均匀系数 c_u 是反映级配曲线坡度和颗粒大小不均匀程度的指标，c_u 值越大，表示颗粒级配曲线的坡度就越平缓，土粒粒径的变化范围越大，土粒就越不均匀；反之，c_u 值越小，表示曲线的坡度就越陡，土粒粒径的变化范围越小，土粒也就越均匀。工程上常将 $c_u<5$ 的土视为均匀土，其级配不好；将 $c_u \geqslant 10$ 的土视为不均匀土，其级配良好。

(2)曲率系数 c_c，按下式计算：

$$c_c = \frac{d_{30}^2}{d_{10} \cdot d_{60}} \tag{1-2}$$

式中：c_c——曲率系数；

d_{30}——颗粒级配曲线上的某粒径小于该粒径的土含量占总质量的30%。

曲率系数 c_c 描述的是累积曲线的分布范围，反映曲线的整体形状。一般认为，$c_u \geqslant 5$，且 $c_c = 1 \sim 3$ 的土称为级配良好的土。

(二)土中的水

由于土的颗粒表面通常带有负电荷，因此水在带电固体颗粒之间受到表面电荷电场的作用，水分子和水化阳离子就会向颗粒周围聚集，如图1-2所示。根据受颗粒表面静电引力作用的强弱，土孔隙中的水可以划分为结合水和自由水两种。

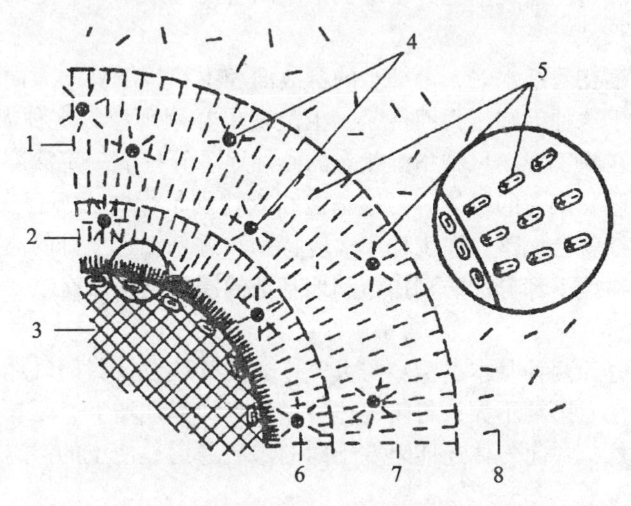

1—扩散层；2—固定层；3—矿物颗粒；4—阳离子；
5—水分子；6—强结合水；7—弱结合水；8—自由水

图1-2　结合水形成的一般图示

1. 结合水

研究表明，大多数黏土颗粒表面带有负电荷，因而围绕土粒周围形成了一定强度的电场，使孔隙中的水分子极化，这些极化后的极性水分子和水溶液中所含的阳离子(如钾、钠、钙、镁等阳离子)在电场力的作用下，定向地吸附在土颗粒周围，形成一层不可自由移动的水膜，该水膜称为结合水。

(1)强结合水：是指被强电场力紧紧地吸附在土粒表面附近的结合水膜。这部分水膜因受电场力作用大，与土粒表面结合的十分紧密，所以分子排列密度大，其密度为 1.2～2.4g/cm³，冰点很低，可达-78°C 都不冻结，其沸点较高，在 105°C 以上才蒸发，而且很难移动，没有溶解能力，不传递静水压力，失去了普通水的基本特性，其性质接近于固体，具有很大的黏滞性、弹性和抗剪强度。

(2)弱结合水：是指分布在强结合水外围的结合水。这部分水膜由于距颗粒表面较远，受电场力作用较小，它与土粒表面的结合不如强结合水紧密，其密度为 1.0～1.7g/cm³，冰点低于 0°C，不传递静水压力，也不能在孔隙中自由流动，只能以水膜的形式由水膜较厚处缓慢移向水膜较薄的地方，这种移动不受重力影响。弱结合水的存在对黏性土的性质影响很大。

2. 自由水

(1)重力水：受重力作用在土的孔隙中流动的水称为重力水，常处于地下水位以下。重力水与一般水一样，可以传递静水和动水压力，具有溶解能力，可溶解土中的水溶盐，使土的强度降低，压缩性增大；可以对土颗粒产生浮托力，使土的重力密度减小；还可以在水头差的作用下形成渗透水流，并对土粒产生渗透力，使土体发生渗透变形。

(2)毛细水：土中存在着很多大小不同的孔隙，这些孔隙有的可以相互连通，形成弯曲的细小通道(毛细管)，由于水分子与土粒表面之间的附着力和水表面张力的作用，地下水将沿着土中的细小通道逐渐上升，形成一定高度的毛细水带。这部分在地下水位以上的自由水称为毛细水。

土孔隙中局部存在毛细水时，毛细水的弯液面和土粒接触处的表面引力反作用于土粒上，使土粒之间由于这种毛细压力而挤紧，土呈现出黏聚现象，这种力称为毛细黏聚力，也称为假黏聚力。在施工现场见到稍湿状态的砂性地基开挖成一定深度的直立坑壁，就是因为砂粒间存在着假黏聚力的缘故。当地基饱和或特别干燥时，不存在水与空气的界面，假黏聚力消失，坑壁就会塌落。在工程中，应特别注意毛细水上升的高度和速度，因为毛细水的上升对建筑物地下部分的防潮措施和地基土的浸湿与冻胀有重要影响。

(三)土中的气体

土中的气体可分为两种基本类型：与大气连通的气体以及封闭气体。与大气连通的气体对土的工程力学性质影响不大；封闭气体可以使土的弹性增大，延长土的压缩过程，使土层不易压实。此外，封闭气体还能阻塞土内的渗流通道，使土的渗透性减小。

二、土的物理性质指标

(一)土的三相图

土是由固体颗粒、水和空气三部分组成的。组成土的这三部分之间的不同比例，反映土的各种不同状态，对土的物理力学性质有直接的影响。要研究土的物理性质，就必须掌握土的三个组成部分的比例关系。表示这三部分之间关系的指标，称为土的物理指标。为了便于说明和计算，用图 1-3 来表示土的三个组成部分。

设：m_s 为固体颗粒的质量，m_w 为水的质量，m 为土体的总质量，v_s 为固体颗粒的体积，v_v 为土中孔隙的体积，v_a 为土中空气的体积，v 为土体的总体积，v_w 为土中水的体积。

质量满足关系式：

$$m=m_s+m_w$$

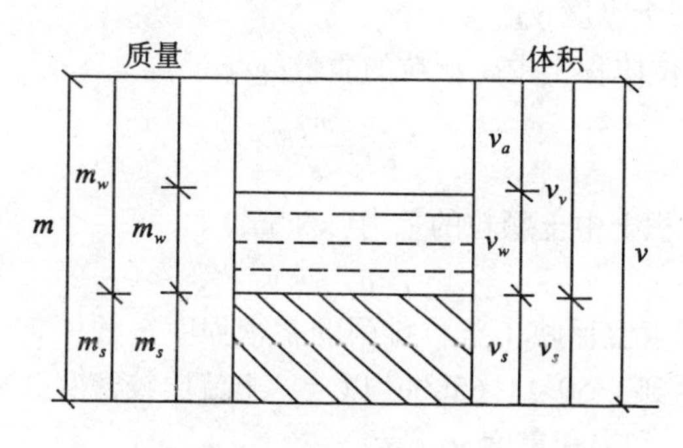

图 1-3　土的三相简图

体积满足关系式：

$$v=v_s+v_v=v_s+v_a+v_w$$

（二）土的物理性质指标（由土工试验直接可以测得）

由土工试验可以直接测得的指标称为基本物理性质指标。土的基本物理性质指标有土的密度 ρ、重度 γ、土的含水量 w 和土粒比重 d_s。

1. 土的质量密度和重力密度

单位体积土的质量称为土的质量密度，简称土的密度，用符号 ρ（g/cm^3 或 t/m^3）表示。

$$\rho=\frac{m}{v}=\frac{m_s+m_w}{v_s+v_v}=\frac{m_s+m_w}{v_s+v_w+v_a} \tag{1-3}$$

土的密度 ρ 可以用环刀法来测定。

天然状态下，土的密度参考值：一般黏性土 1.8～2.0g/cm^3；砂土 1.6～2.0g/cm^3。

单位体积土所受的重力称为土的重力密度，简称土的重度，用符号 γ（kN/m^3）表示。

$$\gamma=\rho\cdot g \tag{1-4}$$

式中：g 一般取 $10m/s^2$。

2. 土的含水量

土中水的质量与土颗粒质量之比称为土的含水量，用百分比表示，用符号 w 表示。

$$w=\frac{m_w}{m_s}\times100\%=\frac{m-m_s}{m_s}\times100\% \tag{1-5}$$

含水量常用烘干法或酒精燃烧法来测得。

3. 土粒的比重 d_s（土粒的相对密度）

土粒的质量与同体积4℃时纯水质量之比称为土粒比重或土粒相对密度，用符号 d_s 表示。

$$d_s=\frac{m_s}{v_s\cdot\rho_w}=\frac{v_s\cdot\rho_s}{v_s\cdot\rho_w}=\rho_s \tag{1-6}$$

土粒的比重参考值：黏性土 2.70～2.75；砂土一般为 2.65 左右。

d_s 与 ρ_s 数值相等，d_s 为无量纲，ρ_s 有量纲。

（三）土的其他物理性质指标

土的其他物理性质指标均是由土的基本物理性质指标推导出来的。

1. 土的干密度 ρ_d 和干重度 γ_d

土的干密度 ρ_d：单位体积土中土颗粒的质量(g/cm³)。

$$\rho_d = \frac{m_s}{v} \tag{1-7}$$

干重度 γ_d：单位体积土中土颗粒的重力(kN/m³)。

$$\gamma_d = \rho_d \cdot g \tag{1-8}$$

干密度 ρ_d 在一定程度上反映了土粒排列的紧密程度，常用它作为人工填土压实质量的控制指标。一般 ρ_d 达到 1.50～1.65t/m³ 以上，土就比较密实。

2. 土的饱和密度 ρ_{sat} 和饱和重度 γ_{sat}

土的饱和密度 ρ_{sat}：土中孔隙完全被水充满时土的密度(g/cm³)。

$$\rho_{sat} = \frac{m_s + m_w}{v} = \frac{m_s + v_v \rho_w}{v} \tag{1-9}$$

饱和重度 γ_{sat}：土中孔隙完全被水充满时单位体积土的重力(kN/m³)。

$$\gamma_{sat} = \rho_{sat} \cdot g \tag{1-10}$$

3. 土的有效密度 ρ' 和有效重度 γ'

土的有效密度 ρ'：扣除水的浮力后单位体积土的质量。

$$\rho' = \frac{m_s - v_s \rho_w}{v} = \rho_{sat} - \rho_w \tag{1-11}$$

土的有效重度 γ'：在地下水位以下，土体受到浮力作用时土的重度。

$$\gamma' = \rho' g = \gamma_{sat} - \gamma_w \tag{1-12}$$

对同种类土，$\gamma_{sat} > \gamma > \gamma_d > \gamma'$。

4. 土的孔隙比 e 和孔隙率 n

土的孔隙比 e：土中孔隙体积与土颗粒体积之比。

$$e = \frac{v_v}{v_s} \tag{1-13}$$

e 用来评价天然土层的密实程度。当砂土 $e<0.6$ 时，呈密实状态，为良好地基；当黏性土 $e>1.0$ 时，为软弱地基。

孔隙率 n：土中孔隙体积与总体积的百分比。

$$n = \frac{v_v}{v} \times 100\% \tag{1-14}$$

n 反映土中孔隙大小的程度，一般为 30%～50%。

5. 饱和度 s_r

饱和度 s_r：土中水的体积占土中孔隙体积的百分比。

$$s_r = \frac{v_w}{v_v} \times 100\% \tag{1-15}$$

饱和度说明土的潮湿程度。当 $s_r \leqslant 50\%$ 时，土为稍湿的；当 $50\% < s_r \leqslant 80\%$ 时，土为很湿的；当 $s_r > 80\%$ 时，土为饱和的。

(四)基本指标和其他指标间的关系

假设土粒体积 $v_s = 1$，$\rho_w = 1\text{t/m}^3$ 为已知，因 $e = \frac{v_v}{v_s}$，则：

$$v_v = e \Rightarrow v = 1+e$$

$$\rho_s = \frac{m_s}{v_s} \Rightarrow m_s = \rho_s = d_s \cdot \rho_w$$

$$m_w = w \cdot m_s = w \cdot d_s \cdot \rho_w \Rightarrow m = m_s + m_w = d_s \rho_w (1+w)$$

推导的三相图如图 1-4 所示。

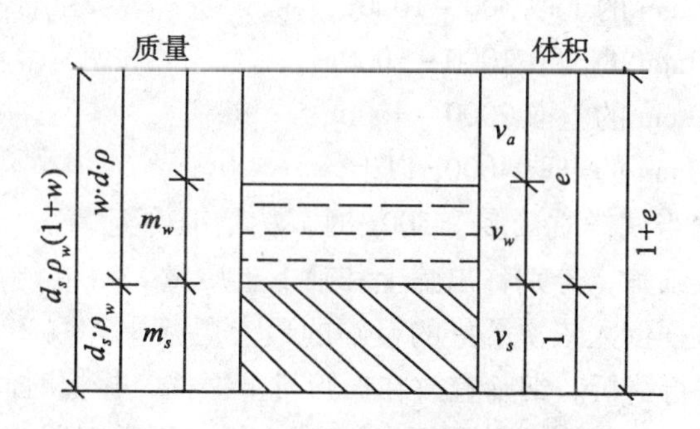

图 1-4　土的三相物理指标换算图

其他指标由推导的三相图和导出指标的定义可以得出。

$$\rho = \frac{m}{v} = \frac{d_s(1+w)\rho_w}{1+e} \tag{1-16}$$

$$\rho_d = \frac{m_s}{v} = \frac{d_s \rho_w}{1+e} = \frac{\rho}{1+w} \tag{1-17}$$

$$e = \frac{d_s \rho_w}{\rho_d} - 1 \tag{1-18}$$

三、土的基本物理性质指标试验测定方法

(一) 实训一：土的颗粒分实验

1. 试验目的

(1) 测定干土中各种粒组所占该土总质量的百分数。

(2) 颗粒大小分布情况，供土的分类与概略判断土的工程性质及选料之用。

2. 试验方法

(1) 筛析法：适用于粒径大于 0. 075mm 的土。

(2) 密度计法：适用于粒径小于 0. 075mm 的土。

(3) 移液管法：适用于粒径小于 0. 075mm 的土。

(4) 若土中粗细兼有，则联合使用筛析法及密度计法或移液管法。

3. 筛分法实验

1) 仪器设备

(1) 符合 GB6003—85 要求的试验筛。粗筛：圆孔，孔径为 60mm、40mm、20mm、10mm、5mm、2mm；细筛：孔径为 2. 0mm、1. 0mm、0. 5mm、0. 25mm、0. 1mm、0. 075mm。

(2) 天平：称量 1000g 与称量 200g。

(3) 台秤：称量 5kg。

(4)振筛机：应符合 GB9909—88 的技术条件。

(5)其他：烘箱、研钵、瓷盘、毛刷、木碾等。

2)操作步骤(无黏性土的筛分法)

(1)从风干、松散的土样中，用四分法按下列规定取出代表性试样：

①粒径小于 2mm 颗粒的土取 100～300g；

②最大粒径小于 10mm 的土取 300～1000g；

③最大粒径小于 20mm 的土取 1000～2000g；

④最大粒径小于 40mm 的土取 2000～4000g；

⑤最大粒径小于 60mm 的土取 4000g 以上。

称量准确至 0.1g；当试样质量多于 500g 时，称量准确至 1g。

(2)将试样过 2mm 细筛，分别称出筛上和筛下土质量。

(3)取 2mm 筛上试样倒入依次叠好的粗筛的最上层筛中；取 2mm 筛下试样倒入依次叠好的最上层筛中，进行筛析。细筛宜放在振筛机上振摇，振摇时间一般为 10～15min。

(4)由最大孔径筛开始，顺序将各筛取下，在白纸上用手轻叩摇晃，如仍有土粒漏下，则应继续轻叩摇晃，至无土粒漏下为止。漏下的土粒应全部放入下级筛内，并将留在各筛上的试样分别称量，准确至 0.1g。各细筛上及底盘内土质量总和与筛前所取 2mm 筛下土质量之差不得大于 1%；各粗筛上及 2mm 筛下的土质量总和与试样质量之差不得大于 1%。

注：若 2mm 筛下的土小于试样总质量的 10%，则可省略细筛分析；若 2mm 筛上的土小于试样总质量的 10%，则可省略粗筛分析。

3)计算与制图

(1)计算小于某粒径的试样质量占试样总质量的百分数。小于某粒径的试样质量占总质量的百分比为

$$X=\frac{m_A}{m_B}\cdot d_x \tag{1-19}$$

式中：X——小于某粒径试样质量占试样总质量的百分比(%)；

m_A——小于某粒径的试样质量(g)；

m_B——细筛分析时为所取的试样质量，粗筛分析时为试样总质量(g)；

d_x——粒径小于 2mm 的试样质量占试样总质量的百分比(%)。

(2)绘制颗粒大小分布曲线。以小于某粒径的试样质量占总质量的百分数为纵坐标，以颗粒直径的对数为横坐标，绘制出颗粒级配曲线，然后求出各粒组的颗粒质量的百分数。

(3)计算级配指标。不均匀系数 c_u 为

$$c_u=\frac{d_{60}}{d_{10}} \tag{1-20}$$

式中：d_{60}——限制粒径，颗粒级配曲线上的某粒径，小于该粒径的土含量占总质量的 60%；

d_{10}——有效粒径，颗粒级配曲线上的某粒径，小于该粒径的土含量占总质量的 10%。

曲率系数 c_c 为

$$c_c=\frac{d_{30}^2}{d_{10}\cdot d_{60}} \tag{1-21}$$

式中：d_{30}——颗粒级配曲线上的某粒径，小于该粒径的土含量占总质量的 30%。

一般认为，$c_u \geqslant 5$，$c_c = 1 \sim 3$ 的土称为级配良好的土。

(二)实训二：密度试验

1. 仪器设备

符合规定要求的环刀，精度为0.01g的天平，切土刀、凡士林等。

2. 操作步骤

(1)测出环刀的容积 v，在天平上称环刀质量 m_1。

(2)取直径和高度略大于环刀的原状土样或制备土样。

(3)环刀取土：在环刀内壁涂一薄层凡士林，将环刀刃口向下放在土样上，随即将环刀垂直下压，边压边削，直至土样上端伸出环刀为止。将环刀两端余土削去修平(严禁在土面上反复涂抹)，然后擦净环刀外壁。

(4)将取好土样的环刀放在天平上称量，记下环刀与湿土的总质量 m_2。

3. 计算土的密度

$$\rho = \frac{m}{v} = \frac{m_2 - m_1}{v} \tag{1-22}$$

4. 试验要求

(1)密度试验应进行两次平行测定，两次测定的差值不得大于0.03g/cm³，取两次试验结果的算术平均值。

(2)密度计算准确至0.01g/cm³。

5. 试验记录格式

密度试验记录表见表1-2。

表1-2　密度试验记录表(环刀法)

工程名称　　　　试验者

土样说明　　　　计算者

试验日期　　　　校核者

试样编号	土样类别	环刀号	环刀质量(g)	湿土加环刀质量(g)	湿土质量(g)	体积(cm³)	湿密度(g/cm³)	平均湿密度(g/cm³)	平均含水率(%)	平均干密度(g/cm³)
			(1)	(2)	(3)=(2)-(1)	(4)	(5)=(3)/(4)	(6)	(7)	(8)=(6)/(1+0.01w)

(三)实训三：土粒比重试验

1. 试验目的

土粒比重是土在105~110℃下烘至恒值时的质量与土粒同体积4℃时纯水质量的比值。本试验的目的是测定土粒比重。

2. 试验方法与适用范围

(1)粒径小于5mm的土，用比重瓶法进行测定。

(2)粒径大于5mm的土，其中，当含粒径大于20mm颗粒小于10%时，用浮称法进行测定；当含粒径大于20mm颗粒大于10%时，用虹吸筒法进行测定；粒径小于5mm部分用比重瓶法进行测定，取其加权平均值作为土粒比重。

3. 比重瓶法试验

1)仪器设备

比重瓶：容量100ml；天平：称量200g，分度值0.001g；恒温水槽；砂浴；温度计；烘箱；纯水等。

2)操作步骤

(1)将比重瓶烘干，称瓶质量m_0，将烘干试样约15g装入比重瓶内，称干土加瓶质量m_3，精确至0.001g。

(2)为排出土中的空气，将已装有干土的比重瓶，注纯水至瓶的一半处，摇动比重瓶，并将瓶放在砂浴上煮沸。煮沸时间：自悬液沸腾时算起，砂及砂质土不应少于30min，黏土及粉质黏土不应少于1h。煮沸时，应注意不使土液溢出瓶外。

(3)将煮沸经冷却的纯水注入有试样的比重瓶近满，把比重瓶放在恒温水槽内至温度稳定。待瓶内上部悬液澄清后，用滴管注入纯水至瓶口，塞好瓶塞，使多余水分自瓶塞毛细管中溢出，将瓶外水分擦干后称瓶、水、土的总质量m_2，精确至0.001g，然后立即测瓶内水的温度。

(4)根据测得的温度，从已绘制的温度与瓶、水总质量关系曲线中查得各试验温度下瓶、水的总质量m_1。

3)计算土粒比重

$$G_s=\frac{m_s}{m_1+m_s-m_2}G_{wt} \tag{1-23}$$

式中：G_{wt}——4℃时纯水的比重，可查《土工试验规程》。

4. 试验要求

本试验需进行两次平行测定，其平行差值不得大于0.02，取其算术平均值。

5. 试验记录格式

比重试验记录表见表1-3所示。

表1-3 比重试验记录表(比重瓶法)

工程名称　　　　试验者

土样编号　　　　计算者

试验日期　　　　校核者

试样编号	比重瓶号	温度	液体比重	比重瓶质量(g)	瓶、干土总质量(g)	干土质量(g)	瓶、液体总质量(g)	瓶、液、土总质量(g)	与干土同体积的液体质量(g)	比重	平均值
		(1)	(2)	(3)	(4)	(5)	(6)	(7)	(8)	(9)	
			查表			(4)-(3)			(5)+(6)-(7)	(5)/(8)×(2)	

（四）实训四：土的天然含水量试验

1. 试验目的

测定土样的含水量。

2. 试验原理

首先称量含水土样的质量，然后称量去除水分后干土的质量，将两者的差作为土样中所含水分的质量。去除水分的方法直接决定测量结果，理论上，土样中所含水的质量是指其中自由水的质量，当温度在100～150℃范围时，一般不会破坏结合水，所以要求精确测量时，温度应控制在100～150℃范围内。

3. 试验步骤

1）烘干法

（1）仪器设备：

①烘箱：真空电热烘箱，温度保持在100～150℃；

②天平：称量500g，感量0.01g；

③其他辅助工具：如称量盒等。

（2）操作步骤：

①称量装土样的称量盒的质量m'；

②取适量代表性试样放入称量盒内，迅速盖好盒盖，称量得m_z；

③去掉盒盖后，将盛有试样的称量盒放入烘箱，在100～150℃下烘到恒量（一般土质量为15～30g时，砂土需1～2h，粉土需6～8h，黏土约需10h）；

④烘干后取出试样，盖好盒盖，冷却至室温后称量其质量m_z'；

⑤按下式计算含水量：

$$\omega=\frac{m_z-m_z'}{m_z'-m'}\times 100 \tag{1-24}$$

2）酒精燃烧法

（1）仪器设备：

①酒精：纯度95%以上；

②天平：称量200g，分库值0.01g；

③其他辅助工具：称量盒、滴管、调土刀、火柴等。

（2）操作步骤：

①称量装土样的称量盒的质量m'；

②取适量代表性试样放入称量盒内，迅速盖好盒盖，称量得m_z；

③去掉盒盖后，滴入酒精直至出现自由液面为止，点燃酒精完全燃烧（燃烧次数为三次）；

④盖好盒盖，冷却至室温后称量其质量m_z'；

⑤按下式计算含水量：

$$\omega=\frac{m_z-m_z'}{m_z'-m'}\times 100 \tag{1-25}$$

4. 试验记录格式

含水量试验记录表见表1-4。

表 1-4 **含水量试验记录表**

工程名称＿＿＿＿＿＿ 试验者＿＿＿＿＿＿

试验方法＿＿＿＿＿＿ 计算者＿＿＿＿＿＿

试验日期＿＿＿＿＿＿ 校核者＿＿＿＿＿＿

试样编号	土样说明	盒号	盒质量 (g)	盒加湿土质量 (g)	盒加干土质量 (g)	水的质量 (g)	干土质量 (g)	含水率 (%)	平均含水率 (%)
			(1)	(2)	(3)	(4)=(2)-(3)	(5)=(3)-(1)	(6)=(4)/(5)	(7)

项目二　土的物理状态指标的测定

一、无黏性土的密实度

无黏性土一般指碎石土和砂土。天然状态下的无黏性土的密实度与其工程性质有着密切的关系。当为松散状态时，其压缩性与透水性较高，强度较低；当为密实状态时，其压缩性与透水性较低，强度较高，为良好的天然地基。密实度是评价碎石土和砂土地基承载力的主要指标。

(一)判定砂土密实度的方法

1. 孔隙比 e

孔隙比 e 可以用来表示砂土的密实度。根据孔隙比 e，可按表 1-5 将砂土分为密实、中密、稍密和松散四种状态。

表 1-5 **砂土的密实度**

土的名称＼密实度	密实	中密	稍密	松散
砾砂、粗砂、中砂	$e<0.6$	$0.60\leqslant e\leqslant 0.75$	$0.75<e\leqslant 0.85$	$e>0.85$
细砂、粉砂	$e<0.7$	$0.70\leqslant e\leqslant 0.85$	$0.85<e\leqslant 0.95$	$e>0.95$

2. 相对密实度 D_r

由于用天然孔隙比来评定砂土密实度没有考虑到颗粒级配的因素，同样密实度的砂土在粒径均匀时，孔隙比值较大；而当颗粒大小混杂、级配良好时，孔隙比值应较小，并且取原状土样测定天然孔隙比较困难。因此，用相对密实度 D_r 来评定砂土的密实度，考虑到砂土的级配因素，更加合理。

相对密实度 D_r 表达式为

$$D_r=\frac{e_{\max}-e}{e_{\max}-e_{\min}} \tag{1-26}$$

式中：$e_{\max}$——砂土在最松散状态下的孔隙比，即最大孔隙比；

$e_{\min}$——砂土在最密实状态下的孔隙比，即最小孔隙比；

c——砂土在天然状态下的孔隙比。

砂的相对密实度是通过砂的最大干密度和最小干密度试验测定的。砂的最小干密度 $\rho_{d\min}$ 采用漏斗法和量筒法测定；砂的最大干密度 $\rho_{d\max}$ 采用振动锤击法测定。获得 $\rho_{d\min}$ 和 $\rho_{d\max}$ 后，则 $e_{\max}$ 和 $e_{\min}$ 可用下列公式求得：

$$e_{\max}=\frac{\rho_w d_s}{\rho_{d\min}}-1$$

$$e_{\min}=\frac{\rho_w d_s}{\rho_{d\max}}-1$$

把求得的 $e_{\max}$、$e_{\min}$ 代入式(1-26)即可求得 D_r。

根据 D_r 值，可把砂土的密实度分为以下三种：

$0.67<D_r\leqslant 1$　（密实）

$0.33<D_r\leqslant 0.67$　（中密）

$0<D_r\leqslant 0.33$　（松散）

由于砂土的原状土样很难取得，天然孔隙比难以准确测定，故相对密实度的精度也就无法保证。目前，D_r 主要用于填方质量的控制。

3. 标准贯入试验划分密实度

《建筑地基基础设计规范》(GB50007—2002，以下均简称《规范》)采用未经修正的标准贯入试验锤击数 N，将砂土的密实度划分为松散、稍密、中密、密实(表 1-6)。N 是用质量 63. 5kg 的重锤自由下落 76cm，使贯入器竖直击入土中 30cm 所需的锤击数，它综合反映了土的贯入阻力的大小，即密实度的大小。

表 1-6　　砂土的密实度

密实度	松散	稍密	中密	密实
锤击数 N	$N\leqslant 10$	$10<N\leqslant 15$	$15<N\leqslant 30$	$N>30$

(二)碎石土的密实度

对于平均粒径大于 50mm 或最大粒径大于 100mm 的碎石土，通过观察，根据骨架颗粒含量和排列、可挖性、可钻性，将其密实度划分为密实、中密、稍密(表 1-7)。

表 1-7 碎石土密实度野外鉴别方法

密实度	骨架颗粒含量和排列	可挖性	可钻性
密实	骨架颗粒含量大于总重量的70%，呈交错排列，连续接触	锹镐挖掘困难，用撬棍方能松动；井壁一般较稳定	钻进极困难；冲击钻探时，钻杆、吊锤跳动剧烈；孔壁较稳定
中密	骨架颗粒含量等于总重量的60%～70%，呈交错排列，大部分接触	锹镐可挖掘；井壁有掉块现象，从井壁取出大颗粒处，能保持颗粒凹面形状	钻进较困难；冲击钻探时，钻杆、吊锤跳动不剧烈；孔壁有坍塌现象
稍密	骨架颗粒含量小于总重量的60%，排列混乱，大部分不接触	锹可以挖掘；井壁易坍塌，从井壁取出大颗粒后，砂土立即塌落	钻进较容易；冲击钻探时，钻杆稍有跳动；孔壁易坍塌

二、黏性土的物理特性

黏性土的土粒很细，单位体积颗粒总表面积大，土粒表面与水相互作用的能力较强，土粒间存在黏聚力。当土中含水量较小时，土呈固体状态，强度较大，随着含水量的增大，土将从固体状态经可塑状态转为流塑状态，相应地，土的强度显著降低。稠度是指黏性土在某一含水量下，对外力引起的变形或破坏的抵抗能力，用坚硬、可塑和流动等状态来描述，它反映了土的软硬程度或对外力引起的变化或破坏的抵抗能力的性质。

(一)塑限和液限

1. 界限含水量

黏性土由一种状态转换为另一种状态其分界含水量，称为界限含水量。

缩限(w_s)：固态与半固态的界限含水量。

塑限(w_p)：半固态与可塑状态的界限含水量。

液限(w_l)：可塑状态与流动的界限含水量。

当天然含水量 $w \leq w_s$ 时，土体处于固态；当 $w_s < w \leq w_p$ 时，土体处于半固态；当 $w_p < w \leq w_l$ 时，土体处于可塑状态；当 $w > w_l$ 时，土体处于流动状态(图 1-5)。

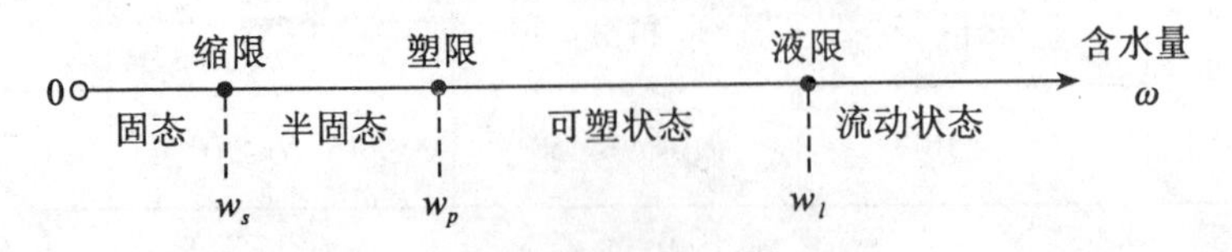

图 1-5 土的物理状态与含水量关系

2. 塑限和液限的测定

(1)光电液塑限联合测定仪。适用于粒径小于 0.5mm，以及有机质含量不大于试样总质量5%的土。

液、塑限联合测定仪：锥质量为76g，锥角为30°，天平称量200g，分度值0.01g。取0.5mm筛下的代表性试样200g，分成三份，放入盛土皿中，加不同数量的纯水，制成不同稠度的试样。试样的含水量宜分别接近限、塑限和二者的中间状态。将试样调匀，盖上湿布，湿润过夜。

(2)蝶式液限仪。如图1-6所示，将黏性土调成均匀的浓糊状，装入碟内，刮平表面，用开槽器在中间划一条V形槽，将土碟调至10mm，以2r/s的速度转动摇柄，使土碟反复起落，坠击于底座上。当摇碟下击25次，槽子合拢为13mm时的含水量就是液限值。

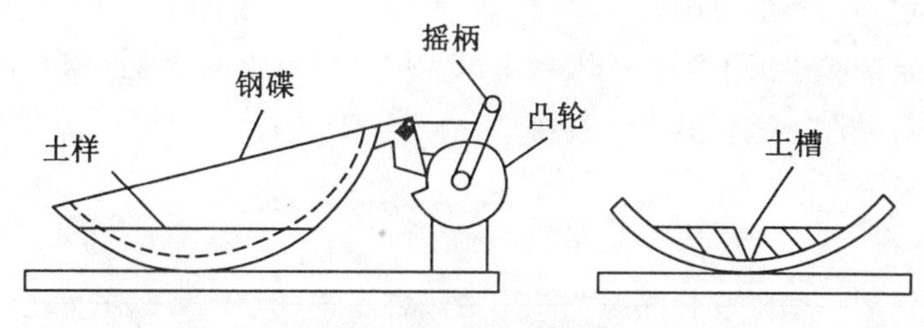

图1-6　蝶式液限仪

(3)搓条法。用双手将天然湿度的土样搓成小圆球(球径小于10mm)，放在毛玻璃板上，再用手掌慢慢搓滚成小土条，用力均匀，搓到土条直径为3mm，出现裂纹、自然断开时土条的含水量就是塑限值。

(二)塑性指数和液性指数

1. 塑性指数 I_p

塑性指数是指液限和塑限的差值(省去%符号)，即土处在可塑状态的含水量变化范围。

$$I_p = w_l - w_p \tag{1-27}$$

塑性指数越大，土处在可塑状态的含水量范围越大，土的可塑性越好。也就是说，塑性指数的大小与土可能吸附的结合水的多少有关，一般土中黏粒含量越高或矿物成分吸水能力越强，则塑性指数越大。

工程上常以塑性指数对土进行分类。塑性指数 $I_p>17$ 的土为黏土；$10<I_p\leqslant 17$ 的土为粉质黏土。

2. 液性指数 I_l

液性指数是指黏性土的天然含水量与塑限的差值和塑性指数之比，它是表示天然含水量与界限含水量相对关系的指标，反映黏性土天然状态的软硬程度，又称相对稠度。

$$I_l = \frac{w - w_p}{I_p} = \frac{w - w_p}{w_l - w_p} \tag{1-28}$$

按液性指数的大小，可将黏性土划分为坚硬、硬塑、可塑、软塑、流塑五种软硬状态，见表1-8。

表 1-8 黏性土的软硬状态

状态	坚硬	硬塑	可塑	软塑	流塑
液性指数	$I_l \leqslant 0$	$0<I_l \leqslant 0.25$	$0.25<I_l \leqslant 0.75$	$0.75<I_l \leqslant 1$	$1<I_l$

三、土的物理状态性质指标试验测定方法界限含水率试验

1. 试验目的

细粒土由于含水率不同，而分别处于流动状态、可塑状态、半固体状态和固体状态。液限是细粒土呈可塑状态的上限含水率；塑限是细粒土呈可塑状态的下限含水率。

本试验是测定细粒土的液限和塑限含水量，用来计算土的塑性指标和液性指数，按塑性指数或塑性图对黏性土进行分类，并可结合土体的原始孔隙比来评价黏性土地基的承载能力。

2. 试验方法

本试验采用液限、塑限联合测定法测定液限含水量和塑限含水量。

3. 液限、塑限联合测定法试验

1)仪器设备

液限、塑限联合测定仪：圆锥仪、读数显示；试样杯：直径 40 ~ 50mm，高 30 ~ 40mm；天平：称量 200g，分度值 0. 01g；其他：烘箱、干燥器、铝盒、调土刀、孔径 0. 5mm 的筛、凡士林等。

2)操作步骤

液限、塑限联合试验原则上采用天然含水量的土样制备试样，但也允许采用风干土制备试样。

(1)当采用天然含水量的土样时，若土中含有较多大于 0. 5mm 的土粒或夹有大量的杂物时，应将土样风干后用带橡皮头的研材研碎或用木棒在橡皮板上压碎，然后再过 0. 5mm 的筛。分别按接近液限、塑限和二者之间状态制备不同稠度的土膏，静置湿润，静置时间可视原含水量的大小而定。当采用风干土样时，取过 0. 5mm 筛的代表性土样约 200g，分成 3 份，分别放入 3 个盛土皿中，加入不同数量的纯水，使其分别接近液限、塑限和二者中间状态的含水量，调成均匀土膏，然后放入密封的保湿缸中，静置 24h。

(2)将制备好的土膏用调土刀调拌均匀，密实地填入试样杯中，应使空气逸出。高出试样杯的余土用刮土刀刮平，随即将试样杯放在仪器底座上。

(3)取圆锥仪，在锥体上涂以薄层凡士林，接通电源，使电磁铁吸稳圆锥仪。

(4)调节屏幕准线，使初读数为零。调节升降座，使圆锥仪锥角接触试样面，指示灯亮时，圆锥在自重下沉入试样内，经 5s 后立即测读圆锥下沉深度。

(5)取下试样杯，然后从杯中取 10g 以上的试样两个，测定含水率。

(6)按以上步骤测试其余两个试样的圆锥下沉深度和含水率。

3）计算与制图

（1）计算含水量。含水率 w 为：

$$w=\left(\frac{m}{m_s}-1\right)\times100\% \tag{1-29}$$

（2）绘制圆锥下沉深度 h 与含水率 w 的关系曲线。以含水量为横坐标、圆锥下沉深度为纵坐标，在双对数纸上绘制 h-w 的关系曲线（图 1-7）。

①三点连一条直线。

②当三点不在一直线上时，通过高含水量的一点分别与其余两点连成两条直线，在圆锥下沉深度为 2 处查得相应的含水率，当两个含水率的差值小于 2% 时，应以该两点含水率的平均值与高含水率的点连成一线。

③当两个含水率的差值大于或等于 2% 时，应补做试验。

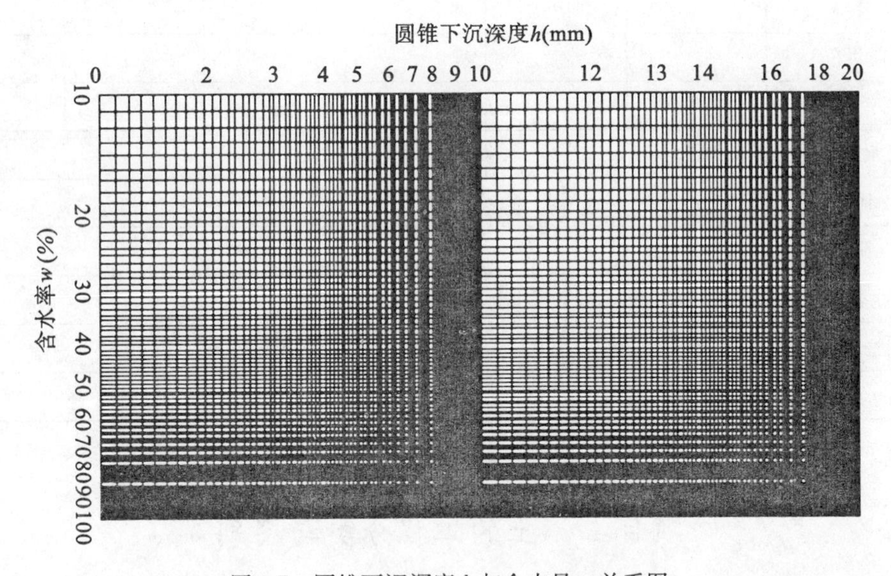

图 1-7　圆锥下沉深度 h 与含水量 w 关系图

（3）确定液限、塑限。在圆锥下沉深度 h 与含水率 w 关系图上，查得下沉深度为 17mm 所对应的含水率为液限 w_l；查得下沉深度为 2mm 所对应的含水率为塑限 w_p，以百分数表示，取整数。

（4）计算塑性指数和液性指数。

$$I_p=w_l-w_p \tag{1-30}$$

$$I_l=\frac{w-w_p}{I_p}=\frac{w-w_p}{w_l-w_p} \tag{1-31}$$

（5）按规范规定确定土的名称。

4）试验记录格式

液限、塑限联合试验记录表见表 1-9。

表 1-9　　**液限、塑限联合试验记录表**

工程名称＿＿＿＿＿＿　　试验者＿＿＿＿＿＿

土样说明＿＿＿＿＿＿　　计算者＿＿＿＿＿＿

试验日期＿＿＿＿＿＿　　校核者＿＿＿＿＿＿

试样编号						
圆锥下沉深度						
盒　号						
盒质量(g)						
盒+湿土质量(g)						
盒+干土质量(g)						
湿土质量(g)						
土质量(g)						
水的质量(g)						
含水率(%)						
平均含水率(%)						
液　　限(%)						
塑　　限(%)						
塑性指数						
液性指数						
土的名称						

项目三　土的工程分类与鉴别

建设部颁发的《建筑地基基础设计规范》(GB50007—2002)与《岩土工程勘察规范》(GB50021—2001)对各类土的分类方法和分类标准基本相同，差别不大。现将《建筑地基基础设计规范》(GB50007—2002，以下简称《规范》)分类标准介绍如下：《规范》将作为建筑地基的土(岩)分为岩石、碎石土、砂土、粉土、黏性土和人工填土六大类，另有淤泥质土、红黏土、膨胀土、黄土等特殊土。

(一)*岩石*

岩石是指颗粒间牢固联结，呈整体或具有节理裂隙的岩体。

岩石按饱和单轴抗压强度，可分为坚硬岩、较坚硬岩、较软岩和软岩。

岩石按风化程度，可分为未风化、微风化、中等风化、强风化和全风化岩石。

岩石按成因，可分为岩浆岩、沉积岩、变质岩。

(二)*碎石土*

粒径大于 2mm 的颗粒含量超过总质量的 50% 的土称为碎石土，根据粒组含量及颗粒形状可进一步分为漂石或块石、卵石或碎石、圆砾或角砾。分类标准见表 1-10。

表 1-10　**碎石土分类**

土的名称	颗粒形状	粒组含量
漂石 块石	圆形及亚圆形为主 棱角形为主	粒径大于 200mm 的颗粒含量超过全重 50%
卵石 碎石	圆形及亚圆形为主 棱角形为主	粒径大于 20mm 的颗粒含量超过全重 50%
圆砾 角砾	圆形及亚圆形为主 棱角形为主	粒径大于 2mm 的颗粒含量超过全重 50%

注：分类时应根据粒组含量栏从上到下以最先符合者确定。

（三）砂土

粒径大于 2mm 的颗粒含量不超过全重 50% 且粒径大于 0.075mm 的颗粒含量超过全重 50% 的土称为砂土。根据粒组含量，可进一步分为砾砂、粗砂、中砂、细砂和粉砂，分类标准见表 1-11。

表 1-11　**砂土的分类**

土的名称	粒组含量
砾砂	粒径大于 2mm 的颗粒含量占全重 25% ~50%
粗砂	粒径大于 0.5mm 的颗粒含量超过全重 50%
中砂	粒径大于 0.25mm 的颗粒含量超过全重 50%
细砂	粒径大于 0.075mm 的颗粒含量超过全重 85%
粉砂	粒径大于 0.075mm 的颗粒含量超过全重 50%

注：分类时应根据粒组含量从上到下以最先符合者确定。

（四）粉土

塑性指数 $I_p \leqslant 10$ 且粒径大于 0.075mm 的颗粒含量不超过全重 50% 的土称为粉土。粉土的性质介于砂土和黏性土之间。

（五）黏性土

塑性指数 $I_p > 10$ 的土称为黏性土。黏性土按塑性指数大小又可进一步分为：当 $I_p > 17$ 时为黏土；当 $10 < I_p \leqslant 17$ 时为粉质黏土。

（六）人工填土

人工填土是指由于人类活动而形成的堆积物。人工填土物质成分较复杂，均匀性也较差，按堆积物的成分和成因可分为：

（1）素填土：由碎石、砂土、粉土或黏性土所组成的填土。

（2）杂填土：含有建筑物垃圾、工业废料及生活垃圾等杂物的填土。

(3)冲填土：由水力冲填泥砂形成的填土。

在工程建设中所遇到的人工填土，各地区往往不一样。在历代古城，一般都保留有人类文化活动的遗物或古建筑的碎石、瓦砾；在山区，常是由于平整场地而堆积、未经压实的素填土，在城市建设中常遇到的是煤渣、建筑垃圾或生活垃圾堆积的杂填土，一般是不良地基，多需进行处理。

(七)特殊土

特殊土是指在特定的地理环境下形成的具有特殊性质的土，它的分布一般具有明显的区域性，包括淤泥、淤泥质土、红黏土、湿陷性土、膨胀土、多年冻土等。

1. 淤泥和淤泥质土

淤泥和淤泥质土是指在静水或缓慢流水环境中沉积，经生物化学作用形成的黏性土。

(1)淤泥：天然含水量大于液限，天然孔隙比 $e \geqslant 1.5$ 的黏性土。

(2)淤泥质土：天然含水量大于液限，天然孔隙比 $1.0 \leqslant e < 1.5$ 的黏性土或粉土。

淤泥和淤泥质土的主要特点是含水量大、强度低、压缩性高、透水性差、固结时间长。

2. 红黏土

红黏土是指碳酸盐岩系的岩石经红土化作用形成的棕红、褐黄等色的高塑性黏土。其液限一般大于50%，具有强度高、压缩性低，上层土硬、下层土软，失水后有明显的收缩性及裂隙发育的特性。红黏土经再搬运后，仍保留其基本特征，其液限大于45%的土称为次红黏土。

3. 膨胀土

膨胀土是指土中黏粒成分主要由亲水性矿物组成，同时具有显著的吸水膨胀性和失水收缩性，其自由胀缩率大于或等于40%的黏性土。

4. 湿陷性黄土

湿陷性黄土是指当土体浸水后产生附加沉降，其湿陷系数大于或等于0.015的土，根据上覆土自重压力下是否发生湿陷变形，可划分为自重湿陷性土和非自重湿陷性土。

5. 多年冻土

多年冻土是指土的温度等于或低于摄氏零度，含有固态水，且这种状态在自然界连续保持3年或3年以上的土。当自然条件改变时，产生冻胀、融陷、热融滑塌等特殊不良地质现象及发生物理力学性质的改变。

项目四 土的压缩性指标测定

一、基本概念

地基土在压力作用下有体积减小的特性。土的压缩由三部分组成：①水和气体从孔隙中被挤出；②土中水及封闭气体被压缩；③固体颗粒被压缩。研究表明，固体土颗粒和水的压缩量很小，可忽略不计。因此，土的压缩变形主要是由孔隙体积减小造成的。

土的压缩随时间增长的过程称为固结。对于透水性大的无黏性土，其压缩过程在很短时间内就可以完成；而对于透水性小的黏性土，其压缩稳定所需的时间要比砂土长得多。

二、压缩试验及压缩指标

(一)压缩试验

压缩试验是指取天然结构的原状土样进行侧限压缩试验。侧限是指限制土体的侧向变形，使土样只产生竖向变形。进行压缩试验的仪器叫做压缩仪，又称为固结仪。试验装置如图 1-8 所示。

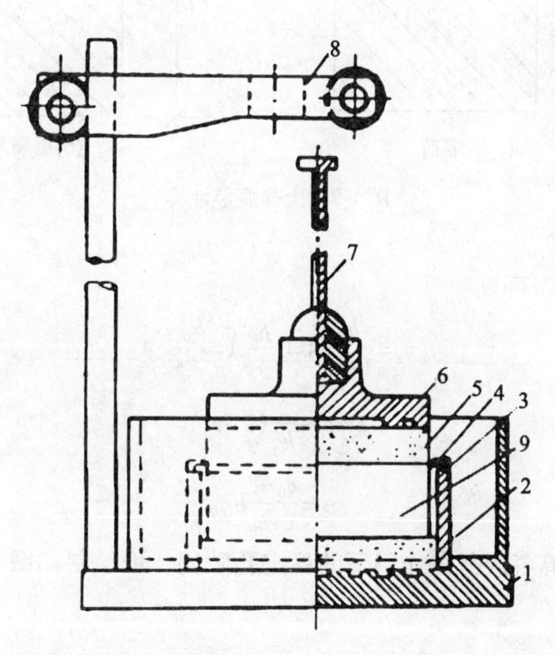

1—固结容器；2—护环；3—环刀；4—上护环；5—透水石；
6—加压盖；7—量表套杆；8—量表架；9—试样

图 1-8　侧限压缩试验装置

试验时，先用金属环刀切取原状土样置于固结仪内，并在土样上下置一块透水石，以便土样受压后能够自由排水，然后在透水石上逐级施加荷载。在每级荷载作用下，将土样压至稳定后，再施加下一级荷载。一般荷载取 $p=50\text{kPa}$，100kPa，200kPa，300kPa，400kPa，根据每级荷载作用下的稳定变形量，可以计算各级荷载作用下的孔隙比，从而绘制土体的压缩曲线。

(二)压缩曲线

设土样初始高度为 h_0，土样受荷变形稳定后的高度为 h_1，土样的压缩量为 s，即 $s=h_0-h_1$(图 1-9)。

若土样受压缩前的初始孔隙为 e_0，则受压后的孔隙比为 e，由于试验过程中 v_s 保持不变，且在侧限条件下试验使得土样的面积 A 保持不变，则根据试验过程中的基本物理量关系可得

$$v_0=h_0a=v_s+v_v=v_s(1+e_0)$$

式中：v_s——土颗粒体积；

v_v——孔隙体积。

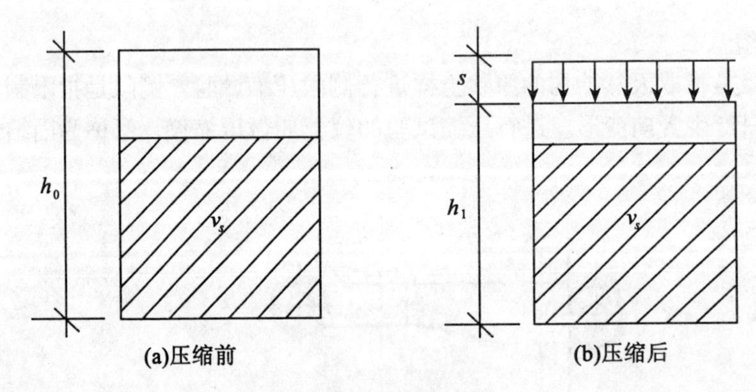

图 1-9　土样变形计算

由于 v_s 及 A 保持不变，可得

$$v_s=\frac{h_0}{1+e_0}A=\frac{h}{1+e}A=\frac{h_0-s}{1+e}A \tag{1-32}$$

从而得出

$$e=e_0-\frac{s}{h_0}(1+e_0) \tag{1-33}$$

或

$$s=\frac{e_0-e}{1+e_0}h_0 \tag{1-34}$$

利用式(1-33)计算各级荷载作用下的稳定孔隙比，可绘制如图 1-10 所示的 e-p 曲线，称为压缩曲线。

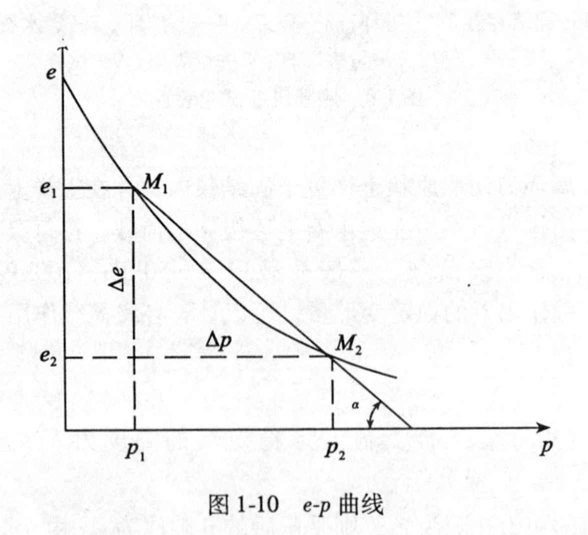

图 1-10　e-p 曲线

(三)压缩性指标

1. 压缩系数

压缩性不同的土，其压缩曲线也不相同。曲线越陡，说明在相同的压力增量作用下，

土样的孔隙比变化得越显著，因此土的压缩性越高；反之，曲线越平缓，土的压缩性越低。所以，曲线上任意一点的切线斜率 α 就表示相应压力作用下土的压缩性，称 α 为压缩系数。

$$\alpha=-\frac{\mathrm{d}e}{\mathrm{d}p} \tag{1-35}$$

式中：负号表示随着 p 增大，e 减小。

当压力变化范围不大时，土的压缩曲线可近似用割线来表示。当压力由 p_1 增至 p_2，相应的孔隙比由 e_1 减小到 e_2，此时，土的压缩性可用割线 M_1M_2 的斜率表示，即

$$\alpha=-\frac{\mathrm{d}e}{\mathrm{d}p}=-\frac{e_2-e_1}{p_2-p_1}=\frac{e_1-e_2}{p_2-p_1} \tag{1-36}$$

式中：p_1——地基中某深度处土中的原有的竖向自重应力(kPa)；

p_2——地基中某深度处土中的竖向自重应力和附加应力之和(kPa)；

e_1——相应于 p_1 作用下压缩稳定后土的孔隙比；

e_2——相应于 p_2 作用下压缩稳定后土的孔隙比。

由式(1-36)可知，压缩系数 α 表示在单位压力增量作用下土的孔隙比的减小量。因此，压缩系数 α 越大，土的压缩性越大。

为了便于应用和比较，《建筑地基基础设计规范》(GBJ50007—2002)规定用 $p_1=100\text{kPa}, p_2=200\text{kPa}$ 时相对应的压缩系数 α_{1-2} 来评价土的压缩性：

当 $\alpha_{1-2}\leqslant 0.1\text{MPa}^{-1}$ 时，属低压缩性土；

当 $0.1\text{MPa}^{-1}\leqslant\alpha_{1-2}\leqslant 0.5\text{MPa}^{-1}$ 时，属中压缩性土；

当 $0.5\text{MPa}^{-1}\leqslant\alpha_{1-2}$ 时，属高压缩性土。

2. 压缩指数

如果采用 $e-\log p$ 曲线(图1-11)，则它的后半段接近直线，压缩指数为此直线段的斜率，用 c_c 表示

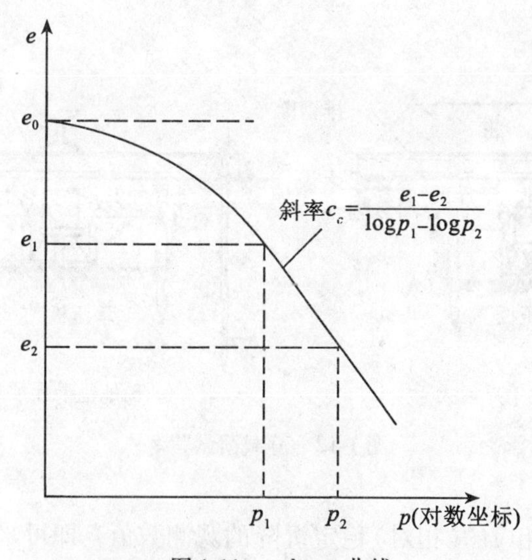

图1-11　$e-\log p$ 曲线

$$c_c=\frac{e_1-e_2}{\log p_2-\log p_1} \tag{1-37}$$

同压缩系数 α 一样，压缩指数 c_c 也能用来表示土的压缩性大小，c_c 值越大，土的压缩性越高。一般认为，当 $c_c<0.2$ 时，为低压缩性土；当 $c_c=0.2\sim0.4$ 时，为中压缩性土；当 $c_c>0.4$ 时，为高压缩性土。

3. 压缩模量

土体在完全侧限条件下，竖向附加应力 σ_z 与相应的应变增量 ε_z 之比称为压缩模量，用符号 E_s 表示，即

$$E_s=\frac{\sigma_z}{\varepsilon_z} \tag{1-38}$$

又有 $\sigma_z=\Delta p$，$\varepsilon_z=\frac{\Delta e}{1+e_1}$，因此可得

$$E_s=\frac{\sigma_z}{\varepsilon_z}=\frac{\Delta p}{\frac{\Delta e}{1+e_1}}=\frac{1+e_1}{\alpha} \tag{1-39}$$

由式(1-39)可见，E_s 与 α 成反比，即 E_s 越大，α 越小，土体的压缩性越低。

(四)静载荷试验和变形模量

土的压缩性指标除从室内压缩试验测定外，还可以通过现场原位测试取得。例如，可以通过载荷试验或旁压试验所测得的地基沉降(或土的变形)与压力之间近似的比例关系，从而利用地基沉降的弹性力学公式来反算土的变形模量。

1. 以载荷试验测定土的变形模量

地基土载荷试验是工程地质勘察工作中的一项原位测试。试验前，先在现场试坑中竖立载荷架，使施加的荷载通过承压板(或称压板)传到地层中去，以便测试岩、土的力学性质，包括测定地基变形横量、地基承载力以及研究土的湿陷性质等。

图 1-12 所示为两种千斤顶式的载荷架，其构造一般由加荷稳压装置、反力装置及观测装置三部分组成。

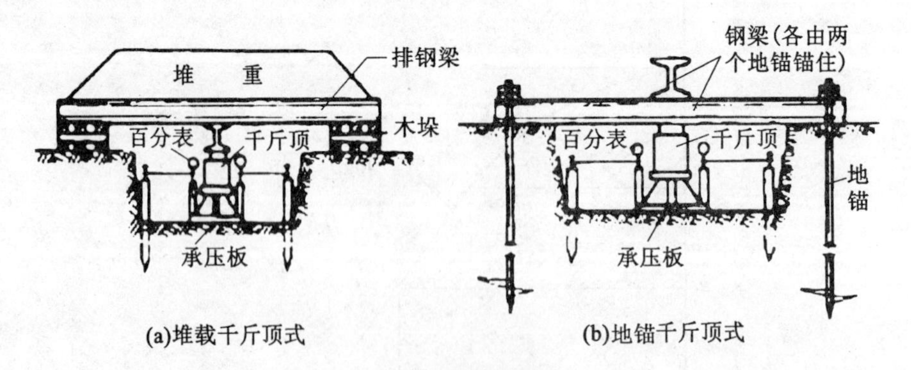

图 1-12 静载荷试验

根据各级荷载及其相应的(相对)稳定沉降的观测数值，即可采用适当的比例尺绘制荷载 p 与稳定沉降 s 的关系曲线(p-s 曲线)，必要时，还可绘制各级荷载下的沉降与时间

的关系曲线（*p-s* 曲线）。图 1-13 为一些代表性土类的 *p-s* 曲线，其中，曲线的开始部分往往接近于直线，与直线段终点相对应的荷载称为地基的比例界限荷载，相当于地基的临塑荷载。一般地基承载力设计值取接近于或稍超过此比例界限值。所以，通常将地基的变形按直线变形阶段，以弹性力学公式，即按下式来反求地基土的变形模量：

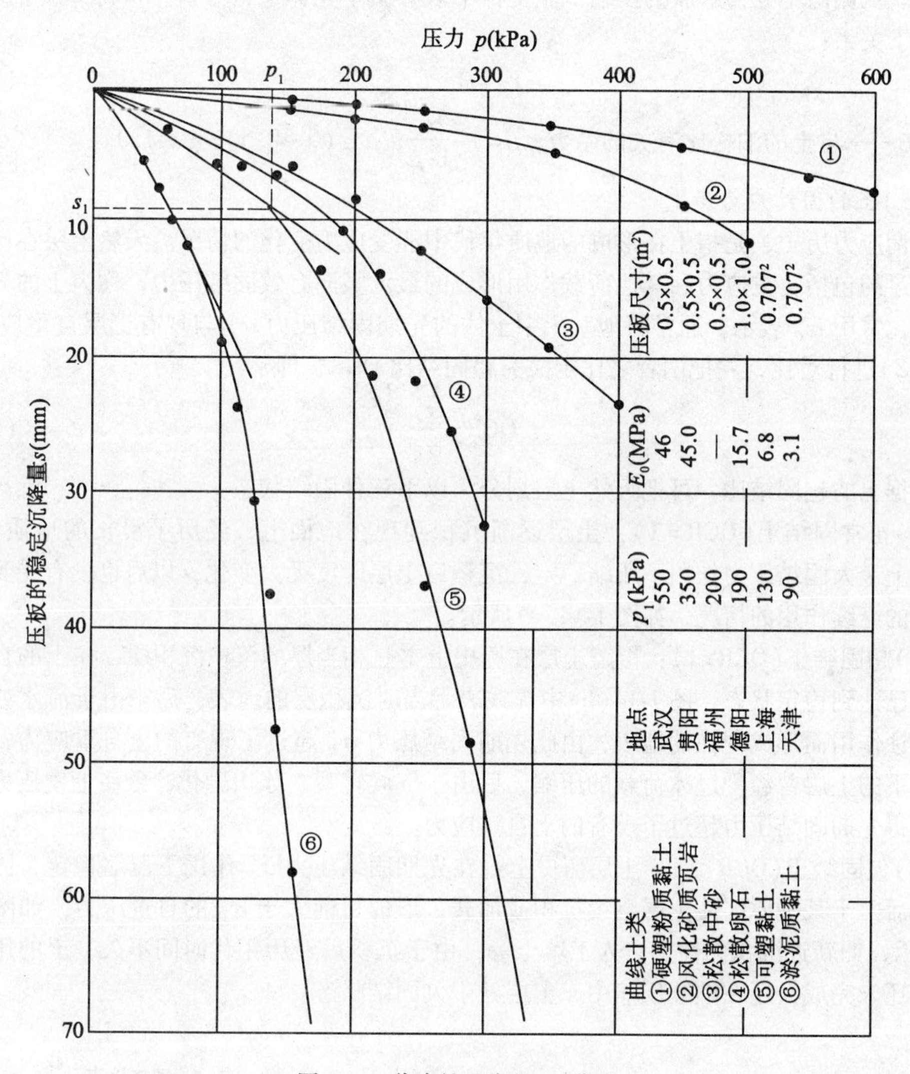

图 1-13　代表性土类的 *p-s* 曲线

$$E_0=\omega(1-\mu^2)\frac{Pb}{s} \tag{1-40}$$

式中：E_0——地基土变形模量（MPa）；

ω——沉降影响系数，对刚性承压板，圆形承压板取 0.79，方形承压板取 0.88；

μ——土的泊松比，砂土可取 0.2～0.25，黏土可取 0.25～0.45；

b——承压板直径或边长（m）；

P——*p-s* 曲线线性段的荷载强度（kPa）；

s——与 P 对应的沉降(mm)。

2. 变形模量与压缩模量的关系

如前所述，土的变形模量是土体在无侧限条件下的应力与应变的比值，而土的压缩模量则是土体在完全侧限条件下的应力与应变的比值，E_0 与 E_s 两者在理论上是完全可以互换算的。从侧向不允许膨胀的压缩试验土样中取一微单元体进行分析，可得 E_0 与 E_s 两者具有如下关系：

$$E_0=\beta \cdot E_s \tag{1-41}$$

式中：β——与土的泊松比有关的系数，$\beta=1-\frac{2\mu^2}{1-\mu}$，$\mu\in(0\sim0.5)\Rightarrow\beta\leqslant1.0$。

(五)土的固结应力历史

所谓应力历史，是指土在形成的地质年代中经受应力变化的情况。天然土层在历史上所经受过的包括自重应力和其他荷载作用形成的最大竖向有效固结压力，称为土的先期固结压力，常用 σ'_P 表示。通常将地基土中土体的先期固结压力 σ'_P 与现有土层自重应力 σ_C ($\sigma_C=\gamma Z$)进行对比，并把两者之比定义为超固结比 OCR，即

$$\mathrm{OCR}=\frac{\sigma'_P}{\sigma_C} \tag{1-42}$$

根据土的超固结比，可把天然土层划分为以下三种固结状态：

(1)正常固结土(OCR=1)：土层逐渐沉积到现在地面上，经历了漫长的地质年代，在历史上最大固结压力作用下压缩稳定，沉积后土层厚度无大变化，以后也没有受到过其他荷载的继续作用的情况，如图 1-14(a)所示。

(2)超固结土(OCR>1)：覆盖土层在历史上本是相当厚的覆盖沉积层，在土的自重作用下也已达到稳定状态，图 1-14(b)中虚线表示当时沉积层的地表，后来由于流水或冰川等的剥蚀作用而形成现在的地表，由此先期固结压力 σ'_P 超过了现有的土自重应力，或者古冰川下的土层曾经受过冰荷载的压缩，后由于气候转暖、冰川融化，致使上覆压力减小等，使得先期固结压力超过了现有的土自重应力。

(3)欠固结土(OCR<1)：土层历史上曾在先期固结压力 σ'_P 作用下压缩稳定，固结完成。以后由于某种原因使土层继续沉积或加载，形成目前大于 σ'_P 的自重压力，如图 1-14(c)所示，如新近沉积黏性土、人工填土等，由于沉积后经历年代时间不久，土的压缩固结状态还未完成，还在继续压缩中，土层处于欠固结状态。

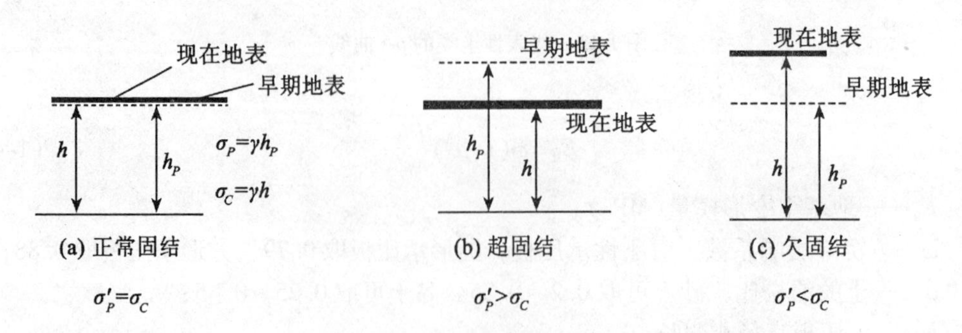

图 1-14 沉积土层的固结状态与先期固结压力 σ'_P 的关系

正常固结、超固结、欠固结三种状态不是固定不变的，随着外界条件的变化，可以从一种状态转化成另一种状态。

三、土的压缩性指标试验测定方法(侧限压缩试验)

(一)实训一：土的固结试验

1. 试验目的

本试验的目的是测定试样在侧限与轴向排水条件下，变形和压力或孔隙比和压力的关系，绘制压缩曲线，以便计算土的压缩系数 α、压缩模量 E_S 等指标，通过各项压缩性指标，可以分析、判断土的压缩特性和天然土层的固结状态，计算土工建筑物及地基的沉降等。

2. 试验方法及适用范围

本试验适用于饱和的黏质土(当只进行压缩试验时，允许用于非饱和土)。

试验方法：标准固结试验；快速固结试验：规定试样在各级压力下的固结时间为 1h，仅在最后一级压力下，除测记 1h 的量表读数外，还应测读达压缩稳定时的量表读数。

3. 标准固结试验

1)仪器设备

固结仪；环刀：面积 $50cm^3$，高 2cm；天平；测微表；秒表、烘箱、修土刀、称量盒、滤纸等。

2)试验步骤

(1)根据工程需要，切取原状土试样或制备给定密度与含水量的扰动土样。

(2)测定试样的密度及含水量。对于试样需要饱和时，按《规范》规定的方法将试样进行抽气饱和。

(3)在固结容器内放置护环、透水板和薄滤纸，将带有环刀的试样小心装入护环内，然后在试样上放薄滤纸、透水板和加压盖板，置于加压框架下，对准加压框架的正中，安装量表。

(4)施加 1kPa 的预压压力，使试样与仪器上下各部分之间接触良好，然后调整量表，使指针读数为零。

(5)确定需要施加的各级压力。加压等级一般为 12.5kPa、25.0kPa、50.0kPa、100kPa、200kPa、400kPa、800kPa、1600kPa、3200kPa。最后一级压力应大于上覆土层的计算压力 100～200kPa。

(6)如是饱和试样，则在施加第 1 级压力后，立即向水槽中注水至满，如是非饱和试样，则必须用湿棉围住加压盖板四周，避免水分蒸发。

(7)测记稳定读数。当不需要测定沉降速率时，稳定标准规定为每级压力下固结 24h。测记稳定读数后，再施加第 2 级压力。依次逐级加压至试验结束。

(8)试验结束后，迅速顺次拆除仪器部件，取出带环刀的试样(如是饱和试样，则用干滤纸吸去试样两端表面上的水，取出试样，测定试验后的含水量)，把仪器擦干净。

3)计算与制图

(1)按下式计算试样的初始孔隙比 e_0：

$$e_0=\frac{d_s(1+w_0)\rho_w}{\rho_0}-1 \tag{1-43}$$

(2)按下式计算各级压力下固孔隙比 e_i：

$$e_i=e_0-\frac{s_i}{H_0}(1+e_0) \tag{1-44}$$

(3)按下式计算某一级压力范围内的压缩系数 α：

$$\alpha=-\frac{\mathrm{d}e}{\mathrm{d}p}=-\frac{e_2-e_1}{p_2-p_1}=\frac{e_1-e_2}{p_2-p_1} \tag{1-45}$$

(4)绘制 e-p 的关系曲线。以孔隙比 e 为纵坐标、压力 p 为横坐标，将试验成果点在图上，再连成一条光滑曲线。

(5)要求：用压缩系数判断土的压缩性。

4)试验记录格式

快速法固结试验记录表见表 1-12。

表 1-12　　快速法固结试验记录表

工程名称　　试验者

土样编号　　计算者

仪器编号　　校核者

试样起始高度：h_0 = mm		$K=(h_n)_T/(h_n)_t$ =		初始孔隙比 e_0 =	
加压历时 (h)	压力 (kPa)	校正前试样总变形量 (mm)	校正后试样总变形量 (mm)	压缩后试样高度 (mm)	压缩稳定后孔隙比
	p	$(h_n)_t$	$\sum\Delta h_i = K(h_n)_t$	$h = h_0 - \sum\Delta h_i$	e_i
1					
1					
1					
1					
1					
稳定					

项目五　土的抗剪强度指标测定

一、土的抗剪强度

土的抗剪强度是指土体抵抗剪切破坏的极限强度。工程中的地基承载力、挡土墙土压力、土坡稳定等问题都与土的抗剪强度直接相关，因此，研究土的强度特性，主要是研究土的抗剪性。

建筑物地基在外荷载作用下将产生剪应力和剪切变形，土具有抵抗这种剪应力的能力，并随剪应力的增加而增大，当这种剪阻力达到某一极限值时，土就要发生剪切破坏，这个极限值就是土的抗剪强度。如果土体内某一部分的剪应力达到土的抗剪强度，在该部分就开始出现剪切破坏，随着荷载的增加，剪切破坏的范围逐渐扩大，最终在土体中形成连续的滑动面，地基发生整体剪切破坏而丧失稳定性。

二、库仑公式

(一)土的抗剪强度

1776年，法国科学家库仑通过一系列砂土剪切实验，将砂土的抗剪强度表达为滑动面上法向总应力的函数，即

$$\tau_f=\sigma\tan\varphi \tag{1-46}$$

后来，经过进一步研究发现黏性土的抗剪强度黏性土的抗剪强度由两部分组成，一部分是摩擦力，另一部分是土粒之间的黏结力，它是由于黏性土颗粒之间的胶结作用和静电引力效应等因素引起的。进一步提出黏性土抗剪强度公式：

$$\tau_f=c+\sigma\tan\varphi \tag{1-47}$$

式中：τ_f——土的抗剪强度(kPa)；

σ——剪切面上法向应力(kPa)；

φ——土的内摩擦角，即直线与横轴的夹角；

c——土的黏聚力(kPa)。

由库仑提出的公式(1-46)和公式(1-47)是土体的强度规律的数学表达式，也称库仑定律，表明在一般的荷载范围内土的抗剪强度与法向应力之间呈线性关系，如图1-15所示，其中c，φ称为土的强度指标。

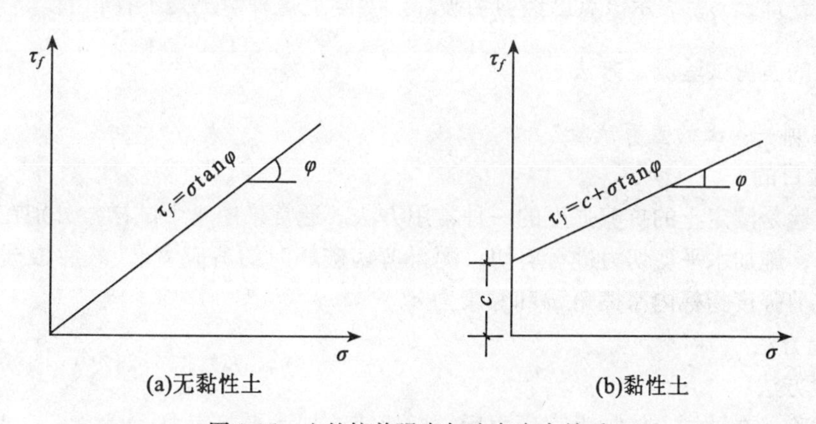

图1-15　土的抗剪强度与法向应力关系

(二)土的抗剪强度指标

抗剪强度指标c，φ反映土的抗剪强度变化的规律性，它们的大小反映了土的抗剪强度的高低。土粒间的内摩擦力通常由两部分组成，一部分是由于剪切面上土颗粒与颗粒接触面所产生的摩擦力；另一部分是由颗粒之间的相互嵌入和连锁作用产生的咬合力。咬合

力是指当土体相对滑动时，将嵌在其他颗粒之间的土粒拔出所需的力。黏聚力 c 是由于黏土颗粒之间的胶结作用，结合水膜以及分子引力作用等引起的。

三、土的极限平衡条件

根据库仑定律和试验作出的库仑抗剪强度包线，可以看出，如果给定了土的抗剪强度参数 φ、c 以及土中某点的应力状态，则可将抗剪强度包线与莫尔应力圆画在同一张坐标图上，如图 1-16 所示，它们之间的关系有以下三种情况：

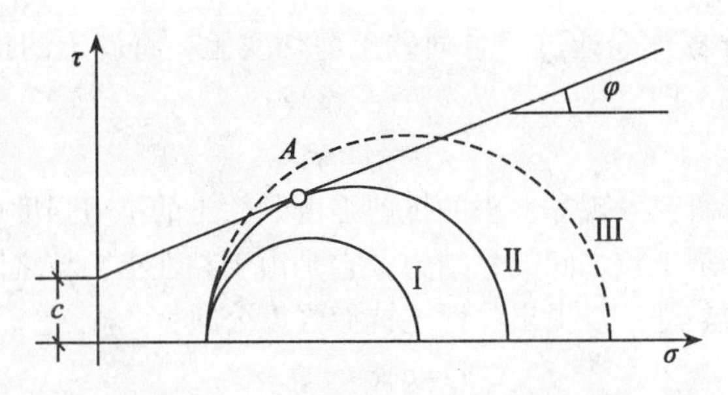

图 1-16　莫尔圆与抗剪强度之间的关系

(1)莫尔圆位于抗剪强度包线下方(图中圆Ⅰ)，说明该点在任何平面上的剪应力都小于土所能发挥的抗剪强度，即$\tau<\tau_f$，因此不会发生剪切破坏，表示该点处于稳定状态。

(2)莫尔圆与抗剪强度包线相切(图中圆Ⅱ)，说明切点 A 所代表的平面上，剪应力正好等于抗剪强度，即$\tau=\tau_f$，表示该点处于极限平衡状态。

(3)抗剪强度包线是莫尔圆的一条割线(图中圆Ⅲ)，说明该点某些平面上的剪应力大于抗剪强度，即$\tau>\tau_f$，表示该点已经剪切破坏。实际上这种情况是不存在的。

四、土的直剪试验测定方法

(一)实训一：土的直剪试验

1. 试验目的

直剪试验是测定土的抗剪强度的一种常用方法。通常采用4个试样，分别在不同的垂直压力 p 下，施加水平剪切力进行剪切，测得剪切破坏时的剪应力τ，然后根据库仑定律确定土的抗剪强度指标内摩擦角 φ 和黏聚力 c。

2. 试验方法

1)试验方法

快剪试验：在试样上施加垂直压力后立即快速施加水平剪应力。

固结快剪试验：在试样上施加垂直压力，待试样排水固结稳定后，快速施加水平剪应力。

慢剪试验：在试样上施加垂直压力及水平剪应力的过程中，均使试样排水固结。

2)适用范围

本试验适用于测定细粒土的抗剪强度指标 c 和 φ 和粒径小于 2mm 的砂土的抗剪强度指标 φ。渗透系数 k 大于 10^{-6}cm/s 的土不适于做快剪试验。

3. 固结快剪试验

1)仪器设备

应变控制式直剪仪：剪切盒、垂直加压框架、测力计、推动机构等；位移计(百分表)：量程5~10mm，分度值0.01mm；天平、环刀、削土刀、饱和器、秒表、滤纸、直尺等。

2)操作步骤

(1)试样制备：从原状土样中切取原状土试样或制备给定干密度和含水量的扰动土试样。按《规范》规定，测定试样的密度及含水量。对于扰动土样需要饱和时，按《规范》规定的方法进行抽气饱和。

(2)试样安装：对准上下盒，插入固定销。在下盒内放湿滤纸和透水板。将装有试样的环刀平口向下，对准剪切盒口，在试样顶面放湿滤纸和透水板，然后将试样徐徐推入剪切盒内，移去环刀。转动手轮，使上盒前端钢珠刚好与测力计接触。调整测力计读数为零。依次加上加压盖板、钢珠、加压框架，安装垂直位移计，测记起始读数。

(3)施加垂直压力：一个垂直压力相当于现场预期的最大压力 p，一个垂直压力要大于 p，其他垂直压力均小于 p，但垂直压力的各级差值要大致相等。也可以取垂直压力分别为100kPa、200kPa、300kPa、400kPa，各级垂直压力可一次轻轻施加，若土质软弱，也可以分级施加，以防试样挤出。

(4)如是饱和试样，则在施加垂直压力5min后，往剪切盒水槽内注满水；如是非饱和试样，则仅在活塞周围包以湿棉花，以防止水分蒸发。在试样上施加规定的垂直压力后，测记垂直变形读数。当每小时垂直变形读数变化不超过0.005mm时，认为以达到固结稳定。

(5)试样达到固结稳定后，拔去固定销，开动秒表，以0.8~1.2mm/min的速率剪切(每分钟4~6转的均匀速度旋转手轮)，使试样在3~5min剪损。

剪损的标准：①当测力计的读数达到稳定或有明显后退，表示试样剪损；②一般宜剪切至剪切变形达到4mm；③若测力计的读数继续增加，则剪切变形达到6mm为止。

(6)剪切结束后，吸去剪切盒中积水，倒转手轮，尽快移去垂直压力、框架、钢珠、加压盖板等。取出试样，测定剪切面附近的含水量。

3)计算与制图

(1)计算。按下式计算试样的剪应力：

$$\tau=\frac{CR}{A_0}\times 10 \tag{1-48}$$

式中：C——测力计率定系数(N/0.01mm)；

R——测力计读数(0.01mm)；

A_0——试样断面积(cm^2)；

10——单位换算系数。

(2)制图。

①以剪应力为纵坐标、剪切位移为横坐标，绘制剪应力 τ 与剪切位移 Δl 的关系曲线；

②以抗剪强度 τ_f 为纵坐标、垂直压力 p 为横坐标，绘制抗剪强度 τ_f 与垂直压力 p 的关系曲线。选取剪应力 τ 与剪切位移 Δl 关系曲线上的峰值点或稳定值作为抗剪强度 τ_f；若无

明显峰值点，则可取剪切位移 Δl 等于 4mm 对应的剪应力作为抗剪强度 τ_f。

4）试验记录格式

直剪试验记录表见表 1-13。

表 1-13 直剪试验记录表

工程名称　　试 验 者

土样编号　　计 算 者

仪器编号　　校核者　　试验日期

试样编号：　　剪切前固结时间：　min

仪器编号：　　剪切前压缩量：　mm

垂直压力：　kPa　　剪切历时：　min

测力计率定系数 C：　N/0.01mm　　抗剪强度：　kPa

手轮转数（转）	测力计读数（0.01mm）	剪切位移（0.01mm）	剪应力（kPa）	垂直位移（0.01mm）
1	(2)	(3)=(1)×20-(2)	(4)=(2)×C×10/A_0	(5)
2				
3				
4				
……				
32				

项目六　岩土工程勘察报告及应用

一、报告的编制程序

（1）外业和实验资料的汇集、检查和统计。此项工作应于外业结束后即进行。首先应检查各项资料是否齐全，特别是实验资料是否齐全，同时可编制测量成果表、勘察工作量统计表和勘探点（钻孔）平面位置图。

（2）对照原位测试和土工试验资料，校正现场地质编录。这是一项很重要的工作，但往往被忽视，从而出现野外定名与实验资料相矛盾，鉴定砂土的状态与原位测试和实验资料相矛盾。例如，野外定名为黏土的，实验得出的塑性指数 $I_P<17$；野外定名为细砂的，实验资料为中砂，其 0.25～0.5mm 颗粒含量百分比达 50% 以上；野外定为可塑状态黏性土的，实验得出的液性指数 $I_P<0$；野外定为稍密状态的砂性土，标准贯入击数 $N<10$ 击；

野外定为淤泥或淤泥质土的，实验得出的孔隙比 $e<1$；野外定为硬塑黏性土的；标准贯入击数 $N<18$ 击，等等，诸如此类的矛盾，或由于野外分层深度和定名不准确，或由于实验资料不准确，应找出原因，并修改校正，使野外对岩土的定名及状态鉴定与实验资料和原位测试数据相吻合。

(3)编绘钻孔工程地质综合柱状图。

(4)划分岩土地质层，编制分层统计表，进行数理统计。地基岩土的分层恰当与否，直接关系到评价的正确性和准确性。因此，此项工作必须按地质年代、成因类型、岩性、状态、风化程度、物理力学特征来综合考虑，正确地划分每一个单元的岩土层。然后，编制分层统计表，包括各岩土层的分布状态和埋藏条件统计表，以及原位测试和实验测试的物理力学统计表等。最后，进行分层试验资料的数理统计，查算分层承载力。

(5)编绘工程地质剖面图和其他专门图件。

(6)编写文字报告。按以上顺序进行工作，可减少重复，提高效率，避免差错，保证质量。在较大的勘察场地或地质地貌条件比较复杂的场地，应分区进行勘察评价。

二、报告论述的主要内容

报告应叙述工程项目、地点、类型、规模、荷载、拟采用的基础形式；工程勘察的发包单位、承包单位；勘察任务和技术要求；勘察场地的位置、形状、大小；钻孔的布置者和布置原则，孔位和孔口标高的测量方法以及引测点；施工机具、仪器设备和钻探，取样及原位测试方法；勘察的起止时间；完成的工作量和质量评述；勘察工作所依据的主要规范、规程；其他需要说明的问题。报告应附勘探点(钻孔)平面位置图、勘探点测量成果表和勘察工作量表。倘若勘察工作量少，可只附图而省去表。一个完整的岩土工程勘察报告由以下几部分组成：

(一)地质地貌概况

地质地貌决定了一个建筑工地的场地条件和地基岩土条件，应从以下三个方面加以论述：

1. 地质结构

主要阐述的内容是：地层(岩石)、岩性、厚度；构造形迹，勘察场地所在的构造部位；岩层中节理、裂隙发育情况和风化、破碎程度。由于勘察场地大多地处平原，应划分第四系的成因类型，论述其分布埋藏条件、土层性质和厚度变化。

2. 地貌

这包括勘察场地的地貌部位、主要形态、次一级地貌单元划分。如果场地小且地貌简单，应着重论述地形的平整程度、相对高差。

3. 不良地质现象

这包括勘察场地及其周围有无滑坡、崩塌、塌陷、潜蚀、冲沟、地裂缝等不良地质现象。如在碳酸盐岩类分布区，则要叙述岩溶的发育及其分布、埋藏情况。如勘察场地较大、地质地貌条件较复杂，或不良地质现象发育，则报告中应附地质地貌图或不良地质现象分布图；如场地小、地质地貌条件简单又无不良地质现象，则在前述钻孔位置平面图上加地质地貌界线即可。当然，如地质地貌单一，则可免绘界线。

(二)地基岩土分层及其物理力学性质

这一部分是岩土工程勘察报告着重论述的问题，是进行工程地质评价的基础。下面介绍分层的原则和分层叙述的内容。

1. 分层原则

土层按地质时代、成因类型、岩性、状态和物理力学性质划分；岩层按岩性、风化程度、物理力学性质划分。厚度小、分布局限的可作为夹层处理，厚度小而反复出现的可作为互层处理。

2. 分层编号方法

常见三种编号法：第一，从上至下连续编号，即①、②、③……。这种方法一目了然，但在分层太多而有的层位分布不连续时，编号太多显得冗繁；第二，土层、岩层分别连续编号，如土层Ⅰ-1、Ⅰ-2、Ⅰ-3……，岩层Ⅱ-1、Ⅱ-2、Ⅱ-3……；第三，按土、石大类和土层成因类型分别编号，如某工地填土1；冲积黏土2-1、冲积粉质黏土2-2，冲积细砂2-3；残积可塑状粉质黏土3-1、残积硬塑状粉质黏土3-2；强风化花岗岩4-1，中风化花岗岩4-2，微风花岗岩4-3。第二、三种编法有了分类的概念，但由于是复合编号，故而在报告中叙述有所不便。目前，大多数分层是采用第一种方法，并已逐步地加以完善。总之，地基岩土分层编号、编排方法应根据勘察的实际情况，以简单明了、叙述方便为原则。此外，详勘和初勘在同一场地的分层和编号应尽量一致，以便参照对比。

3. 分层叙述内容

对每一层岩土，要叙述如下内容：

(1)分布：通常有“普遍”、“较普遍”、“广泛”、“较广泛”、“局限”、“仅见于”等用语。对于分布较普遍和较广泛的层位，要说明缺失的孔段；对于分布局限的层位，则要说明其分布的孔段。

(2)埋藏条件。包括层顶埋藏深度、标高、厚度。如场地较大、分层埋深和厚度变化较大，则应指出埋深和厚度最大、最小的孔段。

(3)岩性和状态。对于土层，要叙述颜色、成分、饱和度、稠度、密实度、分选性等；对于岩层，要叙述颜色、矿物成分、结构、构造、节理裂隙发育情况、风化程度、岩心完整程度；对于裂隙的发育情况，要描述裂隙的产状、密度、张闭性质、充填情况；对于岩心的完整程度，除区分完整、较完整、较破碎、破碎和极破碎外，还应描述岩心的形状，即区分出长柱状、短柱状、饼状、碎块状等。

(4)取样和实验数据。应叙述取样个数、主要物理力学性质指标。尽量列表表示土工实验结果，文中可只叙述决定土层力学强度的主要指标，如填土的压缩模量、淤泥和淤泥质土的天然含水量、黏性土的孔隙比和液性指数、粉土的孔隙比和含水量、红黏土的含水比和液塑比。对叙述的每一物理力学指标，应有区间值、一般值、平均值，最好还有最小平均值、最大平均值，以便设计部门选用。

(5)原位测试情况。包括试验类别、次数和主要数据，也应叙述其区间值、一般值、平均值和经数理统计后的修正值。

(6)承载力。据土工试验资料和原位测试资料分别查算承载力标准值，然后综合判定，提供承载力标准值的建议值。

(三)地下水简述

地下水是决定场地工程地质条件的重要因素。报告中必须论及：地下水类型，含水层分布状况、埋深、岩性、厚度，静止水位、降深、涌水量、地下水流向、水力坡度；含水层间和含水层与附近地表水体的水力联系；地下水的补给和排泄条件，水位季节变化，含水层渗透系数，以及地下水对混凝土的侵蚀性等。对于小场地或水文地质条件简单的勘察场地，论述的内容可以简化。有的内容，如水位季节变化，并非在较短的工程勘察期间能够查明，可通过调查访问和搜集区域水文资料获得。地下水对混凝土的侵蚀性，要结合场地的地质环境，根据水质分析资料判定。

(四)场地稳定性

场地稳定性评价主要是选址和初勘阶段的任务，应从以下几个方面加以论述：

(1)场地所处的地质构造部位，有无活动断层通过，附近有无发震断层。

(2)地震基本烈度，地震动峰值加速度。

(3)场地所在地貌部位的地形平缓程度，是否临江河湖海，或临近陡崖深谷。

(4)场地及其附近有无不良地质现象，其发展趋势如何。

(5)地层产状、节理裂隙产状如何，地基土中有无软弱层或可液化砂土。

(6)地下水对基础有无不良影响。报告对场地稳定性作出评价的同时，应对不良地质作用的防治、增强建筑物稳定性方面的措施提供建议。

(五)其他专门要求

论述的问题对于设计部门提出的一些专门问题，报告应予以论述，如饱和砂土的震动液化、基坑排水量计算、动力机器基础地基刚度的测定、桩基承载力计算、软弱地基处理、不良地质现象的防治，等等。

(六)结论与建议

结论是勘察报告的精华，它不是前文已论述的重复归纳，而是简明扼要的评价和建议。一般包括以下几点：

(1)对场地条件和地基岩土条件的评价。

(2)结合建筑物的类型及荷载要求，论述各层地基岩土作为基础持力层的可能性和适宜性。

(3)选择持力层，建议基础形式和埋深。若采用桩基础，应建议桩型、桩径、桩长、桩周土摩擦力和桩端土承载力标准值。

(4)地下水对基础施工的影响和防护措施。

(5)基础施工中应注意的有关问题。

(6)建筑是否作抗震设防。

(7)其他需要专门说明的问题。以上7个方面的内容，并非所有的勘察报告都要面面俱到、一一罗列。

由于场地和地基岩土的差异、建筑类型的不同和勘察精度的高低，不同项目的勘察报告反映的侧重点当然有所不同。一般来说，概述、地基岩土分层及其物理力学性质、地下水简述、结论与建议，是每个勘察报告必须叙述的内容。总之，要根据勘察项目的实际情况，尽量做到报告内容齐全、重点突出、条理通顺、文字简练、论据充实、结论明确、简明扼要、合理适用。

三、图表编制要点

(一)主要图件

1. 勘探点(钻孔)平面位置图

表示的主要内容：①建筑平面轮廓；②钻孔类别、编号、深度和孔口标高，应区分出技术孔、鉴别孔、抽水试验孔、取水样孔、地下水动态观测孔、专门试验孔(如孔隙水压力测试孔)；③剖面线和编号：剖面线应沿建筑周边、中轴线、柱列线、建筑群布设；较大的工地，应布设纵横剖面线；④地质界线和地貌界线；⑤不良地质现象、特征性地貌点；⑥测量用的坐标点、水准点或特征地物；⑦地理方位。对于较小的场地，一般仅表示①、②、③、⑥、⑦五项内容。标注地理方位的最大优点在于文中叙述有关位置时方便。此图一般在甲方提供的建筑平面图上补充内容而成，比例尺一般采用1∶200～1∶1000。

2. 钻孔工程地质综合柱状图

钻孔柱状图的内容主要有地层代号、岩土分层序号、层顶深度、层顶标高、层厚、地质柱状图、钻孔结构、岩心采取率、岩土取样深度和样号、原位测试深度和相关数据。在地质柱状图上，第四系与下伏基岩应表示出不整合接触关系。在柱状图的上方，应标明钻孔编号、坐标、孔口标高、地下水静止水位埋深、施工日期等。柱状图比例尺一般采用1∶100或1∶200。

3. 工程地质剖面图

工程地质剖面图是地基基础设计的主要图件，其质量好坏的关键在于：剖面线的布设是否恰当；地基岩土分层是否正确；分层界线，尤其是透镜体层、岩性渐变线的勾连是否合理；剖面线纵横比例尺的选择是否恰当。关于剖面线的布设和地基岩土分层原则，此前已论及，不再赘述。倘若分层正确，一般来说，分层线的连接就会自然平顺，而不致将产状平缓的第四系、尤其是全新世的土层画成陡斜状，或出现新老层位之间的互相穿插等不合理现象。同一层位间的相变，要用岩性渐变线表示清楚。透镜状分层和同一层位中的透镜状夹层，在不同的剖面线上要互相照应，以显示其分布范围。剖面比例尺的选择，应尽量使纵、横比例尺一致或相差不大，以便真实反映地层产状。一般横比例尺采用1∶200～1∶500，纵比例尺采用1∶100～1∶200。在剖面图上，必须标上剖面线号，如6-6′或*F-F′*。剖面各孔柱应标明分层深度、钻孔孔深和岩性花纹，以及岩土取样位置及原位测试位置和相关数据(如标贯锤击数、分层承载力建议值)。在剖面图旁侧，应用垂直线比例尺标注标高，孔口高程须与标注的标高一致。剖面上邻孔间的距离用数字写明，并附上岩性图例。

4. 专门性图件

常见的有表层软弱土等厚线图，软弱夹层底板等深线图，基岩顶面等深线图，强风化、中风化或微风化岩顶面等深线图，硬塑或坚硬土等深线图等，不言而喻，这些图件对于地基基础设计各有用途，有的图件还可以反映隐伏的地质条件，如中风化顶面等深线图可以反映隐伏的断层；等深线上呈线状伸展的沟部往往是断层通过地段。专门性图件并非每一勘察报告都作，视勘察要求、反映重点而定。

(二)主要表格

1. 岩土试验成果表

按岩、土分别分层，按孔号、样号顺序编制。每一分层之后列出统计值，如区间值、一般值、平均值、最大平均值、最小平均值。

2. 原位测试成果表

分层按孔号、试验深度编制，要列统计值，并查算分层承载力标准值。

3. 钻孔抽水试验成果表

按孔号、试段深度编制，列出静止水位、降深、涌水量、单位涌水量、水温和水样编号。

4. 桩基力学参数表

如果建议采用桩基础，则应按选用的桩型列出分层桩周摩擦力，并考虑桩的入土深度，确定桩端土承载力。

除上述附表之外，当分层复杂时，应编制地基岩土划分及其埋藏条件表。

实训任务一　××工程土的室内物理力学性质指标的测定

一、工程对象

××学院场地内表层土。

二、任务要求

(1)学生用手触摸感受各类土的感官性质，具备初步判断土类的能力。

(2)进行室内土工实验，测定土样的基本物理性质指标(ρ, w, d_s, ρ_d, ρ_{sat}, ρ', e, n, s_r)和进行导出物理性质指标计算。

(3)进行室内土工实验，测定土样的物理状态指标(w_p, w_l)。

(4)进行室内土工实验，测定土样的压缩性指标及抗剪强度指标(α_{1-2}, E_S, φ, c)。

三、实施方案

(1)学生分成5组，每组7~8人，以小组为单位组织实施。

(2)用A4的打印纸完成成果工程量，装订成果上交。

实训任务二　《××市××职业中等专业学校地质勘察报告》阅读和使用

一、工程资料

本实训任务工程资料见附录一。

二、任务要求

通过工程地质勘察方案阅读，熟悉该地基基础设计方案，能够组织土方工程施工和基础工程施工。

三、实施方案

学生分成 5 组，每组 7 ~ 8 人，以小组为单位组织实施。

学习情境二　土方工程施工

【学习目标】 能够进行场地平整、基槽土方以及基坑土方工程施工，能够对施工机械进行选择，能够编制和运用土方施工方案。

【主要内容】 土的分类及工程性质、土方量计算、填土压实方法、施工辅助工作、土方机械化施工及土方工程质量验收。

【学习重点】 土方工程量计算、填土压实的质量检查、井点降水。

【学习难点】 土方施工方案的阅读和使用。

项目一　土方施工基础知识

一、土方工程施工分类

根据土方工程的施工内容与方法不同，土方工程施工有以下几种：

1. 场地平整

将天然地面改造成设计要求的平面，其土方工程施工面积大，土方工程量大。

2. 基坑(槽)开挖

基坑(槽)开挖是指开挖宽度在3m以内、长宽比不小于3的基槽或长宽比小于3、底面积在$20m^2$以内的基坑土方开挖工程。

3. 基坑(槽)回填

基础完成后，应分层回填，且保证回填土具有一定的压实密度，以避免建筑物产生不均匀沉降。

二、土方施工特点

(1)工程量大，施工工期长，劳动强度高。

(2)施工条件复杂，多为露天作业，受地区气候条件、地质和水文条件的影响很大，难以确定的因素较多。

(3)受场地限制，土方的开挖与土方的留置、存放都受到施工场地限制，特别是城市内施工，场地狭窄、周围建筑物多，限制尤为突出。

三、土的分类与鉴别

土的种类繁多，分类方法也很多，如按土的沉积年代分类、按颗粒级配分类、按密实度分类、按液性指数分类等。在建筑工程施工中，按土的开挖难易程度将土分为松软土、普通土、坚土、砂砾坚土、软石、次坚石、坚石、特坚硬石八类，见表2-1(学习情境一也有相关知识)。

表 2-1 土的工程分类

土的分类	土的级别	土的名称	坚实系数 f	密度 (t/m^3)	开挖方法及工具
一类土(松软土)	I	砂土、粉土、冲积砂土层、疏松的种植土、淤泥(泥炭)	0.5~0.6	0.6~1.5	用锹、锄头挖掘,少许用脚蹬
二类土(普通土)	II	粉质黏土;潮湿的黄土;夹有碎石、卵石的砂;粉土混卵(碎)石;种植土、填土	0.6~0.8	1.1~1.6	用锹、锄头挖掘,少许用镐翻松
三类土(坚土)	III	软及中等密实黏土;重粉质黏土、砾石土;干黄土、含有碎石卵石的黄土、粉质黏土;压实的填土	0.8~1.0	1.75~1.9	主要用镐,少许用锹、锄头挖掘,部分用撬棍
四类土(砂砾坚土)	IV	坚硬密实的黏性土或黄土;含碎石卵石的中等密实的黏性土或黄土;粗卵石;天然级配砂石;软泥灰岩	1.0~1.5	1.9	整个先用镐、撬棍,后用锹挖掘,部分用楔子及大锤
五类土(软石)	V~VI	硬质黏土;中密的页岩、泥灰岩、白垩土;胶结不紧的砾岩;软石灰及贝壳石灰石	1.5~4.0	1.1~2.7	用镐或撬棍、大锤挖掘,部分使用爆破方法
六类土(次坚石)	VII~IX	泥岩、砂岩、砾岩;坚实的页岩、泥灰岩,密实的石灰岩;风化花岗岩、片麻岩及正长岩	4.0~10.0	2.2~2.9	用爆破方法开挖,部分用风镐
七类土(坚石)	X~XIII	大理石;辉绿岩;粉岩;粗、中粒花岗岩;坚实的白云岩、砂岩、砾岩、片麻岩、石灰岩;微风化安山岩;玄武岩	10.0~18.0	2.5~3.1	用爆破方法开挖
八类土(特坚石)	XIV~XVI	安山岩;玄武岩;花岗片麻岩;坚实的细粒花岗岩、闪长岩、石英岩、辉长岩、辉绿岩、粉岩、角闪岩	18.0~25.0以上	2.7~3.3	用爆破方法开挖

四、土的工程性质(施工方面)

土的可松性：天然土经开挖后，其体积因松散而增加，虽经振动夯实，仍然不能完全复原，土的这种性质称为土的可松性。土的可松性用可松性系数表示，即

$$K_s=\frac{V_2}{V_1} \tag{2-1}$$

$$K'_s=\frac{V_3}{V_1} \tag{2-2}$$

式中：K_s、K'_s——土的最初、最终可松性系数；

V_1——土在天然状态下的体积(m^3)；

V_2——土挖出后在松散状态下的体积(m^3)；

V_3——土经压(夯)实后的体积(m^3)。

土的最初可松性系数K_s是计算开挖工程量、车辆装运土方体积及挖土机械的主要参数；土的最终可松性系数K'_s是计算土方调配、回填所需挖土工程量的主要参数。

项目二　土方工程量计算

一、土方工程计算

在土方工程施工之前，通常要计算土方的工程量。土方工程的外形往往很复杂，不规则，要得到精确的计算结果很困难。一般情况下，都将其假设或划分成为一定的几何形状，并采用具有一定精度而又和实际情况近似的方法进行计算。

(一)基坑与基槽土方量计算

基坑土方量可按立体几何中拟柱体(由两个平行的平面作底的一种多面体)体积公式计算，即

$$V=\frac{H}{6}(A_1+4A_0+A_2) \tag{2-3}$$

式中：H——基坑深度(m)；

A_1、A_2——基坑上、下底的面积(m^2)；

A_0——基坑中截面的面积(m^2)。

基槽土方量计算可沿长度方向分段计算，即

$$V_1=\frac{L_1}{6}(A_1+4A_0+A_2) \tag{2-4}$$

式中：V_1——第一段的土方量(m^3)；

L_1——第一段的长度(m)。

将各段土方量相加即得总土方量：

$$V=V_1+V_2+\cdots+V_n \tag{2-5}$$

(二)场地平整土方量计算

场地土方量计算方法有方格网法(场地地形较为平坦时)和断面法(场地地形起伏较

大、断面不规则时)两种。

下面介绍用方格网法计算场地平整土方量。

1. 方格网法计算场地平整土方量步骤

(1)场地网格划分;

(2)实测或计算网格角点的自然地面标高;

(3)根据填挖平衡原则，求出理想初始标高;

(4)考虑排水等因素，调整初始标高;

(5)绘制方格网图;

(6)计算场地各个角点的施工高度;

(7)计算零点位置，确定零线;

(8)计算方格土方工程量;

(9)边坡土方量计算;

(10)计算土方总量。

2. 方格网法计算场地平整土方量

1)场地设计标高计算

(1)初步设计标高。场地设计标高即为各个方格平均标高的平均值(图2-1)，可按下式计算:

$$H_0 = \frac{\sum (H_{11} + H_{12} + H_{21} + H_{22})}{4N} \tag{2-6}$$

式中: H_0——所计算的场地设计标高(m);

N——方格数;

H_{11}，H_{12}，H_{21}，H_{22}——任一方格的四个角点的标高(m)。

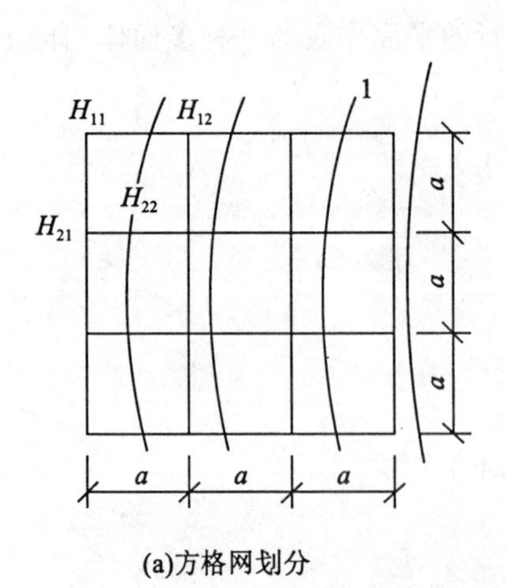

(a)方格网划分

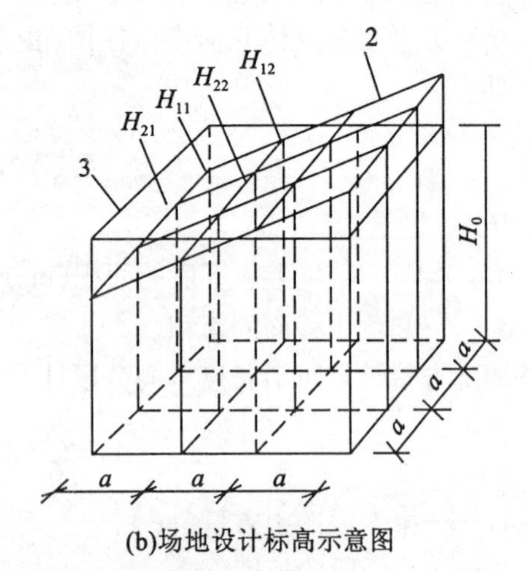

(b)场地设计标高示意图

1—等高线; 2—自然地面; 3—场地设计标高平面

图2-1 场地设计标高 H_0 计算示意图

如令 H_1 为1个方格仅有的角点标高，H_2 为2个方格共有的角点标高，H_3 为3个方格共有的角点标高，H_4 为 4 个方格共有的角点标高，则场地设计标高 H_0 可改写成下列形式：

$$H_0=\frac{\sum H_1+2\sum H_2+3\sum H_3+4\sum H_4}{4N} \tag{2-7}$$

(2)场地设计标高的调整。场地泄水坡度示意图如图 2-2 所示。

单向泄水时各方格角点的设计标高：

$$H_n=H_0\pm li \tag{2-8}$$

双向泄水时各方格角点的设计标高：

$$H_n=H_0\pm l_x i_x\pm l_y i_y \tag{2-9}$$

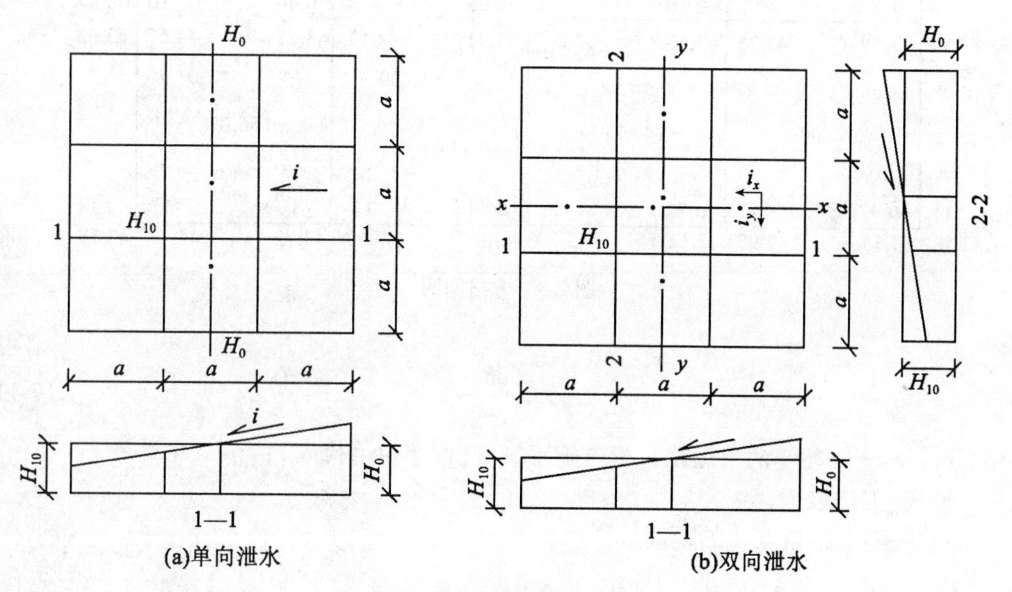

图 2-2　场地泄水坡度示意图

2)绘制方格网图

方格网图由设计单位(一般在 1/500 的地形图上)将场地划分为边长 $a=10\sim40\text{m}$ 的若干方格，与测量的纵横坐标相对应，在各方格角点规定的位置上标注角点的自然地面标高(H)和设计标高(H_n)，如图 2-3 所示。

3)计算场地各个角点的施工高度

施工高度为角点设计地面标高与自然地面标高之差，是以角点设计标高为基准的挖方或填方的施工高度 H_0(即挖、填方高度)。各方格角点的施工高度按下式计算：

$$H_0=H_n-H'_n \tag{2-10}$$

式中：H_0——该角点的挖、填高度，以"+"为填方高度，以"-"为挖方高度(m)；

H_n——该角点的设计标高(m)；

H'_n——该角点的自然地面标高(m)。

4)计算零点位置

确定零线方格边线一端施工高程为"+"，若另一端为"-"，则沿其边线必然有一不挖不填的点，即为零点。方格线上的零点位置如图 2-4 所示，可按下式计算：

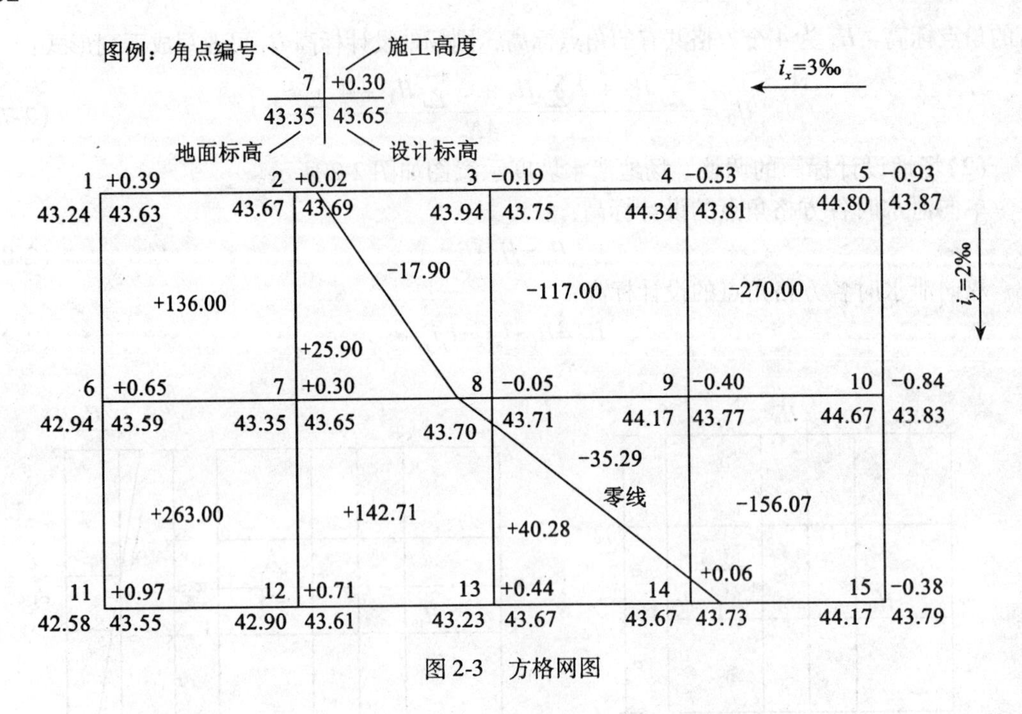

图 2-3　方格网图

$$x=\frac{ah_1}{h_1+h_2} \tag{2-11}$$

式中：h_1，h_2——相邻两角点挖、填方施工高度(以绝对值代入)；

a——方格边长；

x——零点距角点 A 的距离。

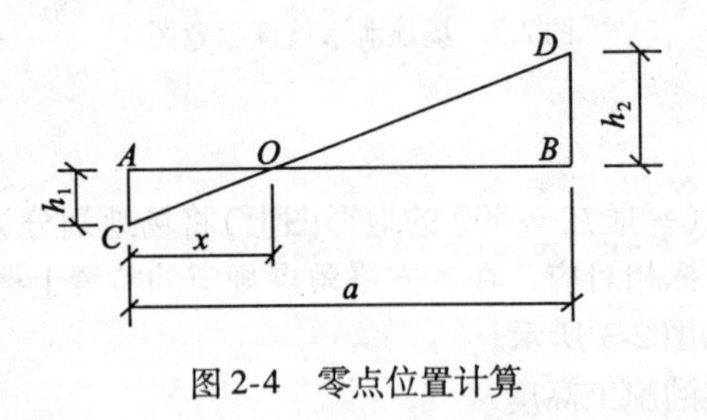

图 2-4　零点位置计算

5)计算方格土方工程量

按方格底面积图形和表 2-2 所列计算公式，逐格计算每个方格内的挖方量或填方量。

6)边坡土方量计算

场地的挖方区和填方区的边沿都需要做成边坡，以保证挖方土壁和填方区的稳定。边坡的土方量可以划分成两种近似的几何形体进行计算。

7)计算土方总量

将挖方区(或填方区)所有方格计算的土方量和边坡土方量汇总，即得该场地挖方和填方的总土方量。

表 2-2　　**常用方格网点计算公式**

项目	图式	计算公式
一点填方或挖方（三角形）	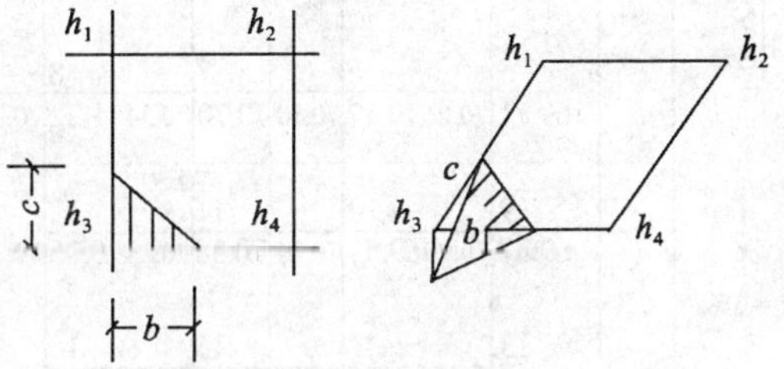	$V=\frac{1}{2}bc\frac{\sum h}{3}=\frac{bch_3}{6}$ 当 $b=a=c$ 时，$V=\frac{a^2h_3}{6}$
两点填方或挖方（梯形）	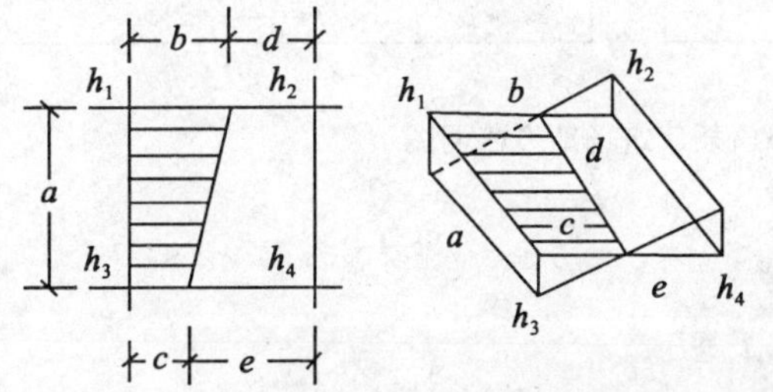	$V_+=\frac{b+c}{2}a\frac{\sum h}{4}=\frac{a}{8}(b+c)(h_1+h_3)$ $V_-=\frac{d+e}{2}a\frac{\sum h}{4}=\frac{a}{8}(d+e)(h_2+h_4)$
三点填方或挖方（五角形）	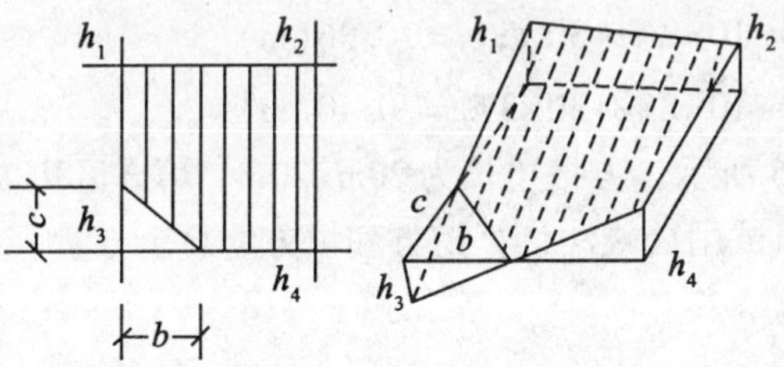	$V=\left(a^2-\frac{bc}{2}\right)\frac{\sum h}{5}$ $=\left(a^2-\frac{bc}{2}\right)\frac{h_1+h_2+h_3}{5}$
四点填方或挖方（正方形）	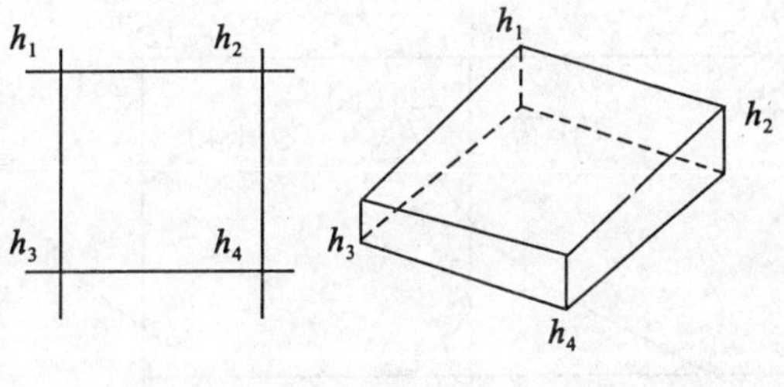	$V=\frac{a^2}{4}\sum h=\frac{a^2}{4}(h_1+h_2+h_3+h_4)$

【**例 1**】某建筑场地方格网、地面标高如图 2-5(a)所示，网格边长 $a=20$m，泄水坡度 $i_x=2‰, i_y=3‰$，不考虑土的可松性的影响，确定方格各角点的设计标高。

【**解**】(1)初步设计标高(场地平均标高)。

$$H_0=(\sum H_1+2\sum H_2+3\sum H_3+4\sum H_4)/4n$$
$$=[70.09+71.43+69.10+70.70+2\times(70.40+70.95+69.71+\cdots)$$
$$+4\times(70.17+70.70+69.81+70.38)]/(4\times 9)$$
$$=70.29(\text{m})$$

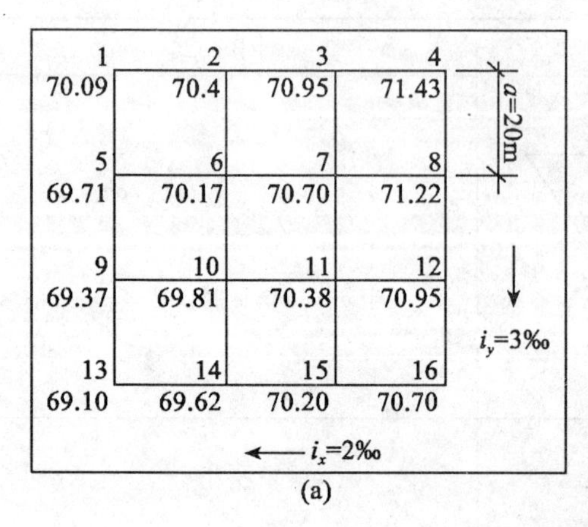

(a)

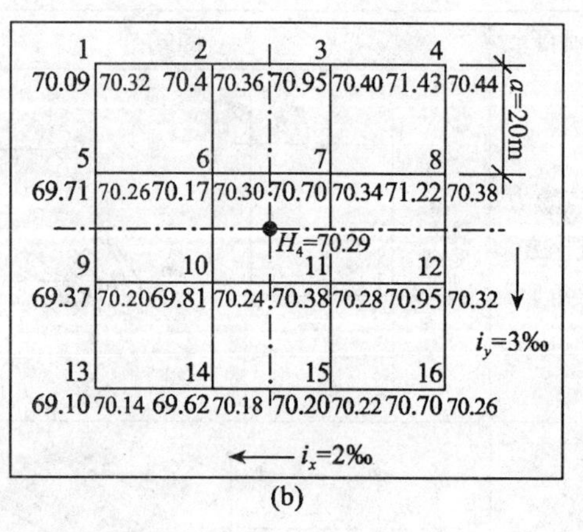

(b)

图 2-5　某建筑场地方格网图

(2)按泄水坡度调整设计标高。

$$H_n = H_0 \pm L_x i_x \pm L_y i_y$$

$$H_1 = 70.29 - 30 \times 2‰ + 30 \times 3‰ = 70.32(\text{m})$$

$$H_2 = 70.29 - 10 \times 2‰ + 30 \times 3‰ = 70.36(\text{m})$$

$$H_3 = 70.29 + 10 \times 2‰ + 30 \times 3‰ = 70.40(\text{m})$$

【例 2】某建筑场地方格网如图 2-6 所示，方格边长为 20m×20m，填方区边坡坡度系数为 1.0，挖方区边坡坡度系数为 0.5，试用公式法计算挖方和填方的总土方量。

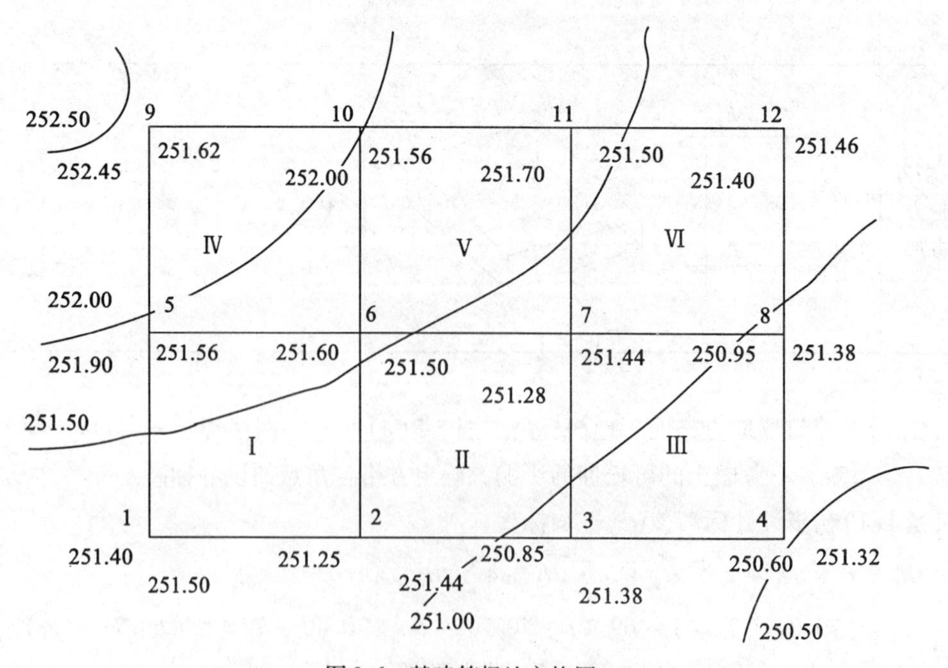

图 2-6　某建筑场地方格网

【**解**】(1)根据所给方格网各角点的地面设计标高和自然标高，计算结果如图 2-7(a)所示。

$h_1=251.50-251.40=0.10(\text{m})$　　$h_2=251.44-251.25=0.19(\text{m})$

$h_3=251.38-250.85=0.53(\text{m})$　　$h_4=251.32-250.60=0.72(\text{m})$

$h_5=251.56-251.90=-0.34(\text{m})$　　$h_6=251.50-251.60=-0.10(\text{m})$

$h_7=251.44-251.28=0.16(\text{m})$　　$h_8=251.38-250.95=0.43(\text{m})$

$h_9=251.62-252.45=-0.83(\text{m})$　　$h_{10}=251.56-252.00=-0.44(\text{m})$

$h_{11}=251.50-251.70=-0.20(\text{m})$　　$h_{12}=251.46-251.40=0.06(\text{m})$

(2)计算零点位置。从图 2-7(a)可知，1—5、2—6、6—7、7—11、11—12 五条方格边两端的施工高度符号不同，说明此方格边上有零点存在。

1—5 边：$x=4.55\text{m}$；

2—6 边：$x=13.10\text{m}$；

6—7 边：$x=7.69\text{m}$；

7—11 边：$x=8.89\text{m}$；

11—12 边：$x=15.38\text{m}$。

将各零点标于图 2-7(a)上，并将相邻的零点连接起来，即得零线位置，如图 2-7(b)所示。

(3)计算方格土方量。方格Ⅲ、Ⅳ底面为正方形，土方量为

$$V_{Ⅲ}(+)=202/4\times(0.53+0.72+0.16+0.43)=184(\text{m}^3)$$

$$V_{Ⅳ}(0)=202/4\times(0.34+0.10+0.83+0.44)=171(\text{m}^3)$$

方格Ⅰ底面为两个梯形，土方量为

$$V_{Ⅰ}(+)=20/8\times(4.55+13.10)\times(0.10+0.19)=12.80(\text{m}^3)$$

$$V_{Ⅰ}(-)=20/8\times(15.45+6.90)\times(0.34+0.10)=24.59(\text{m}^3)$$

方格Ⅱ、Ⅴ、Ⅵ底面为三边形和五边形，土方量为

$V_{Ⅱ}(+)=65.73\text{m}^3$　　$V_{Ⅱ}(-)=0.88\text{m}^3$

$V_{Ⅴ}(+)=2.92\text{m}^3$　　$V_{Ⅴ}(-)=51.10\text{m}^3$

$V_{Ⅵ}(+)=40.89\text{m}^3$　　$V_{Ⅵ}(-)=5.70\text{m}^3$

方格网总填方量：

$$\sum V(+)=184+12.80+65.73+2.92+40.89=306.34(\text{m}^3)$$

方格网总挖方量：

$$\sum V(-)=171+24.59+0.88+51.10+5.70=253.26(\text{m}^3)$$

(4)边坡土方量计算。如图 2-7(b)所示，④、⑦按三角棱柱体计算外，其余均按三角棱锥体计算。

$$V_{①}(+)=0.003\text{m}^3$$

$$V_{②}(+)=V_{③}(+)=0.0001\text{m}^3$$

$$V_{④}(+)=5.22\text{m}^3$$

$$V_{⑤}(+)=V_{⑥}(+)=0.06\text{m}^3$$

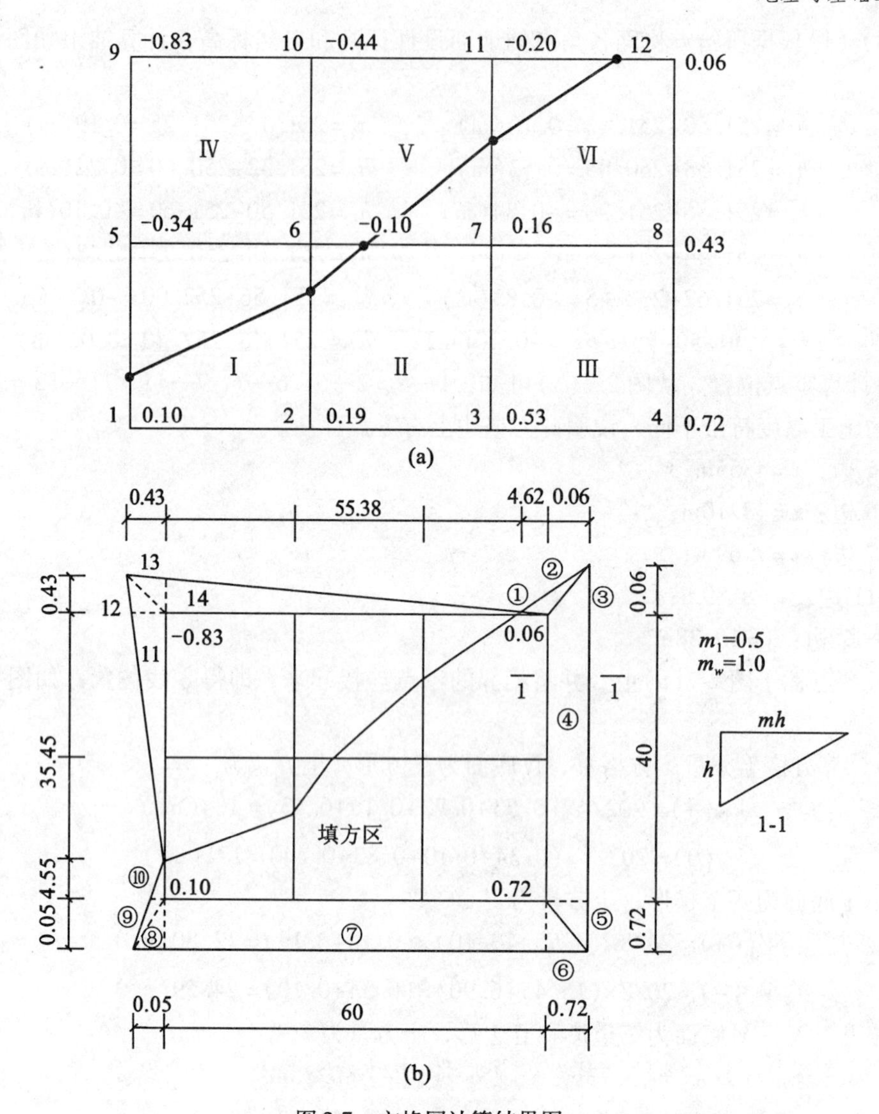

图 2-7 方格网计算结果图

$$V_{⑦}(+)=7.93\mathrm{m}^3$$

$$V_{⑧}(+)=V_{⑨}(+)=0.01\mathrm{m}^3$$

$$V_{⑩}=0.01\mathrm{m}^3$$

$$V_{11}=2.03\mathrm{m}^3$$

$$V_{12}=V_{13}=0.02\mathrm{m}^3$$

$$V_{14}=3.18\mathrm{m}^3$$

边坡总填方量：

$$\sum V(+)=0.003+0.0001+5.22+2\times0.06+7.93+2\times0.01+0.01=13.29(\mathrm{m}^3)$$

边坡总挖方量：

$$\sum V(-)=2.03+2\times0.02+3.18=5.25(\mathrm{m}^3)$$

二、土方调配

土方调配是土方工程施工组织设计(土方规划)中的一个重要内容，在平整场地土方工程量计算完成后进行。编制土方调配方案应根据地形及地理条件，把挖方区和填方区划分成若干个调配区，计算各调配区的土方量，并计算每对挖、填方区之间的平均运距(即挖方区重心至填方区重心的距离)，确定挖方各调配区的土方调配方案，应使土方总运输量最小或土方运输费用最少，而且便于施工，从而可以缩短工期、降低成本。

土方调配的原则：力求达到挖方与填方平衡和运距最短；近期施工与后期利用。进行土方调配必须依据现场具体情况、有关技术资料、工期要求、土方施工方法与运输方法。综合上述原则，并经计算比较，选择经济合理的调配方案。

项目三 施工准备与辅助工作

一、施工准备

(1)在场地平整施工前，应利用原场地上已有各类控制点或已有建筑物及构筑物的位置、标高，测设平场范围线和标高。

(2)对施工区域内障碍物要调查清楚，制订方案，并征得主管部门意见和同意，拆除影响施工的建筑物、构筑物；拆除和改造通信和电力设施、自来水管道、煤气管道和地下管道；迁移树木。

(3)尽可能利用自然地形和永久性排水设施，采用排水沟、截水沟或挡水坝措施，把施工区域内的雨雪自然水、低洼地区的积水及时排除，使场地保持干燥，便于土方工程施工。

(4)对于大型平整场地，利用经纬仪、水准仪将场地设计平面图的方格网在地面上测设固定下来，各角点用木桩定位，并在桩上注明桩号、施工高度数值，以便施工。

(5)修好临时道路、电力、通信及供水设施，以及生活和生产用临时房屋。

二、土方边坡与土壁支撑

土壁稳定主要是靠土体内摩阻力和黏结力保持平衡，一旦失去平衡，土壁就会塌方。造成土壁塌方的主要原因有：

(1)边坡过陡，使土体本身稳定性不够，尤其是在土质差、开挖深度大的坑槽中，常引起塌方。

(2)雨水、地下水渗入基坑，使土体重力增大及抗剪能力降低，是造成塌方的主要原因。

(3)基坑(槽)边缘附近大量堆土，或停放机具、材料，或由于动荷载的作用，使土体产生的剪应力超过土体的抗剪强度。

防止边坡塌方的措施有：

(1)放足边坡，边坡的留置应符合规范的要求。

(2)在边坡上堆土方或材料以及使用施工机械时，应保持与边坡边缘有一定距离(当土质良好时，堆土或材料应距挖方边缘0.8m以外，高度不应超过1.5m；在软土地区开挖时，应随挖随运，以防由于地面加荷引起的边坡塌方。

(3)做好排水工作。

(4)采用措施进行坡面防护，如塑料薄膜覆盖、水泥砂浆抹面、挂网抹面或喷浆。

(一)土方边坡

土方边坡的坡度以挖方深度(或填方深度)h与底宽b之比表示，如图2-8所示，即

$$土方边坡坡度=h/b=1/(b/h)=1:m$$

式中：$m=b/h$，称为边坡系数。

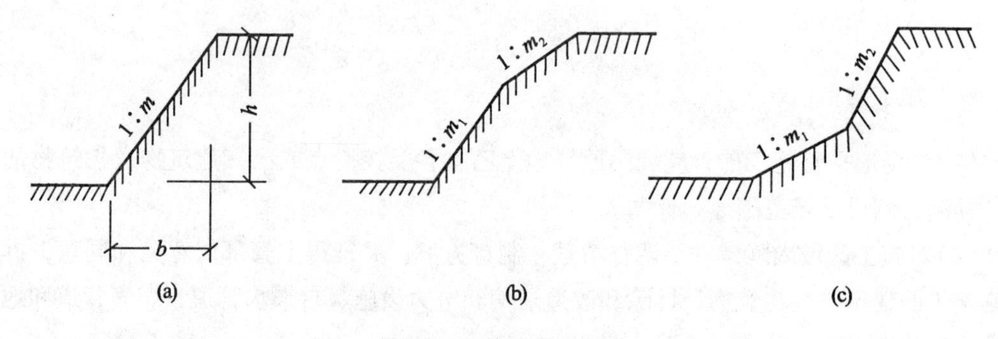

图2-8 边坡坡度示意图

当地质条件良好、土质均匀且地下水位低于基坑(槽)或管沟底面标高时，挖方边坡可做成直立壁不加支撑，但深度不宜超过下列规定：

密实、中密的砂土和碎石类土(充填物为砂土)：1.0m；

硬塑、可塑的粉土及粉质黏土：1.25m；

硬塑、可塑的黏土和碎石类土(充填物为黏性土)：1.5m；

坚硬的黏土：2m。

挖土深度超过上述规定时，应考虑放坡或做成直立壁加支撑。

(二)土壁支撑

当开挖基坑(槽)的土体含水量大而不稳定，或基坑较深，或受到周围场地限制而需用较陡的边坡或直立开挖而土质较差时，应采用临时性支撑加固。

开挖宽度较大的基坑，当在局部地段无法放坡，或下部土方受到基坑尺寸限制不能放较大坡度时，应在下部坡脚采取加固措施，如采用短桩与横隔板支撑或砌砖、毛石或用编织袋、草袋装土堆砌临时矮挡土墙保护坡脚。

一般沟槽、基坑、深基坑的支撑方法分别见表2-3、表2-4。

表2-3　**基坑槽和管沟的支撑方法**

支撑方式	简图	支撑方法及适用条件
间断式水平支撑	木楔 横撑 水平挡土板	两侧挡土板水平放置，用工具式或木横撑借木楔顶紧，挖一层土，支顶一层 适用于能保持立壁的干土或天然湿度的黏土类土，地下水很少、深度在2m以内
断续式水平支撑	立楞木 横撑 木楔 水平挡木板	挡土板水平放置，中间留出间隔，并在两侧同时对称立竖方木，再用工具式或木横撑上、下顶紧 适用于能保持直立壁的干土或天然湿度的黏土类土，地下水很少、深度在3m以内
连续式水平支撑	立楞木 横撑 木楔 水平挡土板	挡土板水平连续放置，不留间隙，然后两侧同时对称立竖方木，上、下各顶一根撑木，端头加木楔顶紧 适用于较松散的干土或天然湿度的黏土类土，地下水很少、深度为3～5m
连续或间断式垂直支撑	木楔 横撑 垂直挡土板 横楞木	挡土板垂直放置，可连续或留适当间隙，然后每侧上、下各水平顶一根方木，再用横撑顶紧 适用于土质较松散或湿度很高的土，地下水较少、深度不限

续表

支撑方式	简图	支撑方法及适用条件
水平垂直混合式支撑	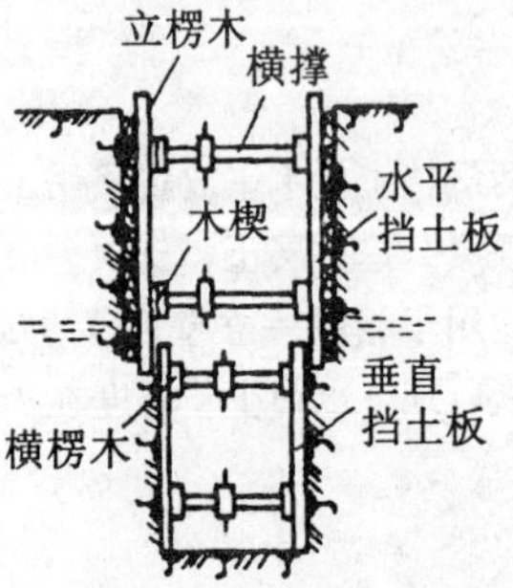 立楞木 横撑 水平挡土板 木楔 垂直挡土板 横楞木	沟槽上部连续式水平支撑，下部设连续式垂直支撑 适用于沟槽深度较大、下部有含水土层的情况

表 2-4 一般基坑的支撑方法

支撑方式	简图	支撑方法及适用条件
斜柱支撑	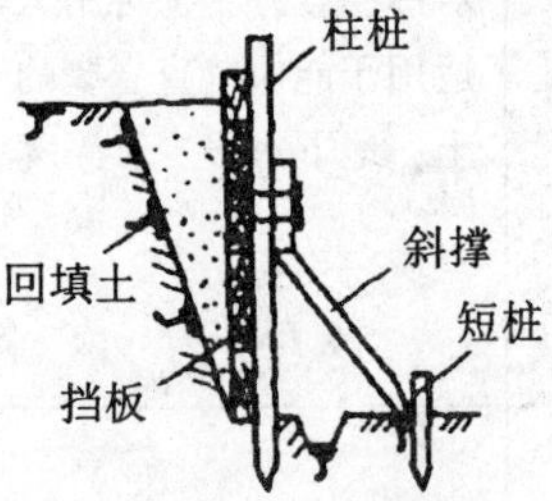 柱桩 回填土 斜撑 短桩 挡板	水平挡土板钉在柱桩内侧，柱桩外侧用斜撑支顶，斜撑底端支在木桩上，在挡土板内侧回填土 适用于开挖较大型、深度不大的基坑或使用机械挖土
锚拉支撑	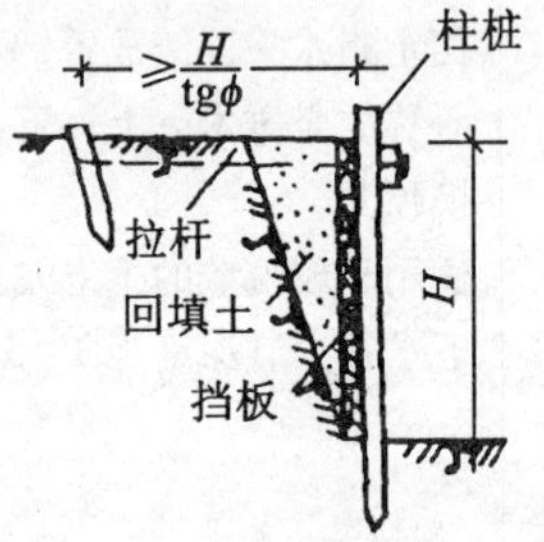 $\geqslant \frac{H}{tg\phi}$ 柱桩 拉杆 回填土 挡板 H	水平挡土板支在柱桩的内侧，柱桩一端打入土中，另一端用拉杆与锚桩拉紧，在挡土板内侧回填土 适用于开挖较大型、深度不大的基坑或使用机械挖土，不能安设横撑时
型钢桩横挡板支撑	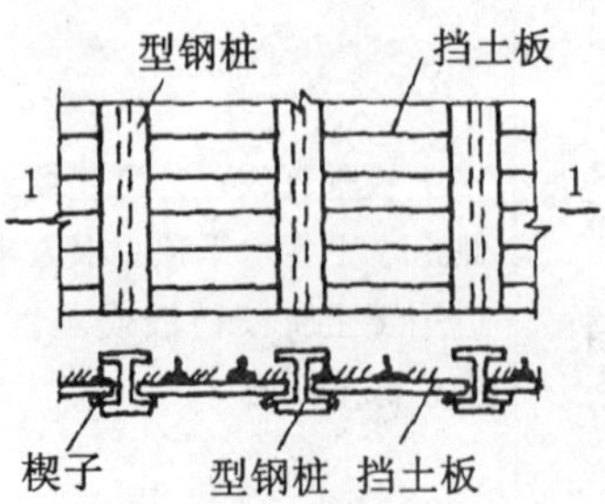 型钢桩 挡土板 1 1 楔子 型钢桩 挡土板	沿挡土位置预先打入钢轨、工字钢或 H 形钢桩，间距 1.0 ~ 1.5m，然后边挖方，边将 3 ~ 6cm 厚的挡土板塞进钢桩之间挡土，并在横向挡板与型钢桩之间打上楔子，使横板与土体紧密接触 适用于地下水位较低、深度不很大的一般黏性或砂土层

续表

支撑方式	简图	支撑方法及适用条件
短桩横隔板支撑	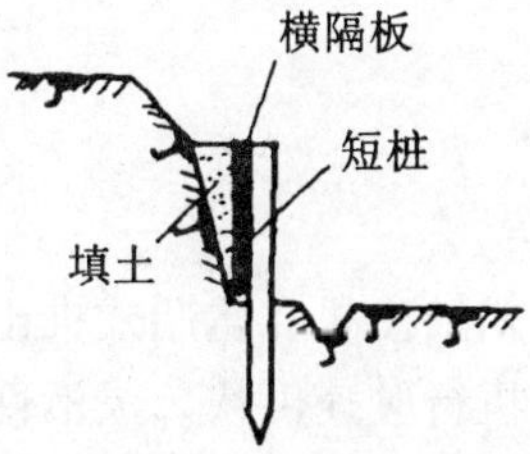 横隔板 短桩 填土	打入小短木桩，部分打入土中，部分露出地面，钉上水平挡土板，在背面填土、夯实 适用于开挖宽度大的基坑，当部分地段下部放坡不够时
临时挡土墙支撑	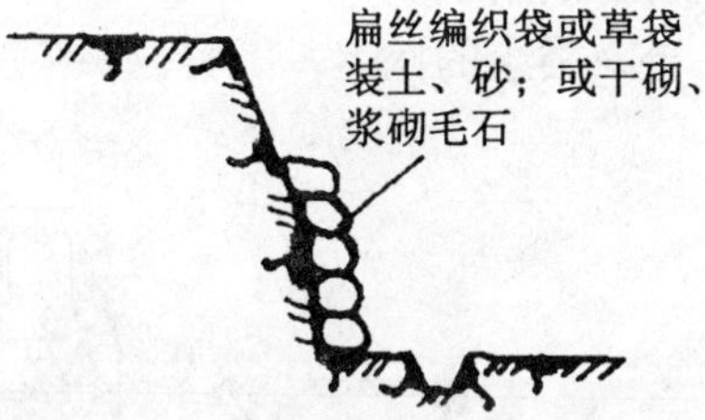 扁丝编织袋或草袋装土、砂；或干砌、浆砌毛石	沿坡脚用砖、石叠砌或用装水泥的聚丙烯扁丝编织袋、草袋装土、砂堆砌，使坡脚保持稳定 适用于开挖宽度大的基坑，当部分地段下部放坡不够时
挡土灌注桩支护	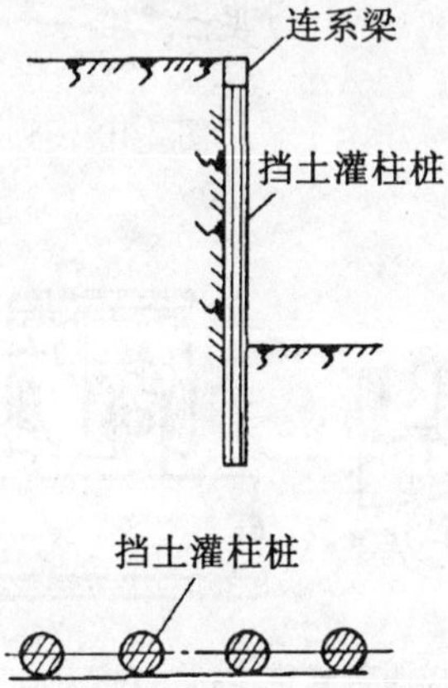 连系梁 挡土灌柱桩 挡土灌柱桩	在开挖基坑的周围，用钻机或洛阳铲成孔，桩径 ϕ400 ~ 500mm，现场灌筑钢筋混凝土桩，桩间距为 1.0 ~ 1.5m，在桩间土方挖成外拱形使之起土拱作用 适用于开挖较大、较浅(<5m)的基坑，邻近有建筑物，不允许背面地基有下沉、位移时
叠袋式挡墙支护	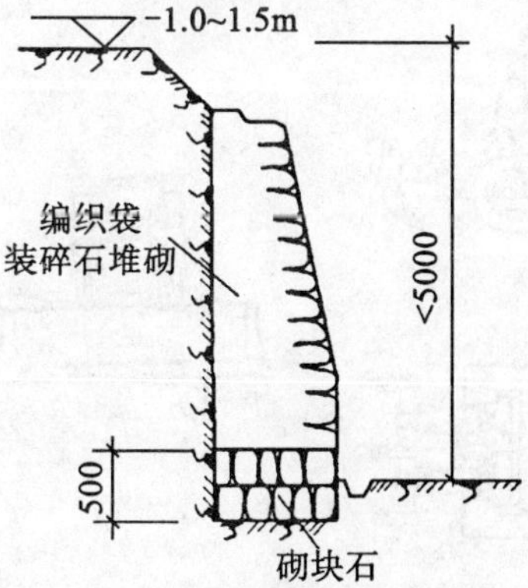 -1.0~1.5m 编织袋装碎石堆砌 <5000 500 砌块石	采用编织袋或草袋装碎石(砂砾石或土)堆砌成重力式挡墙作为基坑的支护，在墙下部砌 500mm 厚块石基础，墙底宽由 1500 ~ 2000mm，顶宽由 500 ~ 1200mm，顶部适当放坡卸土 1.0 ~ 1.5m，表面抹砂浆保护 适用于一般黏性土、面积大、开挖深度应在 5m 以内的浅基坑支护

项目四 土方机械化施工

一、常用土方施工机械

(一)推土机

按行走的方式分类，推土机可分为履带式推土机和轮胎式推土机。履带式推土机附着力强，爬坡性能好，适应性强；轮胎式推土机行驶速度快、灵活性好。此外，还有固定推土刀、回转推土刀；液压操纵推土机、机械操纵(索式)推土机(图 2-9 ~ 图 2 ~ 12)。推土机工作特点是用途多，费用低。推土机的适用范围：

(1)平整场地：运距在 100m 内，一至三类土的挖运，压实；

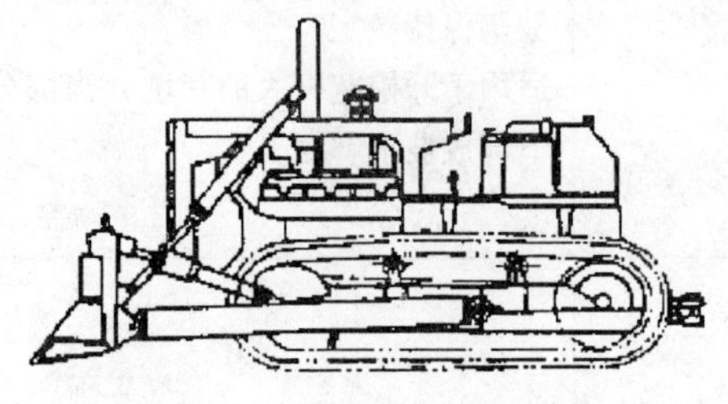

图 2-9 液压履带式推土机

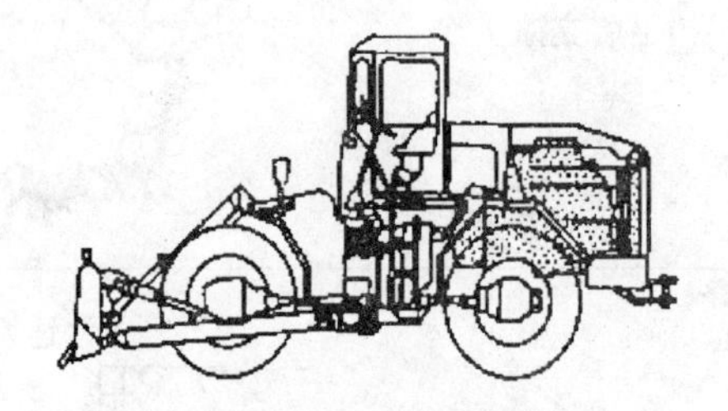

图 2-10 液压轮胎式推土机

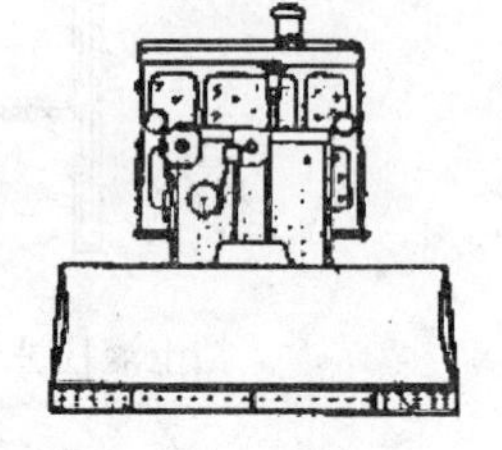

图 2-11 索式履带式推土机

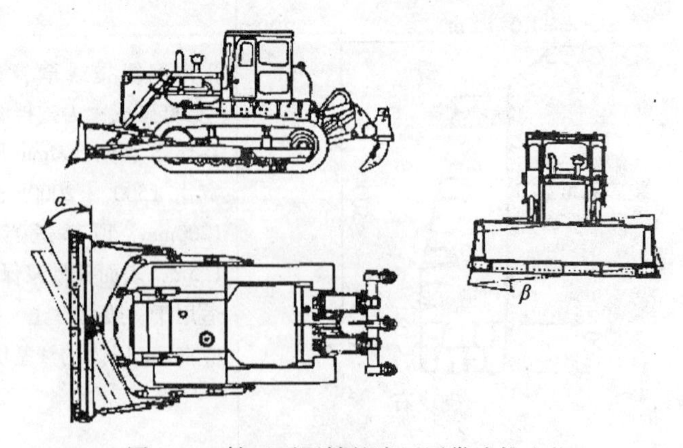

图 2-12 铲刀可回转的液压履带式推土机

(2)坑槽开挖：深度在1.5m内，一至三类土。

提高效率的作业方法：下坡推土，多次切土、一次推运，跨铲法，并列法，加挡板。

(二)铲运机

铲运机式一种能综合完成全部土方施工工序(挖土、装土、运土、卸土和平土)的机械。按行走方式分，有牵引式铲运机和自行式铲运机；按铲斗操纵系统分，有液压操纵铲运机和机械操纵铲运机(图2-13)。铲运机工作特点是运土效率高。适用范围：运距50~1500m、一至二类土的大型场地平整或大型基坑开挖；堤坝、填筑等。

提高效率的作业方法：为了提高铲运机的生产效率，可以采取下坡铲土、推土机推土助铲等方法，缩短装土时间，使铲斗的土装得较满。

助铲法：根据填、挖方区分布情况，结合当地具体条件，合理选择运行路线，提高生产率。一般有环形路线和“8”字形路线两种形式。

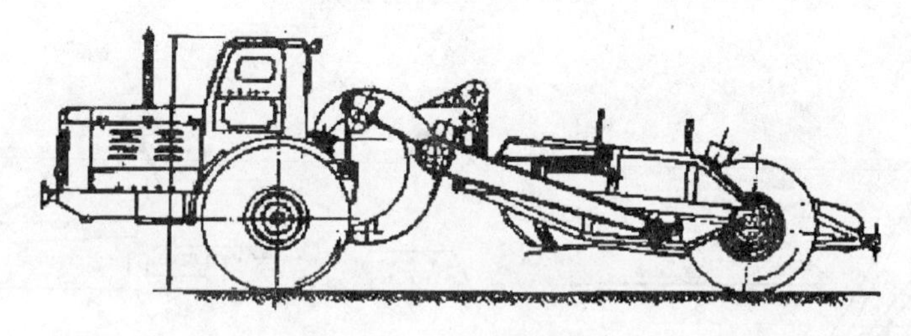

图2-13 铲运机

(三)单斗挖土机

单斗挖土机按其操纵机构的不同，可分为机械式和液压式两类。

液压式单斗挖土机的优点是能无级调速，且调速范围大；快速作业时，惯性小，并能高速反转；转动平稳，可减少强烈的冲击和振动；结构简单，机身轻，尺寸小；附有不同的装置，能一机多用；操纵省力，易实现自动化。

1. 正铲挖土机

正铲挖土机的工作特点是前进行驶，铲斗由下向上强制切土，挖掘力大，生产效率高；适用于开挖含水量不大于27%的一至三类土，且与自卸汽车配合完成整个挖掘运输作业；可以挖掘大型干燥基坑和土丘等。

正铲挖土机的开挖方式，根据开挖路线与运输车辆的相对位置的不同，挖土和卸土的方式有以下两种：正向挖土，反向卸土(图2-14(a))；正向挖土，侧向卸上(图2-14(b))。

2. 反铲挖土机

反铲挖土机的工作特点是机械后退行驶，铲斗由上而下强制切土，用于开挖停机面以下的一至三类土，适用于挖掘深度不大于4m的基坑、基槽、管沟，也适用于湿土、含水量较大的及地下水位以下的土壤开挖。

反铲挖土机的开行方式有沟端开挖和沟侧开挖两种。

沟端开挖：如图2-15(a)所示，反铲挖土机停在沟端，向后退着挖土。

沟侧开挖：如图2-15(b))所示，挖土机在沟槽一侧挖土，挖土机移动方向与挖土方向垂直。

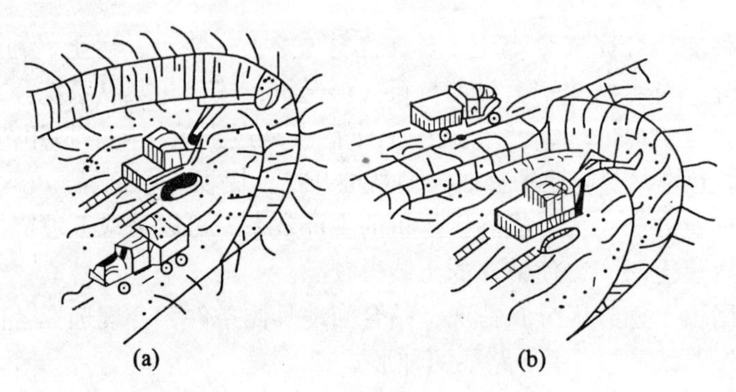

图2-14 正铲挖土机

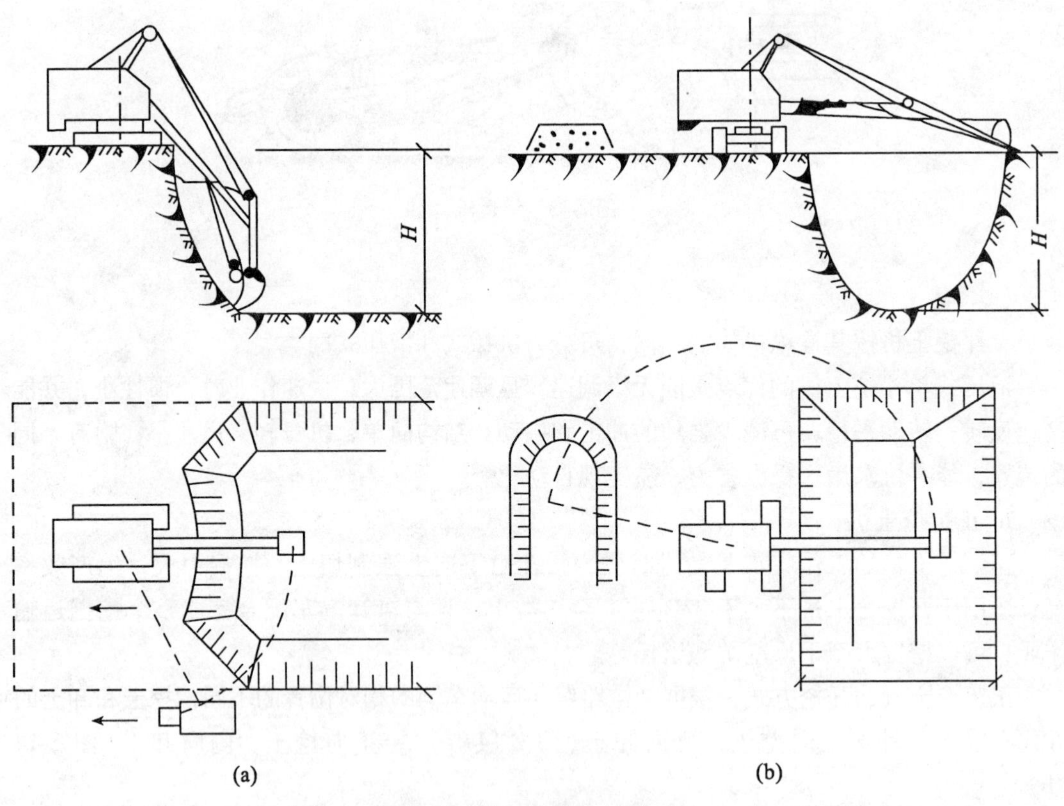

图2-15 反铲挖土机

3. 拉铲挖土机

拉铲挖土机工作时，利用惯性把铲斗甩出后靠收紧和放松钢丝绳进行挖土或卸土，铲斗由上而下，靠自重切土，可以开挖一、二类土壤的基坑、基槽和管沟等地面以下的挖土工程，特别适用于含水量大的水下松软土和普通土的挖掘。拉铲开挖方式与反铲相似，可沟端开挖，也可沟侧开挖。

4. 抓铲挖土机

抓铲挖土机主要用于开挖土质比较松软、施工面比较狭窄的基坑、沟槽、沉井等工程，特别适用于水下挖土。土质坚硬时不能用抓铲施工。

二、土方机械的选择

(一)土方机械选择的原则

(1)施工机械的选择应与施工内容相适应；

(2)土方施工机械的选择应与工程实际情况相结合；

(3)主导施工机械确定后，要合理配备完成其他辅助施工过程的机械；

(4)选择土方施工机械要考虑其他施工方法，辅助土方机械化施工。

(二)土方开挖方式与机械选择

1. 平整场地

常由土方的开挖、运输、填筑和压实等工序完成。

地势较平坦、含水量适中的大面积平整场地，选用铲运机较适宜。

地形起伏较大，挖方、填方量大且集中的平整场地，运距在1000m以上时，可选择正铲挖土机配合自卸车进行挖土、运土，在填方区配备推土机平整及压路机碾压施工。

挖填方高度均不大、运距在100m以内时，采用推土机施工较灵活、经济。

2. 地面上的坑式开挖

单个基坑和中小型基础基坑开挖，在地面上作业时，多采用抓铲挖土机和反铲挖土机。抓铲挖土机适用于一、二类土质和较深的基坑；反铲挖土机适于四类以下土质、深度在4m以内的基坑。

3. 长槽式开挖

长槽式开挖是指在地面上开挖具有一定截面、长度的基槽或沟槽，适于挖大型厂房的柱列基础和管沟，宜采用反铲挖土机。

若为水中取土或土质为淤泥，且坑底较深，可选择抓铲挖土机挖土；若土质干燥，槽底开挖不深，基槽长30m以上，则可采用推土机或铲运机施工。

4. 整片开挖

对于大型浅基坑，若基坑土干燥，可采用正铲挖土机开挖；若基坑土潮湿，则可采用拉铲或反铲挖土机，可在坑上作业。

5. 独立柱基础的基坑及小截面条形基础基槽的开挖

采用小型液压轮胎式反铲挖土机配以翻斗车来完成浅基坑(槽)的挖掘和运土。

项目五　填土与压实

一、填土的要求

(1)填土的土料应符合设计要求；

(2)含有大量有机物、石膏和水溶性硫酸盐(含量大于5%)的土以及淤泥、冻土、膨胀土等，均不应作为填方土料；

(3)以黏土为土料时，应检查其含水量是否在控制范围内，含水量大的黏土不宜作为填土；

(4)一般碎石类土、砂土和爆破石渣可作为表层以下填料，其最大粒径不得超过每层铺垫厚度的2/3；

(5)填土应按整个宽度水平分层进行，当填方位于倾斜的山坡时，应将斜坡修筑成1：2阶梯形边坡后施工，以免填土横向移动，并尽量用同类土填筑；

(6)回填施工前，填方区的积水采用明沟排水法排除，并清除杂物。

二、填土的压实方法

填土的压实方法一般有碾压、夯实、振动压实等几种方法。

碾压法是靠沿填筑面滚动的鼓筒或轮子的压力压实填土的，适用于大面积填土工程。碾压机械有平碾(压路机)、羊足碾、振动碾和气胎碾。碾压机械进行大面积填方碾压，宜采用“薄填、低速、多遍”的方法。

夯实方法是利用夯锤自由下落的冲击力来夯实填土，适用于小面积填土的压实。夯实机械有夯锤、内燃夯土机和蛙式打夯机等。

三、填土压实的影响因素

填土压实的主要影响因素为压实功、含水量以及每层铺土厚度。

(一)压实功的影响

填土压实后的密度与压实机械在其上所施加功的关系如图2-16所示。

(二)含水量的影响

填土含水量的大小直接影响碾压(或夯实)遍数和质量。

对较为干燥的土，由于摩阻力较大，不易压实；当土具有适当含水量时，土的颗粒之间因水的润滑作用使摩阻力减小，在同样压实功作用下，得到最大的密实度，这时土的含水量称为最佳含水量。含水量与干密度的关系如图2-17所示。

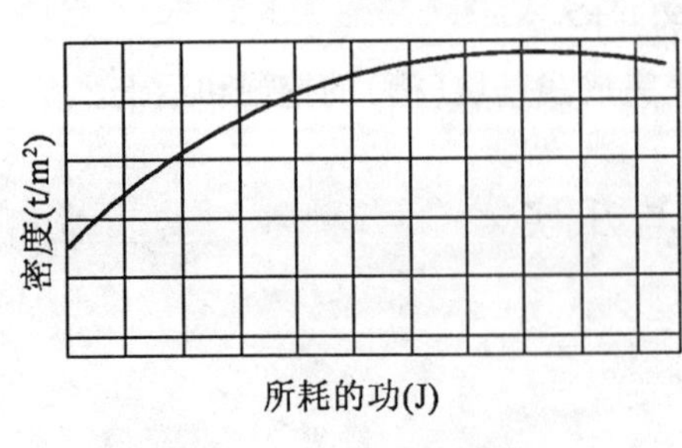

图2-16 压实功与密实度的关系

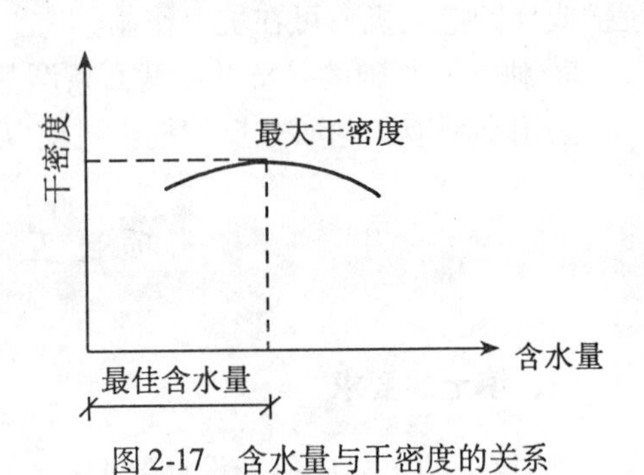

图2-17 含水量与干密度的关系

（三）铺土厚度的影响

在压实功作用下，土中的应力随深度增加而逐渐减小，其压实作用也随土层深度的增加而逐渐减小。

各种压实机械的压实影响深度与土的性质和含水量等因素有关。

对于重要填方工程，其达到规定密实度所需的压实遍数、铺土厚度等应根据土质和压实机械在施工现场的压实试验决定。若无试验依据，则应符合表2-5的规定。

表2-5　**填土施工时的分层厚度及压实遍数**

压实机具	分层厚度(mm)	每层压实遍数
平碾	250～300	6～8
振动压实机	250～350	3～4
柴油打夯机	200～250	3～4
人工打夯	<200	3～4

实训任务　××工程土方工程量计算

一、工程概况

某建筑物基础的平面图、剖面图如图2-18所示。已知室外设计地坪以下各工程量：垫层体积2.4m^2，砖基础体积16.24m^3。人工装土翻斗车运土，运距300m。图中尺寸均以mm计。放坡系数$K=0.33$，工作面宽度$c=300$mm。

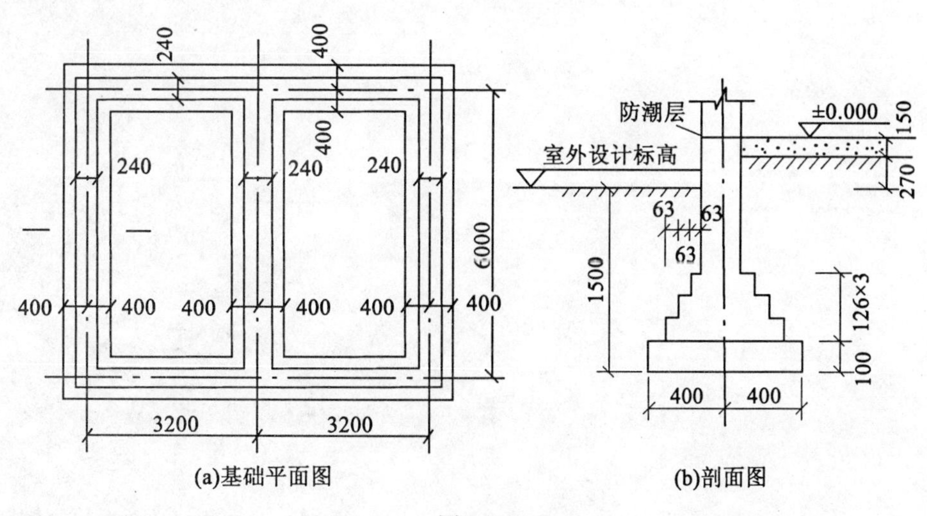

(a)基础平面图　(b)剖面图

图2-18

二、任务要求

计算本工程建筑物挖土方、回填土、房心回填土、余土运输工程量，不考虑挖填土方的运输。

三、实施方案

(1)学生分成5组，每组7~8人，以小组为单位组织实施；

(2)用A4的打印纸完成成果工程量，装订成果上交。

学习情境三　深基坑工程施工

【学习目标】 对各种深基坑支护结构有全面的认知；能够根据工程实际情况选择合理的基坑支护结构的类型；会进行支护结构上的荷载及土压力计算；会进行常见深基坑支护结构计算，能够指导深基坑工程施工。

【主要内容】 基坑的基本概念以及基坑设计原则，坑支护结构的类型及适用条件，深基坑支护结构计算，深基坑工程施工要点。

【学习重点】 基坑支护结构的类型及适用条件，深基坑工程施工要点及施工质量控制。

【学习难点】 基坑支护结构上的荷载及土压力计算，深基坑支护结构计算。

项目一　深基坑的认知

随着城市建设的发展，地下空间在世界各大城市中得到开发利用，如高层建筑地下室、地下仓库、地下民防工事以及多种地下民用和工业设施等。在我国，地铁及高层建筑的兴建，产生了大量的基坑(深基坑)工程。

基坑工程主要包括围护体系的设置和土方开挖两个方面。围护结构通常是一种临时结构，安全储备较小，具有比较大的风险。

一、基坑工程的概念及特点

建筑基坑是指为进行建筑物(包括构筑物)基础与地下室的施工所开挖的地面以下空间。为保证基坑施工，主体地下结构的安全和周围环境不受损害，需对基坑进行包括土体、降水和开挖在内的一系列勘察、设计、施工和检测等工作，这项综合性的工程就称为基坑工程。

基坑工程是一个综合性的岩土工程问题，既涉及土力学中典型的强度、稳定与变形问题，又涉及土与支护结构共同作用以及工程、水文地质等问题，同时，还与计算技术、测试技术、施工设备和技术等密切相关。因此，基坑工程具有以下特点：

(1)一般情况下都是临时结构，安全储备相对较小，风险性较大。

(2)具有很强的区域性和个案性，由场地的工程水文地质条件和岩土的工程性质以及周边环境条件的差异性所决定，因此，基坑工程的设计和施工必须因地制宜，切忌生搬硬套。

(3)是一项综合性很强的系统工程，它不仅涉及结构、岩土、工程地质及环境等多门学科，而且勘察、设计、施工、检测等工作环环相扣，紧密相连。

(4)具有较强的时空效应，支护结构所受荷载(如土压力)及其产生的应力和变形在时间上和空间上具有较强的变异性，在软黏土和复杂体型基坑工程中尤为突出。

(5)对周边环境会产生较大影响。基坑开挖、降水势必引起周边场地土的应力和地下水位发生改变，使土体产生变形，对相邻建(构)筑物和地下管线等产生影响，严重者，将危及到它们的安全和正常使用。大量土方运输也将对交通和环境卫生产生影响。

基坑工程的目的是构建安全可靠的支护体系。对支护体系的要求体现在如下三个方面：

(1)保证基坑四周边坡土体的稳定性，同时满足地下室施工有足够空间的要求，这是土方开挖和地下室施工的必要条件。

(2)保证基坑四周相邻建(构)筑物和地下管线等设施在基坑支护和地下室施工期间不受损害，即控制坑壁土体的变形，包括地面和地下土体的垂直和水平位移要控制在允许范围内。

(3)通过截水、降水、排水等措施，保证基坑工程施工作业面在地下水位以上。

二、基坑支护结构的类型及适用条件

(一)放坡开挖及简易支护

放坡开挖是指选择合理的坡比进行开挖，适用于地基土质较好，开挖深度不大以及施工现场有足够放坡场所的工程。放坡开挖施工简便、费用低，但挖土及回填土方量大。有时为了增加边坡稳定性和减少土方量，常采用简易支护，如图3-1所示。边坡高度与坡度控制见表3-1。

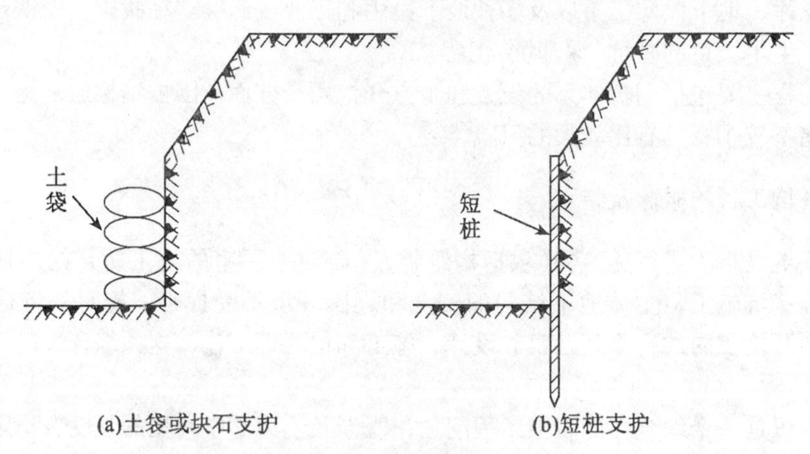

图3-1 基坑简易支护

表3-1 边坡允许坡度值

岩土类别	状态及风化程度	允许坡高	允许坡度
硬质岩石	微风化	12	1：0.10～1：0.20
	中等风化	10	1：0.20～1：0.35
	强风化	8	1：0.35～1：0.50

续表

岩土类别	状态及风化程度	允许坡高	允许坡度
软质岩石	微风化 中等风化 强风化	8 8 8	1∶0.35～1∶0.50 1∶0.50～1∶0.75 1∶0.75～1∶1.00
砂土	中密以上	5	1∶1.00 基坑顶面无载重 1∶1.25 基坑顶面有静载 1∶1.50 基坑顶面有动载
粉土	稍湿	5	1∶0.75 基坑顶面无载重 1∶1.00 基坑顶面有静载 1∶1.25 基坑顶面有动载

(二)悬臂式支护结构

广义上讲，一切设有支撑和锚杆的支护结构均可归属悬臂式支护结构，但这里仅指没有内撑和锚拉的板桩墙、排桩墙和地下连续墙支护结构(图 3-2 所示)。悬臂式支护结构依靠其入土深度和抗弯能力来维持坑壁稳定和结构的安全。由于悬臂式支护结构的水平位移是深度的 5 次方，所以它对开挖深度很敏感，容易产生较大的变形，只适用于土质较好、开挖深度较浅的基坑工程。

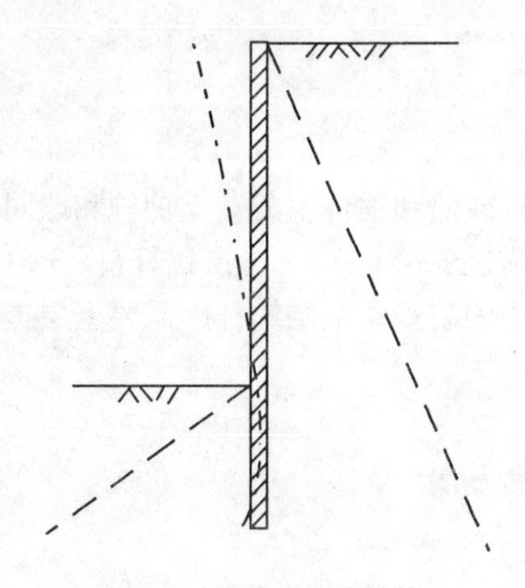

图 3-2　悬臂式支护结构

(三)水泥土桩墙支护结构

利用水泥作为固化剂，通过特制的深层搅拌机械在地基深部将水泥和土体强制拌和，便可形成具有一定强度和遇水稳定的水泥土桩。水泥土桩与桩或排与排之间可相互咬合紧密排列，也可按网格式排列(图 3-3)。水泥土桩墙适合软土地区的基坑支护。

(四)内撑式支护结构

内撑式支护结构(图 3-4 所示)由支护桩或墙和内支撑组成。支护桩常采用钢筋混凝土桩或钢板桩，支护墙通常采用地下连续墙。内支撑常采用木方、钢筋混凝土或钢管(或型钢)做成。内支撑支护结构适合各种地基土层，但设置的内支撑会占用一定的施工空间。

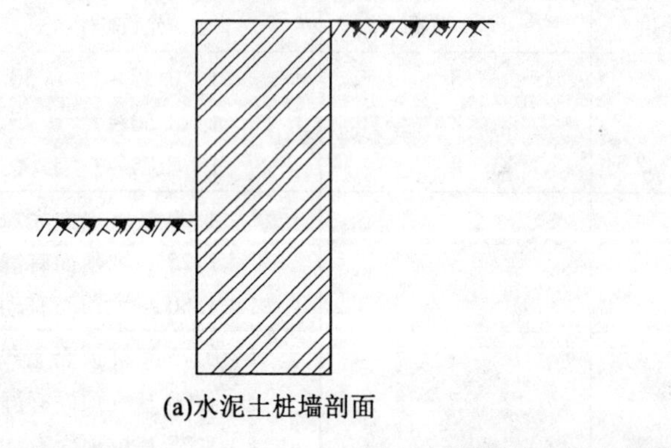
(a)水泥土桩墙剖面

(b)水泥土桩墙平面布置

图 3-3 隔栅式水泥土桩墙

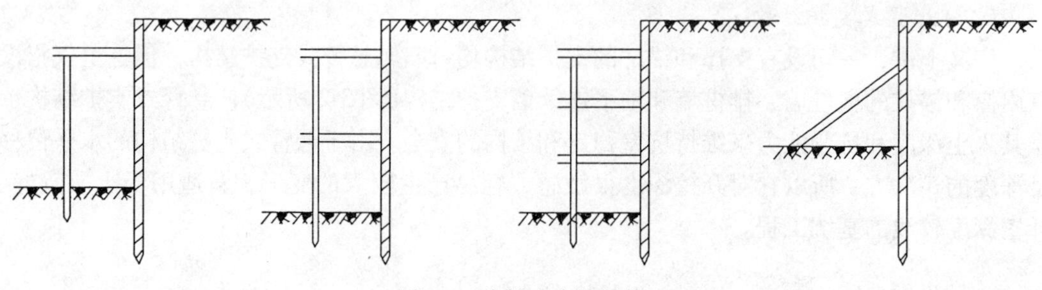
图 3-4 内撑式支护结构

(五)拉锚式支护结构

拉锚式支护结构由支护桩或墙和锚杆组成。支护桩和墙同样采用钢筋混凝土桩和地下连续墙。锚杆通常有地面拉锚(图 3-5(a))和土层锚杆(图 3-5(b))两种。地面拉锚需要有足够的场地设置锚桩或其他锚固装置。土层锚杆因需要土层提供较大的锚固力，而不宜用于软黏土地层中。

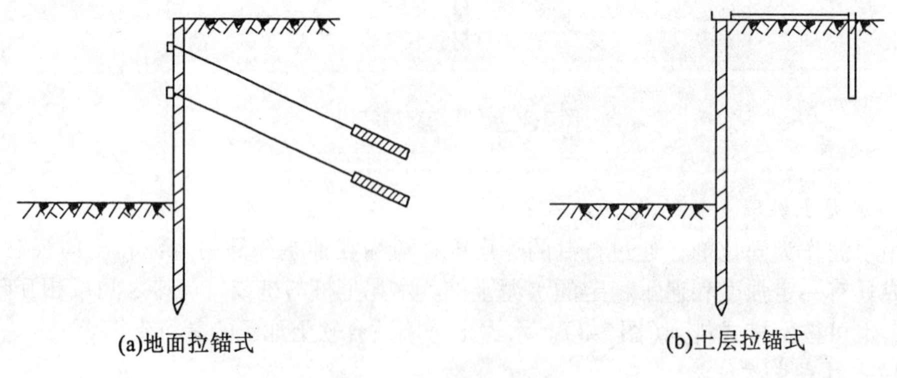
(a)地面拉锚式

(b)土层拉锚式

图 3-5 拉锚式支护结构

（六）土钉墙支护结构

土钉墙支护结构由被加固的原位土体、布置较密的土钉和喷射于坡面上的混凝土面板组成（如图3-6所示）。土钉一般是通过钻孔、插筋、注浆来设置的，也可通过直接打入较粗的钢筋或型钢形成。土钉墙支护结构适合地下水位以上的黏性土、砂土和碎石土等地层，不适合于淤泥或淤泥质土层，支护深度不超过18m。

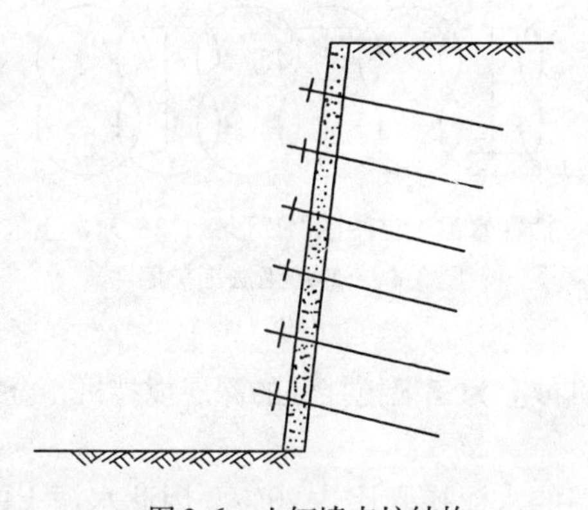

图3-6　土钉墙支护结构

（七）逆作拱墙

当基坑平面形状适合时，可采用拱墙作为围护墙。拱墙有圆形闭合拱墙、椭圆形闭合拱墙和组合拱墙。对于组合拱墙，可将局部拱墙视为两铰拱。

拱墙截面宜为"Z"字形，拱壁的上、下端宜加肋梁，如图3-7(a)所示；当基坑较深，一道"Z"字形拱墙不够时，可由数道拱墙叠合组成，如图3-7(b)所示，或沿拱墙高度设置数道肋梁，如图3-7(c)所示，肋梁竖向间距不宜小于2.5m。也可以不加设肋梁而用加厚肋壁的办法解决，如图3-7(d)所示。

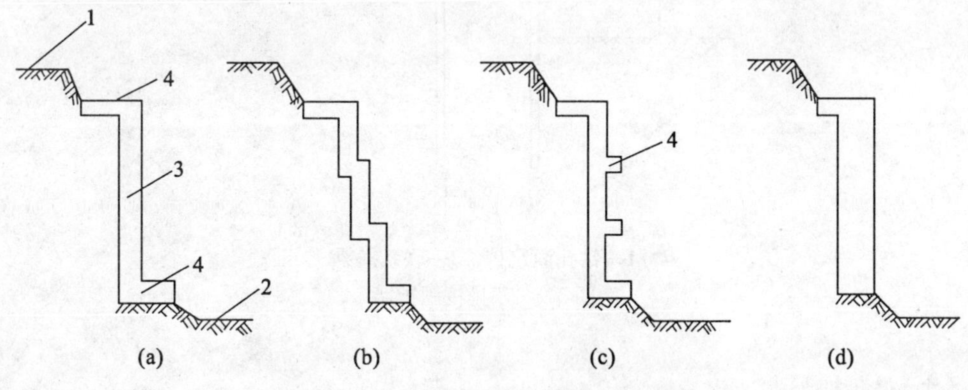

1—地面；2—基坑底；3—拱墙；4—肋梁

图3-7　拱墙截面示意图

（八）加筋水泥土桩法（SMW 工法）

在水泥土搅拌桩内插入“H”形钢，使之成为同时具有受力和抗渗两种功能的支护结构围护墙，如图 3-8 所示。坑深大时，也可加设支撑。国外已用于坑深-20m 的基坑，我国已开始应用，用于 8～10m 的基坑。

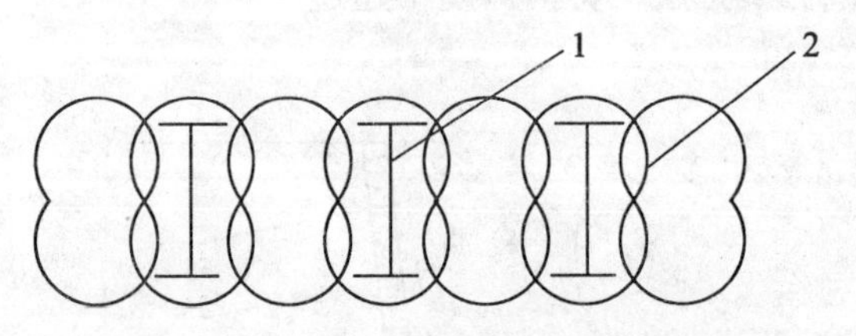

1—插在水泥土桩中的“H”形钢；2—水泥土桩

图 3-8　SMW 工法围护墙

加筋水泥土桩法施工机械应为三根搅拌轴的深层搅拌机，全断面搅拌，“H”形钢靠自重可顺利下插至设计标高。

加筋水泥土桩法围护墙的水泥掺入比达 20%，因此水泥土的强度较高，与“H”形钢粘结好，能共同作用。

（九）双排桩支护结构

有的工程为不用支撑、简化施工，采用相隔一定距离的双排钻孔灌筑桩与桩顶横梁组成空间结构围护墙，使悬臂桩围护墙可用于-14.5m 的基坑，如图 3-9 所示，其支护深度比单排悬臂式结构要大，且变形相对较小。

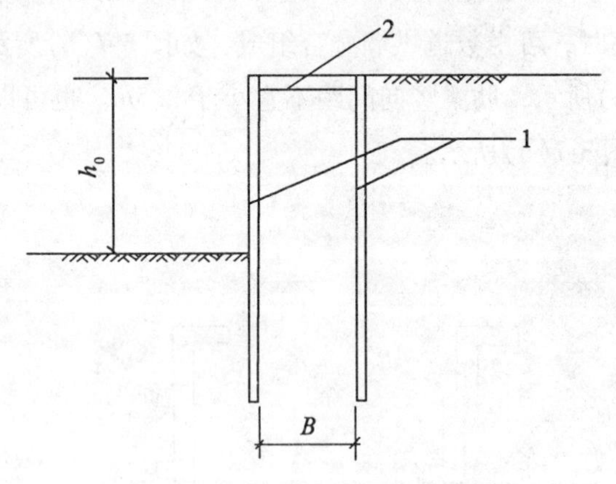

1—钻孔灌筑桩；2—联系横梁

图 3-9　双排桩围护墙

（十）挖孔桩

挖孔桩围护墙也属桩排式围护墙，多在我国东南沿海地区使用，其成孔是人工挖土，多为大直径桩，适用于土质较好地区，如土质松软、地下水位高时，需边挖土边施工衬圈，衬圈多为混凝土结构。在地下水位较高地区施工挖孔桩，还要注意挡水问题，否则，地下水大量流入桩孔，大量的抽排水会引起邻近地区地下水位下降，因土体固结而出现较大的地面沉降，如图 3-10 所示。

挖孔桩由于是人下孔开挖，便于检验土层，也易扩孔，可多桩同时施工，施工速度可保证。大直径挖孔桩用作围护桩可不设或少设支撑，但挖孔桩劳动强度大、施工条件差，如遇有流砂，则还有一定危险。

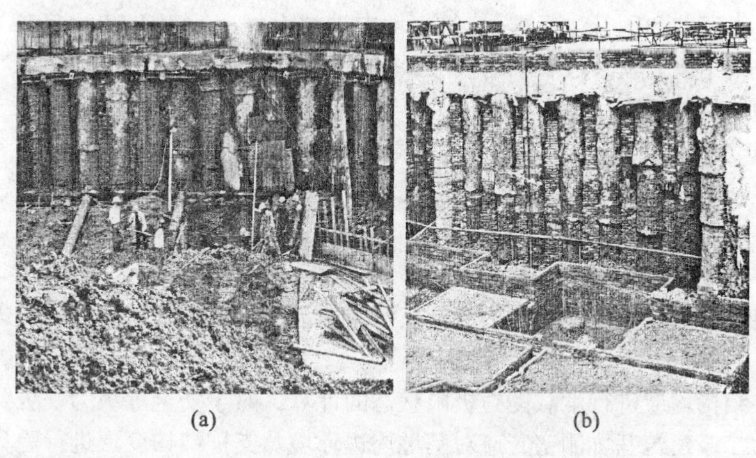

(a)　(b)

图 3-10　挖孔桩围护墙

（十一）地下连续墙

地下连续墙是于基坑开挖之前，用特殊挖槽设备在泥浆护壁之下开挖深槽，然后下钢筋笼浇筑混凝土形成的地下土中的混凝土墙，如图 3-11 所示。

图 3-11　地下连续墙

我国于 20 世纪 70 年代后期开始出现壁板式地下连续墙，此后用于深基坑支护结构。目前常用的厚度为 600mm、800mm、1000mm，多用于-12m 以下的深基坑。

地下连续墙用做围护墙的优点是：施工时对周围环境影响小，能紧邻建（构）筑物等进行施工；刚度大、整体性好、变形小，能用于深基坑；处理好接头能较好地抗渗止水；

如用逆作法施工，可实现两墙合一，能降低成本。由于具备上述优点，我国一些重大、著名的高层建筑的深基坑多采用地下连续墙作为支护结构围护墙，适用于基坑侧壁安全等级为一、二、三级者；在软土中悬臂式结构不宜大于5m。

三、基坑支护工程设计原则和设计内容

(一)基坑支护结构的极限状态

根据中华人民共和国行业标准《建筑基坑支护技术规程》(JGJ 120—2012)的规定，基坑支护结构应采用以分项系数表示的极限状态设计方法进行设计。

基坑支护结构的极限状态，可以分为以下两类：

1. 承载能力极限状态

这种极限状态对应于支护结构达到最大承载能力或土体失稳、过大变形导致支护结构或基坑周边环境破坏。

2. 正常使用极限状态

这种极限状态对应于支护结构的变形已妨碍地下结构施工或影响基坑周边环境的正常使用功能。

基坑支护结构均应进行承载能力极限状态的计算，对于安全等级为一级及对支护结构变形有限定的二级建筑基坑侧壁，应对基坑周边环境及支护结构变形进行验算。

(二)基坑支护结构的安全等级

《建筑基坑支护技术规程》(JGJ 120—2012)规定，其坑侧壁的安全等级分为三级，不同等级采用相对应的重要性系数γ，基坑侧壁的安全等级见表3-2。

表3-2 基坑侧壁安全等级及重要性系数

安全等级	破坏后果	重要性系数γ_0
一级	支护结构破坏、土体失稳或过大变形对基坑周边环境及地下结构施工影响很严重	1.10
二级	支护结构破坏、土体失稳或过大变形对基坑周边环境及地下结构施工影响一般	1.00
三级	支护结构破坏、土体失稳或过大变形对基坑周边环境及地下结构施工影响不严重	0.90

注：有特殊要求的建筑基坑侧壁安全等级可根据具体情况另行确定。

支护结构设计应考虑其结构水平变形、地下水的变化对周边环境的水平与竖向变形的影响。对于安全等级为一级的和对周边环境变形有限定要求的二级建筑基坑侧壁，应根据周边环境的重要性，根据变形适应能力和土的性质等因素，确定支护结构的水平变形限值。

当地下水位较高时，应根据基坑及周边区域的工程地质条件、水文地质条件、周边环境情况和支护结构形式等因素，确定地下水的控制方法。当基坑周围有地表水汇流、排泄或地下水管渗漏时，应妥善对基坑采取保护措施。

对于安全等级为一级及对支护结构变形有限定的二级建筑基坑侧壁，应对基坑周边环境及支护结构变形进行验算。

基坑工程分级的标准，各种规范和各地也不尽相同，各地区、各城市根据自己的特点和要求做了相应的规定，以便于进行岩土勘察、支护结构设计、审查基坑工程施工方案等用。

《建筑地基基础工程施工质量验收规范》(GB50202—2002)对基坑分级和变形监控值做了如表3-3中所列的规定。

表3-3　基坑变形的监控值　(单位：cm)

基坑类别	围护结构墙顶位移监控值	围护结构墙体最大位移监控值	地面最大沉降监控值
一级基坑	3	5	3
二级基坑	6	8	6
三级基坑	8	10	10

注：1. 符合下列情况之一，为一级基坑：

(1)重要工程或支护结构做主体结构的一部分；

(2)开挖深度大于10m；

(3)与邻近建筑物、重要设施的距离在开挖深度以内的基坑；

(4)基坑范围内有历史文物、近代优秀建筑、重要管线等需严加保护的基坑。

2. 三级基坑为开挖深度小于7m，周围环境无特别要求的基坑。

3. 除一级和三级外的基坑属二级基坑。

4. 与周围已有的设施有特殊要求时，应符合这些要求。

位于地铁、隧道等大型地下设施安全保护区范围内的基坑工程，以及城市生命线工程或对位移有特殊要求的精密仪器使用场所附近的基坑工程，应遵照有关的专门文件或规定执行。

(三)基坑支护工程设计的基本原则

(1)在满足支护结构本身强度、稳定性和变形要求的同时，确保周围环境的安全；

(2)为基坑支护工程施工和基础施工提供最大限度的施工方便，并保证施工安全。

(四)基坑工程主要包括的内容

(1)基坑内建筑场地勘察和基坑周边环境勘察。基坑内建筑场地勘察可利用构(建)筑物设计提供的勘察报告，必要时进行少量补勘。基坑周边环境勘察必须查明：①基坑周边地面建(构)筑物的结构类型、层数、基础类型、埋深、基础荷载大小及上部结构现状；②基坑周边地下建(构)筑物及各种管线等设施的分布和状况；③场地周围和邻近地区地表及地下水分布情况及对基坑开挖的影响程度。

(2)支护体系方案技术经济比较和选型。基坑支护工程应根据工程和环境条件提出几种可行的支护方案，通过比较，选出技术经济指标最佳的方案。

(3)支护结构的强度、稳定和变形以及基坑内外土体的稳定性验算。基坑支护结构均应进行极限承载力状态的计算，计算内容包括支护结构和构件的受压、受弯、受剪承载力计算和土体稳定性计算。对于重要基坑工程，还应验算支护结构和周围土体的变形。

(4)基坑降水和止水帷幕设计以及支护墙的抗渗设计。包括基坑开挖与地下水变化引起的基坑内外土体的变形验算(如抗渗稳定性验算，坑底突涌稳定性验算等)及其对基础桩邻近建筑物和周边环境的影响评价。

(5)基坑开挖施工方案和施工检测设计。

项目二 支护结构上的荷载及土压力计算

一、荷载与抗力计算

作用于围护墙上的水平荷载主要是土压力、水压力和地面附加荷载产生的水平荷载。

要精确计算围护墙所承受的土压力有一定困难，因为影响土压力的因素很多，不仅取决于土质，还与围护墙的刚度、施工方法、空间尺寸、时间长短、气候条件等都有关。

目前计算土压力多用朗肯(Rankine)土压力理论。朗肯土压力理论的墙后填土为匀质无黏性砂土，非一般基坑的杂填土、黏性土、粉土、淤泥质土等，不呈散粒状；朗肯理论土体应力是先筑墙后填土，土体应力是增加的过程，而基坑开挖则是土体应力释放过程，完全不同；朗肯理论将土压力视为定值，实际上在开挖过程中是变化的，所解决的围护墙土压力为平面问题，而实际上土压力存在显著的空间效应；朗肯理论属极限平衡原理，属静态设计原理，而土压力处于动态平衡状态，开挖后由于土体蠕变等原因，会使土体强度逐渐降低，具有时间效应；另外，在朗肯计算公式中土工参数(φ、c)是定值，不考虑施工效应，而实际上，在施工过程中，由于打设预制桩、降低地下水位等施工措施，会引起挤土效应和土体固结，使φ、c值得到提高，因此，要精确地计算土压力是困难的，只能根据具体情况选用较合理的计算公式，或进行必要的修正，以用于设计支护结构。

根据我国《建筑基坑支护技术规程》(JGJ120—2012)，水平荷载标准值和水平抗力标准值的计算可按下面介绍的几个公式进行。

二、水平荷载标准值

作用于围护墙上的土压力、水压力和地面附加荷载产生的水平荷载标准值e_{ajk}(图3-12)应按当地可靠经验确定，当无经验时，按下列规定计算：

(一)对于碎石土和砂土

(1)当计算点位于地下水位以上时：

$$e_{ajk}=\sigma_{ajk}K_{ai}-2c_{ik}\sqrt{K_{ai}} \tag{3-1}$$

(2)当计算点位于地下水位以下时：

$$e_{ajk}=\sigma_{ajk}K_{ai}-2c_{ik}\sqrt{K_{ai}}+[(z_i-h_{wa})-(m_j-h_{wa})\eta_{wa}K_{ai}]\gamma_w \tag{3-2}$$

式中：σ_{ajk}——作用于深度z_i处的竖向应力标准值；

K_{ai}——第i层土的主动土压力系数，$K_{ai}=\tan^2\left(45^\circ-\dfrac{\varphi_{ik}}{2}\right)$

φ_i——第i层土的内摩擦角标准值；

c_{ik}——三轴试验(当有可靠经验时，可采用直剪试验)确定的第i层土固结不排水(快)剪黏聚力标准值；

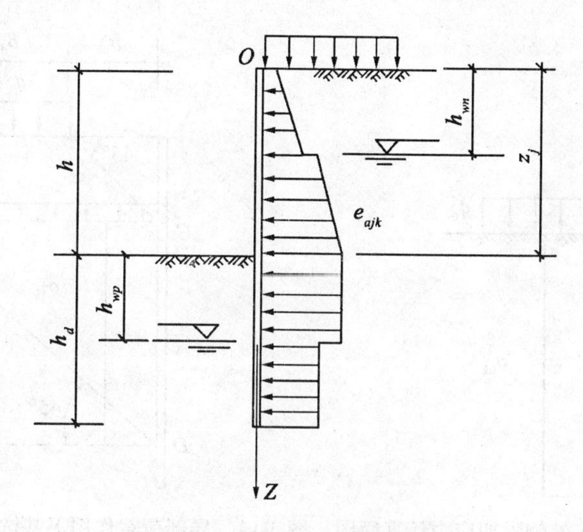

图 3-12　水平荷载标准值计算图

z_j——计算点深度；

m_j——计算参数，当 $z_j<h$ 时，取 z_j，当 $z_j \geq h$ 时，取 h；

h_{wa}——基坑外侧地下水位深度；

η_{wa}——计算系数，当 $h_{wa} \leq h$ 时，取 1，当 $h_{wa}>h$ 时，取 0；

γ_w——水的重度。

(二)对于粉土和黏土

$$e_{ajk}=\sigma_{ajk}K_{ai}-2c_{ik}\sqrt{K_{ai}} \tag{3-3}$$

当按上述公式计算的基坑开挖面以上水平荷载标准值小于零时，取其值为零。

基坑外侧竖向应力标准值 σ_{ajk} 按下式规定计算：

$$\sigma_{ajk}=\sigma_{nk}+\sigma_{0k}+\sigma_{1k} \tag{3-4}$$

(1)计算点深度 z_i 处自重竖向应力 σ_{nk}。

当计算点位于基坑开挖面以上时：

$$\sigma_{rk}=\gamma_{mj}z_j \tag{3-5}$$

当计算点位于基坑开挖面以下时：

$$\sigma_{rk}=\gamma_{mh}h \tag{3-6}$$

式中：γ_{mj}——深度 z_j 以上土的加权平均天然重度；

γ_{mh}——开挖面以上土的加权平均大然重度。

(2)当支护结构外侧地面作用均布荷载 q_0 时(图 3-13)，基坑外侧任意深度处竖向应力标准值 σ_{0k} 按下式计算：

$$\sigma_{0k}=q_0 \tag{3-7}$$

(3)当距离支护结构外侧 b_1 处，地表作用有宽度为 b_0 的条形附加荷载 q_1 时(图 3-14)，基坑外侧深度 CD 范围内的附加竖向应力标准值 σ_{1k} 按下式计算：

$$\sigma_{1k}=q_1\frac{b_0}{b_0+2b_1} \tag{3-8}$$

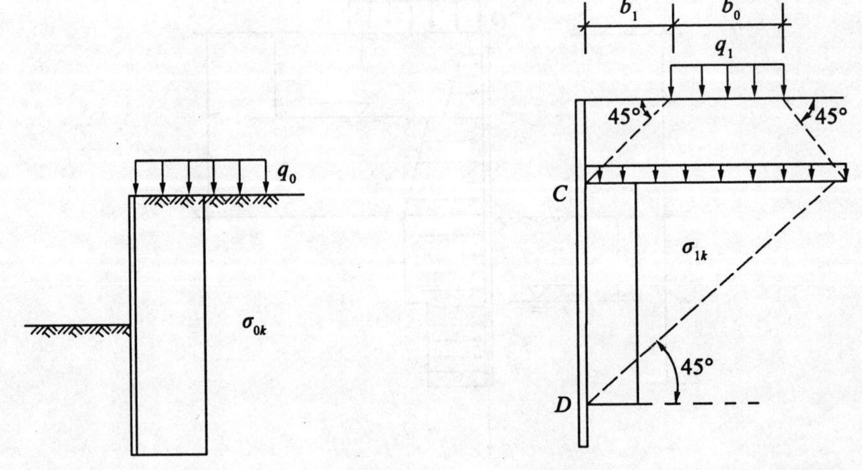

图 3-13 均布荷载时基坑外侧附加应力计算简图 图 3-14 局部荷载作用下基坑外侧附加应力计算简图

三、水平抗力标准值

基坑内侧水平抗力标准值 e_{pjk} 宜按下列规定计算(图 3-15):

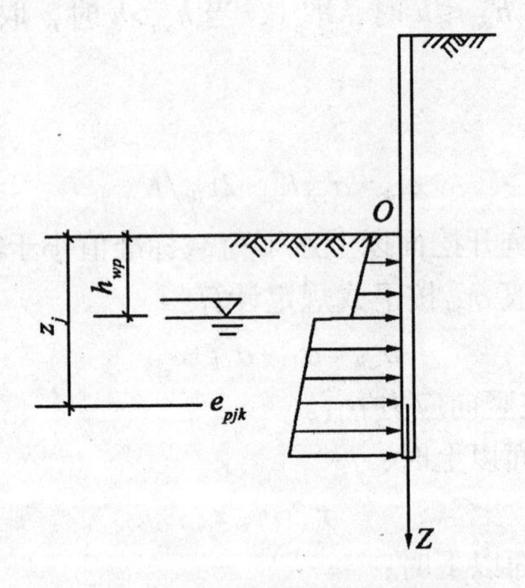

图 3-15 水平抗力标准值计算简图

(一)砂土和碎石土

$$e_{pjk}=\sigma_{pjk}K_{pi}+2c_{ik}\sqrt{K_{pi}}+(z_j-h_{wp})(1-K_{pj})\gamma_w \tag{3-9}$$

式中:σ_{pjk}——作用于基坑底面以下深度 z_j 处的竖向应力标准值:

$$\sigma_{pjk}=\gamma_{mj}z_j \tag{3-10}$$

K_{pi}——第 i 层土的被动土压力系数:

$$K_{pi}=\tan^2\left(45^\circ+\frac{\varphi_{ik}}{2}\right) \tag{3-11}$$

(二)黏性土及粉土

$$e_{ajk}=\sigma_{ajk}k_{pj}+2c\sqrt{K_{pj}} \tag{3-12}$$

作用于基坑底面以下深度 z_j 处的竖向应力标准值 σ_{pjk} 可按下式计算：

$$\sigma_{pjk}=\gamma_{mj}z_j \tag{3-13}$$

式中：γ_{mj}——深度 z_j 以上土的加权平均天然重度。

项目三　支护结构计算

一、排桩与地下连续墙计算

对于较深的基坑，排桩、地下连续墙围护墙应用最多，其承受的荷载比较复杂，一般应考虑下述荷载：土压力、水压力、地面超载、影响范围内的地面上建筑物和构筑物荷载、施工荷载、邻近基础工程施工的影响(如打桩、基坑土方开挖、降水等)。作为主体结构一部分时，应考虑上部结构传来的荷载及地震作用，需要时，应结合工程经验考虑温度变化影响和混凝土收缩、徐变引起的作用以及时空效应。排桩和地下连续墙支护结构的破坏，包括强度破坏、变形过大和稳定性破坏。其强度破坏或变形过大包括(图 3-16)：

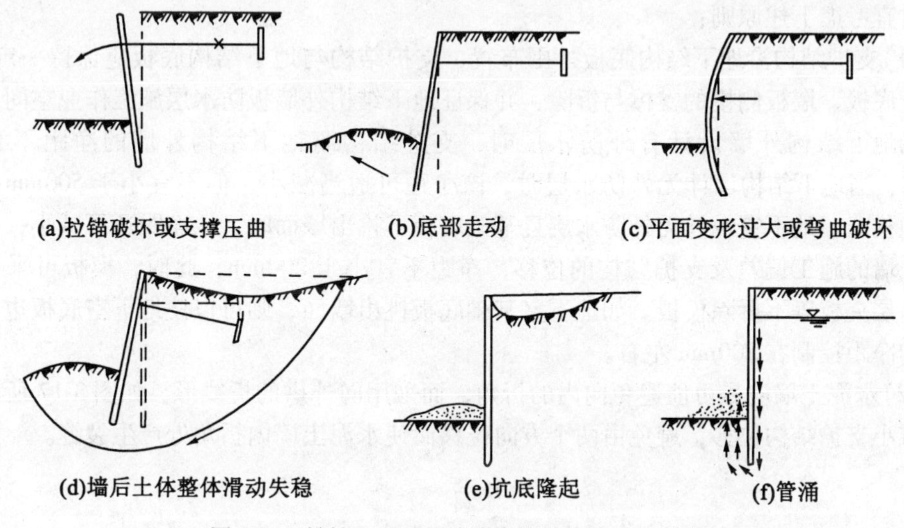

图 3-16　排桩和地下连续墙支护结构的破坏形式

(1)拉锚破坏或支撑压曲：过多地增加了地面荷载引起的附加荷载，或土压力过大、计算有误，引起拉杆断裂，或锚固部分失效、腰梁破坏，或内部支撑断面过小受压失稳，为此，需计算拉锚承受的拉力或支撑荷载，正确选择其截面或锚固体。

(2)支护墙底部走动：支护墙底部嵌固深度不够，或挖土超深、水冲刷等，都可能产生这种破坏，为此，需正确计算支护结构的入土深度。

(3)支护墙的平面变形过大或弯曲破坏：支护墙的截面过小、对土压力估算不准确、墙后增加大量地面荷载或挖土超深等，都可能引起这种破坏。

平面变形过大会引起墙后地面过大的沉降，也会给周围附近的建(构)筑物、道路、管线等造成损害。

排桩和地下连续墙支护结构的稳定性破坏包括：

(1)墙后土体整体滑动失稳：如拉锚的长度不够、软黏土发生圆弧滑动，会引起支护结构的整体失稳。

(2)坑底隆起：在软黏土地区，如挖土深度大、嵌固深度不够，可能由于挖土处卸载过多，在墙后土重及地面荷载作用下引起坑底隆起。对挖土深度大的深坑需进行这方面的验算，必要时，需对坑底土进行加固处理或增大挡墙的入土深度。

(3)管涌：在砂性土地区，当地下水位较高、坑深很大和挡墙嵌固深度不够时，挖土后在水头差产生的动水压力作用下，地下水会绕过支护墙连同砂土一同涌入基坑。

二、水泥土墙计算

水泥土墙设计应包括：方案选择，结构布置，结构计算，水泥掺量与外加剂配合比确定，构造处理，土方开挖，施工监测。

水泥土墙一般宜用于坑深不大于6m的基坑支护，特殊情况例外。

(一)水泥土墙布置

水泥土墙的平面布置主要是确定支护结构的平面形状、格栅形式及局部构造等。平面布置时宜考虑下述原则：

(1)支护结构沿地下结构底板外围布置，支护结构与地下结构底板应保持一定净距，以便于底板、墙板侧模的支撑与拆除，并保证地下结构外墙板防水层施工作业空间。

当地下结构外墙设计有外防水层时，支护结构离地下结构外墙的净距不宜小于800mm；当地下结构设计无外防水层时，该净距可适当减小，但不宜小于500mm；如施工场地狭窄，地下室设计无外防水层且基础底板不挑出墙面时，该净距还可减小，考虑到水泥土墙的施工偏差及支护结构的位移，净距不宜小于200mm，此时，模板可采用砖胎模、多层夹板等不拆除模板。如地下室基础底板挑出墙面，则可以使地下室底板边与水泥土墙的净距控制在200mm左右。

(2)水泥土墙应尽可能避免向内的折角，而采用向外拱的折线形，如图3-17所示，以利于减小支护结构位移，避免由两个方向位移而使水泥土墙内折角处产生裂缝。

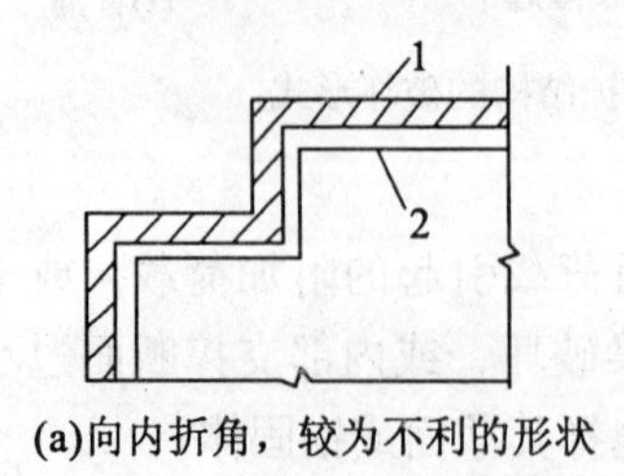

(a)向内折角，较为不利的形状

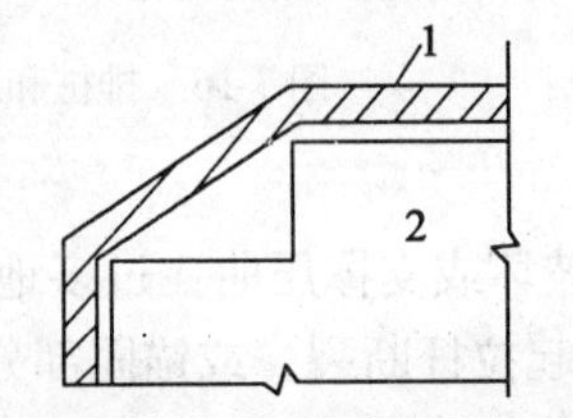

(b)向外拱形，较为有利的形状

1—支护结构；2—基础底板边线

图3-17 水泥土墙平面形状

(3)水泥土墙的组成通常采用桩体搭接、格栅布置，常用格栅的形式如图3-18所示。

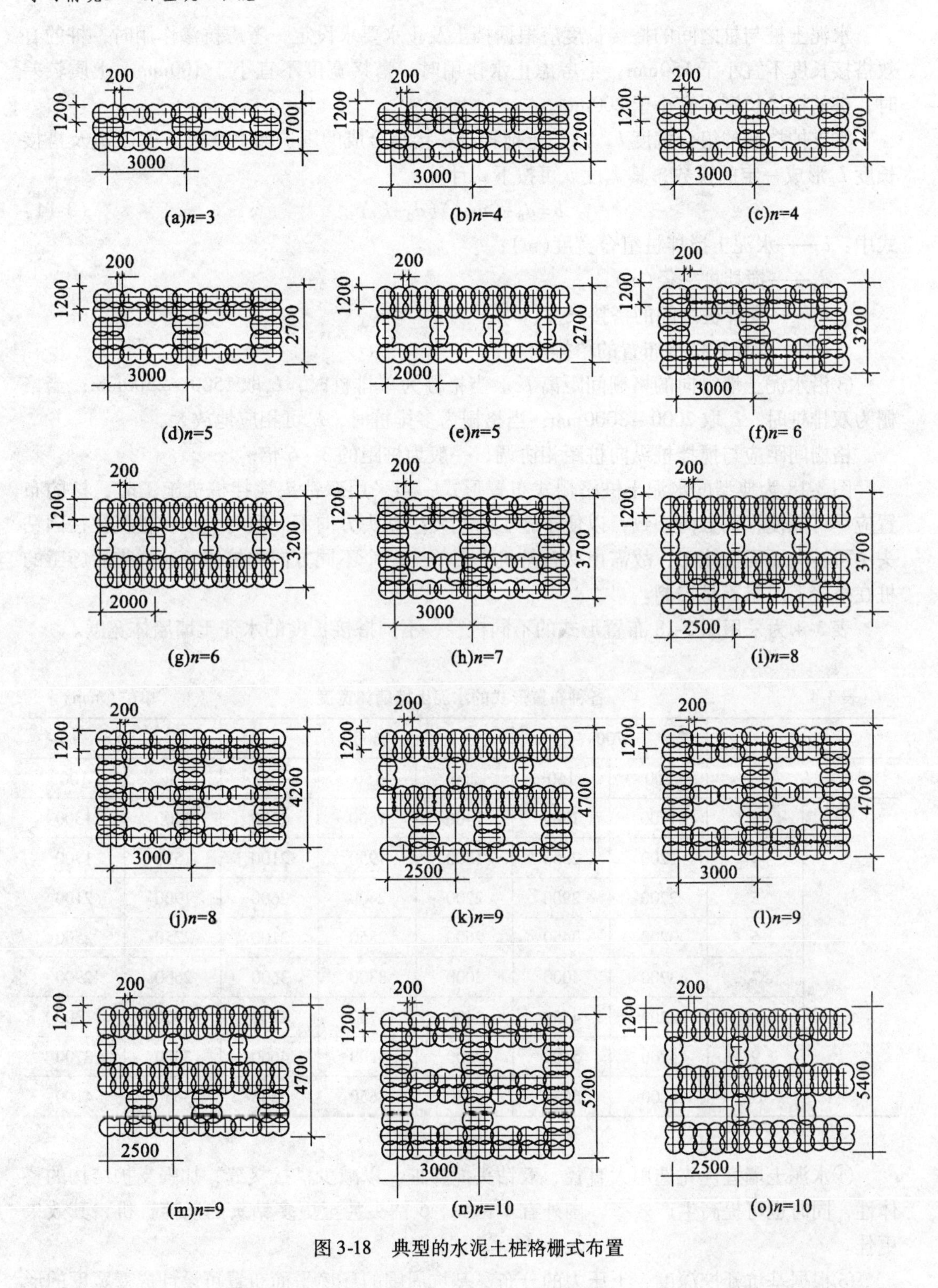

图 3-18　典型的水泥土桩格栅式布置

①搭接长度 L_d。当搅拌桩桩径 $d_0=700$mm 时，L_d一般取 200mm；当 $d_0=600$mm 时，L_d一般取 150mm；当 $d_0=500$mm 时，L_d一般取 100～150mm。

水泥土桩与桩之间的搭接长度应根据挡土及止水要求设定，考虑抗渗作用时，桩的有效搭接长度不宜小于150mm；不考虑止水作用时，搭接宽度不宜小于100mm；土质较差时，桩的搭接长度不宜小于200mm。

②支护挡墙的组合宽度 b。水泥土搅拌桩搭接组合成的围护墙宽度根据桩径 d_0 及搭接长度 L_d 形成一定的模数，其宽度 b 可按下式计算：

$$b=d_0+(n-1)(d_0-L_d) \tag{3-14}$$

式中：b——水泥土搅拌桩组合宽度(m)；

d_0——搅拌桩桩径(m)；

L_d——搅拌桩之间的搭接长度(m)；

n——搅拌桩搭接布置的单排数。

③沿水泥土墙纵向的格栅间距离 L_g。当格栅为单排桩时，L_g 取1500～2500mm；当格栅为双排桩时，L_g 取2000～3000mm；当格栅为多排桩时，L_g 可相应地放大。

格栅间距应与搅拌桩纵向桩距相协调，一般为桩距的3～6倍。

图3-18为典型的水泥土桩格栅式布置形式，当采用双钻头搅拌桩机施工时，桩的布置应尽可能使钻头方向一致，以便于施工。当发生钻头方向不一致时，一台桩机往往因钻头不可转向而无法施工，故需由两台桩机先后施工两个不同方向的桩体，这样先后施工的桩在搭接上质量不易控制。

表3-4为采用图3-18布置形式的不同桩径、不同搭接长度的水泥土墙墙体宽度。

表3-4 各种布置形式的水泥土墙墙体宽度 (单位：mm)

d_0		700		600			500	
L_d		200	150	200	150	100	150	100
n	3	1700	1800	1400	1500	1600	1200	1300
	4	2200	2350	1800	1950	2100	1550	1700
	5	2700	2900	2200	2400	2600	1900	2100
	6	3200	3450	2600	2850	3100	2250	2500
	7	3700	4000	3000	3300	3600	2600	2900
	8	4200	4550	3400	3750	4100	2950	3300
	9	4700	5100	3800	4200	4600	3300	3700
	10	5200	5650	4200	4650	5100	3650	4100

④水泥土墙宜优先选用大直径、双钻头搅拌桩，以减少搭接接缝，加强支护结构的整体性，同时也可提高生产效率。国外有4钻头、6钻头甚至更多钻头的搅拌桩机，其效果更佳。

⑤根据基坑开挖深度、土压力的分布、基坑周围的环境平面布置可设计成变宽度的形式。

水泥土墙的剖面主要是确定挡土墙的宽度 b、桩长 h 及插入深度 h_d。根据基坑开挖深度，可按下式初步确定挡土墙宽度及插入深度：

$$b=(0.5\sim0.8)h \tag{3-15}$$

$$h_d=(0.8\sim1.2)h \tag{3-16}$$

式中：b——水泥土墙的宽度(m)；

h_d——水泥土墙插入基坑底以下的深度(m)；

h——基坑开挖深度(m)。

当土质较好、基坑较浅时，b、h_d取小值；反之，应取大值。根据初定的b、h_d进行支护结构计算，如不满足，则重新假设b、h_d后再行验算，直至满足为止。

按式(3-15)估算的支护结构宽度还应考虑布桩形式，b的取值应与按式(3-14)计算的结果吻合。

如计算所得的支护结构搅拌桩桩底标高以下有透水性较大的土层，而支护结构又兼作为止水帷幕时，桩长的设计还应满足防止管涌及工程所要求的止水深度，通常可采用加长部分桩长的方法，使搅拌桩插入透水性较小的土层或加长后满足止水要求。插入透水性较小的土层的长度可取$(1\sim2)d_0$，加长部分加宽度不宜小于1/2的加长段长度，并不小于1200mm，如图3-19所示，以防止支护结构位移造成加长段折断而失去止水效果。此外，加长部分在沿支护结构纵向必须是连续的。

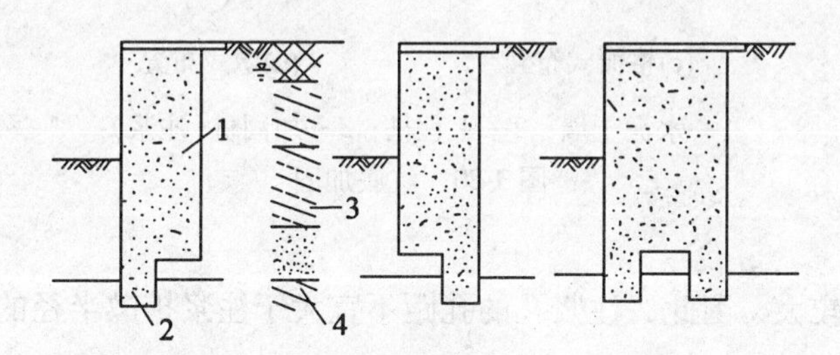

1—水泥土墙；2—加长段(用于止水)；3—透水性较大的土层；4—透水性较小的土层

图3-19　采用局部加长形式保证支护结构的止水效果

(4)构造要求。水泥土墙采用格栅式布置时，对于水泥土的置换率，淤泥不宜小于0.8，淤泥质土不宜小于0.7；一般黏性土及砂土不宜小于0.6；格栅长宽比不宜大于2。

当水泥土墙变形不能满足要求时，宜采用基坑内侧土体加固、水泥土墙插筋加混凝土面板或加大嵌固深度等措施。

在软弱土层中，采用坑底加固方法对控制水泥土墙的侧向位移有显著效果。

坑底加固可采用水泥土搅拌桩、高压喷射注浆桩、压密注浆及分段开挖加厚素混凝土垫层或设置配筋垫层等加固方法，其中，水泥土搅拌桩加固运用最为广泛，也有工程采用水泥土搅拌桩加桩间注浆的方法。加厚垫层或设置配筋垫层的方法往往是在工程出现未预见的过大位移及其他意外情况时才用，事前设计很少采用。

坑底加固的布置可采用满堂布置方法(图3-20(a))，也可采用坑底四周布置方法，如梅花形布置(图3-20(b))、格栅式布置(图3-20(c))及墩式布置(图3-20(d))。

满堂布置一般适用于较小的基坑，加固桩多用满堂梅花形，必要时可在桩间增设注浆点，提高加固效果。如采用注浆方式做满堂加固，其注浆孔也可按梅花形布置，由于注浆

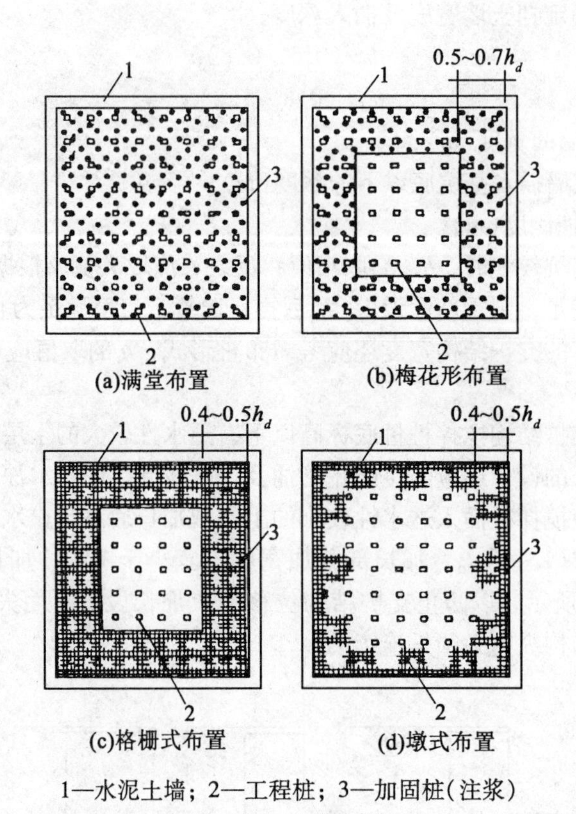

1—水泥土墙；2—工程桩；3—加固桩(注浆)

图 3-20 坑底加固

加固的质量离散性较大，因此，注浆孔的孔距不宜大于注浆扩散半径的 1.4 倍。加固深度一般为$(0.5\sim1.0)h_d$。

对大面积的基坑，坑底满堂加固的工程量太大，不经济，此时可采用坑底四周加固方法，四周加固宽度可取$(0.4\sim0.8)h_d$，视基坑深度及土质状况而定；加固深度也为$(0.5\sim1.0)h_d$。坑边墩式布置还常用于坑内有多桩承台的情况，此时由于承台下桩较密，而承台之间又有较大间距，则可在承台之间布置墩式加固区。

加厚垫层或配筋垫层多用于意外处理等情况，当基坑开挖后发生过大位移，此时已无法再进行水泥土搅拌桩等坑底加固措施，则可补充设计加厚垫层或配筋垫层，必要时，还可设置反梁，利用较高强度的混凝土形成“板式支撑”，以减少水泥土墙的位移。但应注意，采用此法必须采取“分段开挖、随挖随浇”的方法，以减小坑底的暴露面积，否则，坑底开敞面过大，位移一旦发生，再浇筑加厚(或配筋)垫层也无济于事了。此外，由于混凝土需要一定的养护期，在进行土方开挖时也应注意开挖进度，必要时，可适当提高垫层混凝土的强度等级或掺入早强剂。

基坑中还经常出现不同开挖标高及“坑中坑”的情况，此时，坑底的加固不但要考虑由外围水泥土墙的稳定及位移，还应考虑“深浅坑”或“坑中坑”的施工安全，这类坑底加固一般应考虑坑内本身土体的稳定，同时必须充分考虑基坑上下两层的整体滑动稳定，如图 3-21 所示。

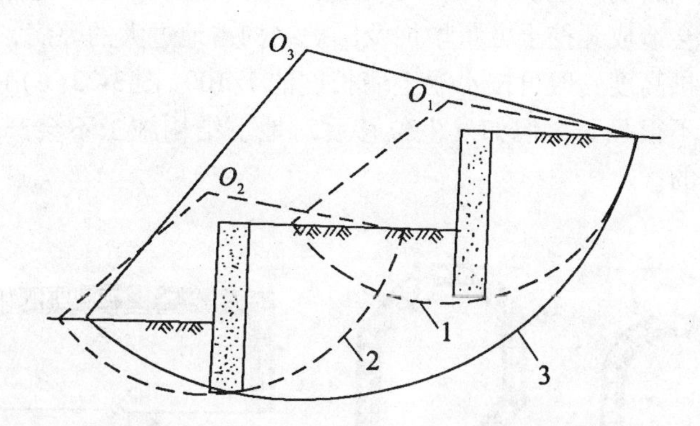

1—上层土体的滑移曲线；2—下层土体的滑移曲线；3—考虑上下两层的整体滑移曲线

图 3-21　整体滑动分析图

在边长较长的水泥土墙中采用局部加墩形式，对于减小水泥土墙的位移也有一定作用，同时，对水泥土墙的稳定也有帮助。

局部加墩的形式可根据施工现场的条件及水泥土墙的长度分别采用间隔布置或集中布置的形式。

间隔布置就是每隔一段距离布置一个加强墩，对边长较大的水泥土墙应采用这一方法。一般取加强墩的长度为 3～5m、墩与墩之间的间距为 10～20m、加强墩的宽度为 1～2m，加强墩仍可采用格栅式布置(图 3-22(a))。

集中布置就是在挡土墙的一边的中央集中布置一个加强墩，其长度较间隔布置要长，一般可取水泥土墙长度的 1/4～1/3。边长相对较短的水泥土围护墙可采用这种加墩方法(图 3-22(b))。

加墩设计在水泥土墙整体稳定及抗倾覆稳定计算时均不计其有利作用，即水泥土墙宽度仍以未加墩处计取。

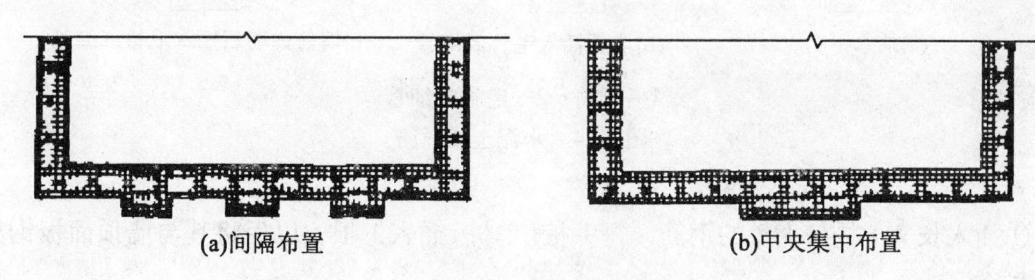

(a)间隔布置　　(b)中央集中布置

图 3-22　局部加墩

水泥土墙起拱也能有效地减少水泥土墙位移。一是利用地下结构外形尽可能将水泥土墙设计成向外起拱的形状，有利于围护墙的稳定，并可减少位移；二是对于较长的直线段水泥土墙，将其设计成起拱的折线，对减少位移也有一定作用。

采用圆弧形、多边形(图 3-23(a)、图 3-23(b)所示)及带内折角的折线形改为外拱形，都是设计中应优先考虑的布置形式。对较长直线形水泥土墙，采用起拱形式，起拱大小对减小位移有直接影响，起拱越大，对减小位移越为有利；起拱越小，其作用也相应地减小，但前者往往会造成开挖土方量增加及围护结构占地过大的弊病，所以，很大的起拱一般也不可取，起拱高度一般可按水泥土墙长度的 1/100(图 3-23(c))。起拱较小有时对减小墙体位移作用不很显著，但如发生位移后对地下结构施工不会产生操作面不够的情况，则这仍是有利的。

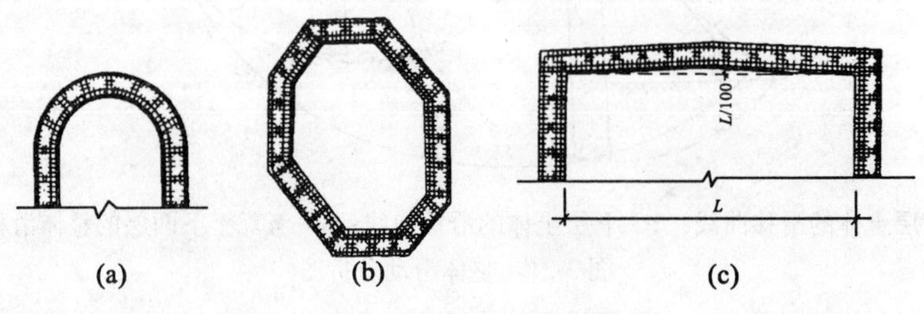

图 3-23 水泥土墙起拱

水泥土墙顶插筋对减小墙体位移有一定作用，特别是采用毛竹插筋或钢管插筋作用更大。

插筋通常的形式有如下几种(图 3-24)：

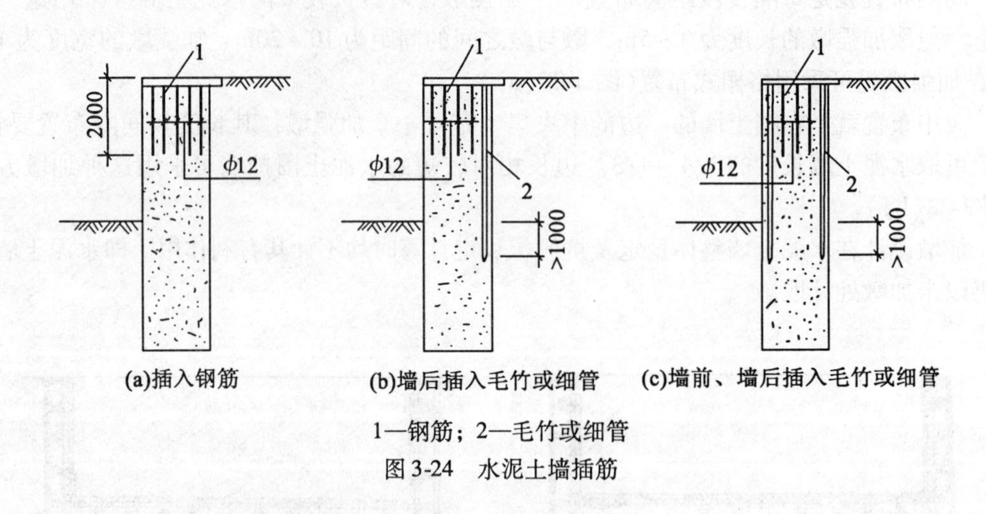

1—钢筋；2—毛竹或细管

图 3-24 水泥土墙插筋

①插入长 2m 左右 ϕ12 的钢筋，每 1 桩(单桩)插入 1 根，以后将其与墙顶面板钢筋绑扎连接。

②水泥土墙后或墙前、后插入毛竹。由于毛竹不易插入，长度一般取 6m 左右，并以插入坑底以下不小于 1m 为宜，毛竹竹梢的直径不宜小于 40mm。过于弯曲的毛竹在插入施工前应用火烘调直，便于插入桩内。

③水泥土墙后或墙前、后插入钢管。由于钢管较直，刚度也大，易于插入，故采用此法可根据需要增加钢管的插入深度。

水泥土搅拌桩围护结构通常在其顶部设置 100 ~ 200mm 厚的面板，并适当配筋。为减小位移，将面板加厚并加强配筋，或增设较宽的冠梁，只要面板或压顶梁与水泥土墙顶面之间能承受足够的剪力，则对于减小位移的作用是十分显著的。在这种情况下，面板或宽冠梁的配筋应将其作为卧梁来考虑，承受水泥土墙传来的水平荷载。为增强面板或冠梁与水泥土墙之间的抗剪强度，可在水泥土桩中增强插筋，此时，可采用下述方法(图3-25所示)：加大钢筋直径，如采用 $\phi16$ 的钢筋，长度也宜适当增加；增加毛竹插筋；采用钢管或型钢插筋，如用 $\phi48/3.5$ 的钢管，必要时可每桩(单桩)插入1根。

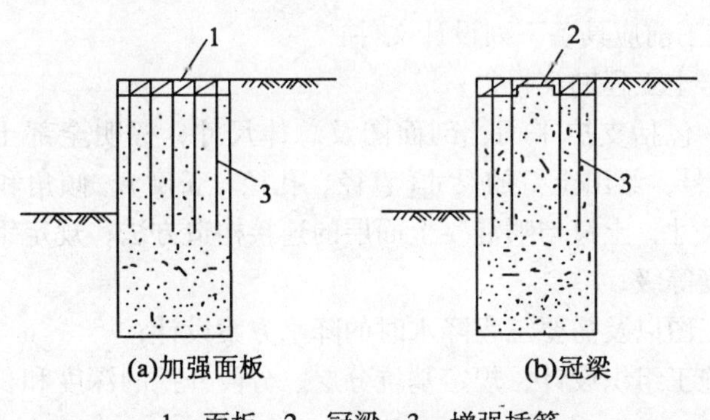

1—面板；2—冠梁；3—增强插筋

图3-25　加强面板或冠梁的设置

三、土钉墙计算

土钉墙由密集的土钉群、被加固的原位土体、喷射的混凝土面层和必要的防水系统组成。土钉是用来加固或同时锚固现场原位土体的细长杆件。通常做法是先在土中钻孔，置入变形钢筋(或带肋钢筋、钢管、角钢等)，然后沿孔全长注浆。土钉也可采用直接击入的方法置入土中。

土钉是一种原位土加筋加固技术，土钉体的设置过程较大限度地减少了对土体的扰动。从施工角度看，土钉墙是随着从上到下的土方开挖过程，逐层将土钉设置于土体中，可以与土方开挖同步施工。

土钉墙用作基坑开挖的支护结构时，其墙体从上到下分层构筑，典型的施工步骤为：基坑开挖一定深度；在这一深度的作业面上设置一排土钉并灌浆；喷射混凝土面层，继续向下开挖，并重复上述步骤直至设计的基坑开挖深度。

(一)基本规定

(1)土钉墙支护适用于可塑、硬塑或坚硬的黏性土，胶结或弱胶结(包括毛细水黏结)的粉土、砂土和角砾，填土，风化岩层等。

在松散砂和夹有局部软塑、流塑黏性土的土层中采用土钉墙支护时，应在开挖前预先对开挖面上的土体进行加固，如采用注浆或微型桩托换。

(2)土钉墙支护适用于基坑侧壁安全等级为二、三级者。

(3)采用土钉墙支护的基坑，深度不宜大于12m，使用期限不宜超过18个月。

(4)土钉墙支护工程的设计、施工与监测宜统一由支护工程的施工单位负责，以便于及时根据现场测试与监控结果进行反馈设计。

(5)土钉支护的设计施工应重视水的影响，并应在地表和支护内部设置适宜的排水系统以疏导地表径流和地表、地下渗透水。当地下水的流量较大，在支护作业面上难以成孔和形成喷混凝土面层时，应在施工前降低地下水位，并在地下水位以上进行支护施工。

(6)土钉支护的设计施工应考虑施工作业周期和降雨、震动等环境因素对陡坡开挖面上暂时裸露土体稳定性的影响，应随开挖随支护，以减少边坡变形。

(7)土钉支护的设计施工应包括现场测试与监控以及反馈设计的内容。施工单位应制定详细的监测方案，无监测方案不得进行施工。

(8)土钉支护施工前应具备下列设计文件：

①工程调查与岩土工程勘察报告；

②支护施工图，包括支护平面、剖面图及总体尺寸；标明全部土钉(包括测试用土钉)的位置并逐一编号，给出土钉的尺寸(直径、孔径、长度)、倾角和间距，喷混凝土面层的厚度与钢筋网尺寸，土钉与喷混凝土面层的连接构造方法；规定钢材、砂浆、混凝土等材料的规格与强度等级；

③排水系统施工图以及需要工程降水时的降水方案设计；

④施工方案和施工组织设计，规定基坑分层、分段开挖的深度和长度，边坡开挖面的裸露时间限制等；

⑤支护整体稳定性分析与土钉及喷混凝土面层的设计计算书；

⑥现场测试监控方案以及为防止危及周围建筑物、道路、地下设施而采取的措施和应急方案。

(9)当支护变形需要严格限制且在不良土体中施工时，宜联合使用其他支护技术，将土钉支护扩展为土钉-预应力锚杆联合支护、土钉-桩联合支护、土钉-防渗墙联合支护等，并参照相应标准结合土钉规程进行设计施工。

(二)土钉墙设计计算

1. 设计内容

土钉墙支护设计，一般包括下述内容：

(1)根据工程情况和以往经验，初选支护各部件的尺寸和参数；

(2)进行分析计算，主要计算内容有：

①支护的内部整体稳定性分析和外部整体性分析；

②土钉计算；

③喷射混凝土面层的设计计算以及土钉与面层的连接计算。

通过上述计算，对各部件初选尺寸和参数进行修改和调整，绘出施工图。对重要的工程，宜采用有限元法对支护的内力和变形进行分析。

(3)根据施工过程中获得的量测和监控数据以及发现的问题，进行反馈设计。

土钉支护的整体稳定性计算和土钉的设计计算采用总安全系数设计方法，其中以荷载和材料性能的标准值作为计算值，并据此确定土压力。

喷混凝土面层的设计计算采用以概率理论为基础的结构极限状态设计方法，设计时，对作用于面层上的土压力，应乘以荷载分项系数1.2后作为计算值，在结构的极限状态设计表达式中，应考虑结构重要性系数。

土钉支护设计应考虑的荷载除土体自重外，还应包括地表荷载，如车辆、材料堆放和起重运输造成的荷载，以及附近地面建筑物基础和地下构筑物所施加的荷载，并按荷载的实际作用值作为标准值。当地表荷载小于 $15kN/m^2$时，按 $15kN/m^2$取值。此外，当施工或使用过程中有地下水时，还应计入水压对支护稳定性、土钉内力和喷混凝土面层的作用。

土钉支护设计采用的土体物理力学性能参数以及土钉与周围土体之间的界面黏结力参数均应以实测结果作为依据，取值时应考虑到基坑施工及使用过程中由于地下水位和土体含水量变化对这些参数的影响，并对其测试值做出偏于安全的调整。

土的力学性能参数 c、φ、土钉与土体界面粘结强度τ的计算值取标准值，界面黏结强度的标准值可取为现场实测平均值的 0.8 倍。以上参数应按不同土层分别确定。

土钉支护的设计计算可取单位长度支护按平面应变问题进行分析。对基坑平面上靠近凹角的区段，可考虑三维空间作用的有利影响，对该处的支护参数（如土钉的长度和密度）作部分调整。对基坑平面上的凸角区段，应局部加强。

2. 支护各部件的尺寸和参数

对于主要承受土体自重作用的钻孔注浆钉支护，其各部件尺寸可参考以下数据初步选用：

（1）土钉钢筋用 HPB235、HRB335 等热轧变形钢筋，直径在 16～32mm 的范围内。

（2）土钉孔径为 70～120mm，注浆强度等级不低于 M10。

（3）土钉长度 l 与基坑深度 H 之比对非饱和土宜在 0.6～1.2 的范围内，密实砂土和坚硬黏土中可取低值；对软塑黏性土，比值 l/H 不应小于 1.0。为了减少支护变形，控制地面开裂，顶部土钉的长度宜适当增加。非饱和土中的底部土钉长度可适当减少，但不宜小于 $0.5H$；含水量高的黏性土中的底部土钉长度则不应缩减。

（4）土钉的水平和竖向间距 s_h 和 s_v 宜在 1.2～2m 的范围内，在饱和黏性土中可小到 1m，在干硬黏性土中可超过 2m；土钉的竖向间距应与每步开挖深度相对应。沿面层布置的土钉密度不应低于每 $6m^2$ 一根。

（5）喷混凝土面层的厚度不宜小于 80mm，混凝土强度等级不低于 C20；喷混凝土面层内应设置钢筋网，钢筋网的钢筋直径为 6～10mm，网格尺寸为 150～300mm。当面层厚度大于 120mm 时，宜设置两层钢筋网。上下段钢筋网搭接长度应大于 300mm。

（6）土钉钻孔的向下倾角宜在 0～20°范围内，当利用重力向孔中注浆时，倾角不宜小于 15°，当用压力注浆且有可靠排气措施时，倾角宜接近水平。当上层土软弱时，可适当加大下倾角，使土钉插入强度较高的下层土中。当有局部障碍物时，允许调整钻孔位置和方向。

土钉钢筋与喷混凝土面层的连接采用图 3-26 所示的方法，可在土钉端部两侧沿土钉长度方向焊上短段钢筋，并与面层内连接相邻土钉端部的通长加强筋互相焊接。对于重要的工程或当支护面层受有较大侧压时，宜将土钉做成螺纹端，通过螺母、楔形垫圈及方形钢垫板与面层连接。

土钉支护的喷混凝土面层宜插入基坑底部以下，插入深度不少于 0.2m；在基坑顶部也宜设置宽度为 1～2m 的喷混凝土护顶。

当土质较差且基坑边坡靠近重要建筑设施需严格控制支护变形时，宜在开挖前先沿基坑边缘设置密排的竖向微型桩，如图 3-27 所示，其间距不宜大于 1m，深入基坑底部 1～3m。微型桩可用无缝钢管或焊管，直径为 48～150mm，管壁上应设置出浆孔。小直径的钢管可分段在不同挖深处用击打方法置入并注浆；较大直径（大于 100mm）的钢管宜采用钻孔置入并注浆，在距孔底1/3孔深范围内的管壁上设置注浆孔，注浆孔直径为10～15mm，间距为400～500mm。

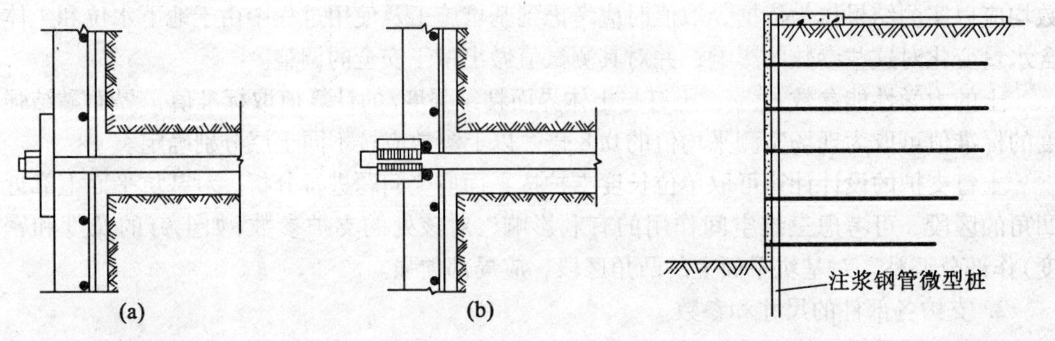

图3-26 土钉与喷射混凝土面层的连接　　图3-27 基坑边缘设置的密排竖向微型桩

3. 土钉墙支护整体稳定性分析

土钉墙内部整体稳定性分析是指边坡土体中可能出现的破坏面发生在支护内部并穿过全部或部分土钉(图3-28)。

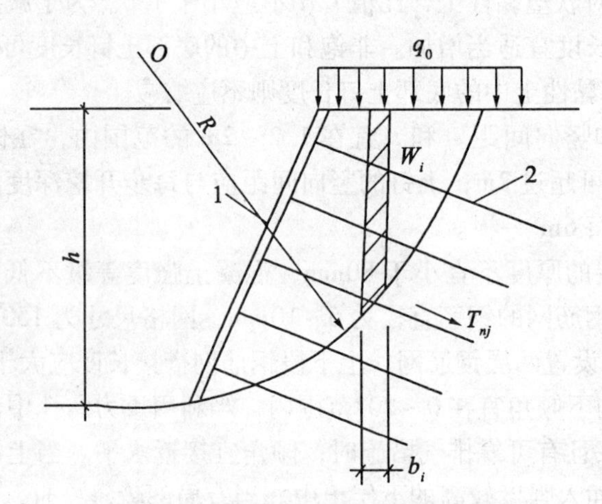

1—喷射混凝土面层；2—土钉

图3-28 土钉墙内部整体稳定性验算简图

土钉墙应根据施工期间不同开挖深度及基坑底面以下可能发生的滑动面，采用圆弧滑简单条分法(图3-28)按下式进行验算：

$$\sum_{i=1}^{n} c_{ik} L_i s + \sum_{i=1}^{n} (w_i + q_0 b_i) \cos\theta_i \tan\varphi_{ik} + \sum_{j=1}^{m} T_{nj} \left[\cos(a_j + \theta_i) + \frac{1}{2} \sin(a_j + \theta_i) \tan\varphi_{ik} \right]$$

$$- s\gamma_k \gamma_0 \sum_{i=1}^{n} (w_i + q_0 b_i) \sin\theta_i \geqslant 0 \tag{3-17}$$

式中：n——滑动体分条数；

m——滑动体内土钉数；

γ_k——整体滑动分项系数，可取1.3；

γ_0——基坑侧壁重要性系数；

ω_i——第 i 分条土重，滑裂面位于黏性土或粉土中时，按上覆土层的饱和土重度计算；滑裂面位于砂土或碎石类土中时，按上覆土层的浮重度计算；

b——第 i 分条宽度；

c_{ik}——第 i 分条滑裂面处土体固结不排水(快)剪黏聚力标准值；

φ_{ik}——第 i 分条滑裂面处土体固结不排水(快)剪内摩擦角标准值；

θ_i——第 i 分条滑裂面处中点切线与水平面的夹角；

α_j——土钉与水平面之间的夹角；

L_i——第 i 分条滑动面处弧长；

s——计算滑动体单元厚度；

T_{nj}——第 j 根土钉圆弧滑裂面外锚固体与土体的极限抗拉力，按下式计算：

$$T_{nj}=\pi d_{nj}\sum q_{sik}L_{ni} \tag{3-18}$$

其中：d_{nj}——第 j 根土钉锚固体直径；

q_{sik}——土钉穿越第 i 层土土体与锚固体间极限摩阻力标准值，应由现场试验确定，如无试验资料，可采用表 3-5 确定；

L_{ni}——第 j 根土钉在圆弧滑裂面外穿越第 i 层稳定土体内的长度。

表 3-5　**土体与锚固体之间的极限摩阻力标准值**

土层种类	土的状态	q_{sik}(kPa)
淤泥质土		20～30
黏性土	软塑	35～45
	坚硬	65～80
	硬塑	55～65
	可塑	45～55
粉土	中密	60～110
砂性土	松散	50～90
	密实	170～220
	中密	130～170
	稍密	90～130

注：表中数值系采用直孔一次常压灌浆工艺的计算值，当采用二次灌浆、扩孔工艺时，可适当提高。

土钉支护的外部整体稳定性分析与重力式挡土墙的稳定分析相同，可将由土钉加固的整个土体视作重力式挡土墙，分别验算：

(1)整个支护沿底面水平滑动(图 3-29(a))。

(2)整个支护绕基坑底角倾覆，并验算此时支护底面的地基承载力(图 3-29(b))。

以上验算可参照《建筑地基基础设计规范》(GB 50007—2002)中的计算公式。计算时，可近似取墙体背面的土压力为水平作用的主动土压力，取墙体的宽度等于底部土钉的水平投影长度；抗水平滑动的安全系数应不小于1.2；抗整体倾覆的安全系数应不小于1.3，且此时的墙体底面最大竖向压应力不应大于墙底土体作为地基持力层的地基承载力设计值f的1.2倍。

(3)整个支护连同外部土体沿深部的圆弧破坏面失稳(图3-29(c))，可按内部整体稳定性分析进行验算，但此时的可能破坏面在土钉的设置范围以外，计算时土钉的T_{nj}为零。

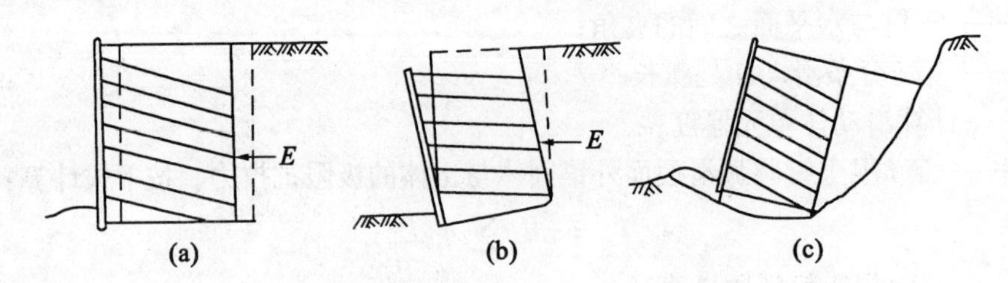

图3-29　土钉墙外部整体稳定性分析

当土体中有较薄弱的土层或薄弱层面时，还应考虑上部土体在背面土压力作用下沿薄弱土层或薄弱层面滑动失稳的可能性，其验算方法与整个支护沿底面水平滑动时相同。

4. 土钉计算

土钉计算只考虑土钉的受拉作用。土钉的长度除满足设计抗拉承载力的要求外，同时还应满足土钉墙内部整体稳定性的需要。

对于单根土钉，其抗拉承载力应满足下式要求：

$$1.25\gamma_0 T_{jk} \leqslant T_{uj} \tag{3-19}$$

式中：γ_0——基坑侧壁重要性系数；

T_{jk}——第j根土钉受拉荷载标准值；

T_{uj}——第j根土钉抗拉承载力设计值。

单根土钉受拉荷载标准值按下式计算：

$$T_{jk}=\frac{\xi e_{ajk} s_{xj} s_{zj}}{\cos\alpha_j} \tag{3-20}$$

$$\xi=\frac{\tan\dfrac{\beta-\varphi_k}{2}\left[\dfrac{1}{\tan\dfrac{\beta+\varphi_k}{2}}-\dfrac{1}{\tan\beta}\right]}{\tan^2\left(45°-\dfrac{\varphi}{2}\right)}$$

式中：ξ——荷载折减系数；

β——土钉墙坡面与水平面的夹角；

φ_k——土的内摩擦角标准值；

e_{ajk}——第j个土钉位置处的基坑水平荷载(土压力和地面荷载产生的侧压力等)标准值；

s_{xj}、s_{zj}——第j根土钉与相邻土钉的平均水平、垂直间距；

α_j——第j根土钉与水平面的夹角。

对于基坑侧壁安全等级为二级的土钉，抗拉承载力设计值 T_{uj}应通过试验确定。基坑侧壁安全等级为三级时，T_{uj}可按下式计算(图 3-30)：

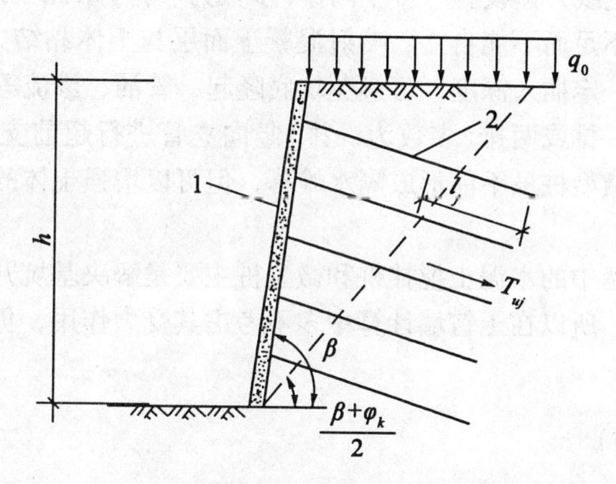

1—喷射混凝土面层；2—土钉

图 3-30　土钉抗拉承载力计算简图

$$T_{uj}=\frac{1}{\gamma_s}\pi d_{nj}\sum q_{sjk}l_i \tag{3-21}$$

式中：γ_s——土钉抗拉抗力分项系数，取 1.3；

d_{nj}——第 j 根土钉锚固体直径；

q_{sik}——土钉穿越第 i 层土土体与锚固体间极限摩阻力标准值，应由现场试验确定；

l_i——第 j 根土钉在直线破裂面外穿越第 i 稳定土体内的长度，破裂面与水平面的夹角为 $\frac{\beta+\varphi_k}{2}$。

5. 喷射混凝土面层计算

在土体自重及地面均布荷载 q 作用下，喷射混凝土面层所受侧向压力 e_0 可按下式估算：

$$e_0=e_{01}+e_a \tag{3-22}$$

$$e_{01}=0.7\left(0.5+\frac{s-0.5}{5}\right)e_1\leqslant 0.7e_1 \tag{3-23}$$

式中：e_a——地面均布荷载 q 引起的侧压力；

e_1——土钉位置处由土体自重产生的侧压力；

s——相邻土钉水平间距和垂直间距中的较大值。

荷载分项系数取 1.2，另外，按基坑侧壁安全等级取重要性系数。

喷射混凝土面层按以土钉为支座的连续板进行强度验算，作用于面层上的侧压力，在同一间距内可按均布考虑，其反力作为土钉的端部拉力。验算内容包括板在跨中和支座截面处的受弯、板在支座截面处的冲切等。

上述计算适用于以钢筋作为中心钉体的钻孔注浆型土钉。对于其他类型的土钉，如注浆的钢管击入型土钉或不注浆的角钢击入型土钉，也可参照上述计算原则进行土钉墙支护的稳定性分析。

至于复合型土钉墙，目前应用较多的是水泥土搅拌桩-土钉墙和微型桩-土钉墙两种形式，前者是在基坑开挖线外侧设置一排至两排(多数为一排)水泥土搅拌桩，以解决隔水、开挖后面层土体强度不足而不能自立、喷射混凝土面层与土体黏结力不足的问题，同时，由于水泥土搅拌桩有一定插入深度，可避免坑底隆起、管涌、渗流等情况发生；后者是在基坑开挖线外侧击入一排或两排(多数为一排)竖向立管进行超前支护，立管内高压注入水泥浆形成微型桩，微型桩虽不能形成隔水帷幕，但可以增强土体的自立能力，并可防止坑底涌土。

由于复合型土钉墙中的水泥土搅拌桩和微型桩主要是解决基坑开挖中的隔水、土体自立和防止涌土等问题，所以在土钉墙计算中多不考虑其受力作用，仍按上述方法进行土钉墙的计算。

四、土锚杆(土锚)

在土质较好地区，以外拉方式用土锚杆锚固支护结构的围护墙，可便利基坑土方开挖和主体结构地下工程的施工，对尺寸较大的基坑也较经济。

土锚一般由锚头、锚头垫座、钻孔、防护套管、拉杆(拉索)、锚固体、锚底板(有时无)等组成(图3-31)。

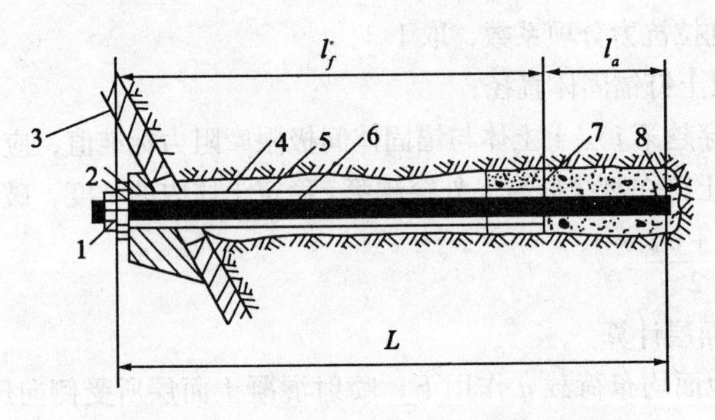

1—锚头；2—锚头垫座；3—围护墙；4—钻孔；
5—防护套管；6—拉杆(拉索)；7—锚固体；8—锚底板

图3-31 土锚构造

土锚根据潜在滑裂面，分为自由段(非锚固段)l_f和锚固段l_a(图3-32)。土锚的自由段处于不稳定土层中。要使拉杆与土层脱离，一旦土层滑动，它可以自由伸缩，其作用是将锚头所承受的荷载传递到锚固段。锚固段处于稳定土层中，它通过与土层的紧密接触将锚杆所承受的荷载分布到周围土层中去。锚固段是承载力的主要来源。

根据《建筑基坑支护技术规程》，锚杆的上下排垂直间距不宜小于2m，水平间距不宜小于1.5m，锚杆锚固体上覆土层厚度不宜小于4m。锚杆的倾角宜为15°~25°，且不应大于45°。锚杆自由段长度不宜小于5m，并应超过潜在滑裂面1.5m。锚杆的锚固段长度不宜小于4m。

拉杆(拉索)下料长度应为自由段、锚固段及外露长度之和，外露长度需满足锚固及

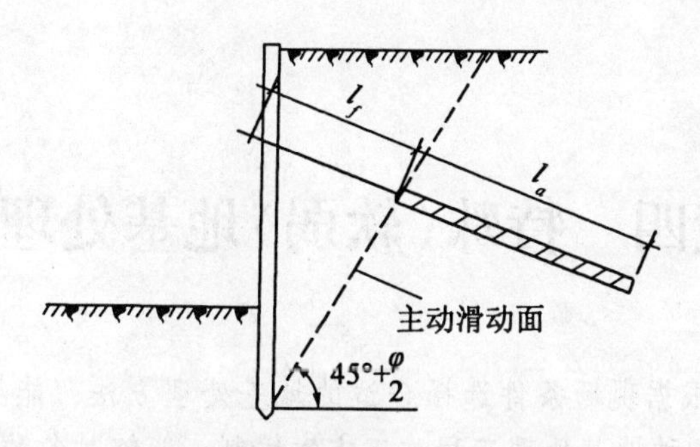

l_f—自由段(非锚固段)；l_a—锚固段

图3-32　土锚的自由段与锚固段的划分

张拉作业的要求。

锚杆的锚固体宜采用水泥浆或水泥砂浆，其强度等级不宜低于M100。

实训任务　《××市××开发区工程基坑支护施工方案》阅读和使用

一、工程资料

本实训任务工程资料见附录二《××市××开发区基坑支护施工方案》。

二、任务要求

根据分组要求，每位学生认真阅读《××市××开发区基坑支护施工方案》，完成以下任务：

(1)学会编制基坑支护施工方案；

(2)学会查阅建筑基坑支护技术规程及相关资料。

三、实施方案

(1)学生分成5组，每组7～8人；

(2)学生通过角色扮演，对《××市××开发区基坑支护施工方案》进行技术会审。

学习情境四　特殊(软弱)地基处理工程施工

【学习目标】 会根据现场条件选择合适的地基处理方法；能够进行各种地基处理工程施工操作；会进行各种地基处理工程施工方案编制；能够对各种地基处理工程进行质量验收。

【主要内容】 换填地基处理技术：灰土地基处理、砂和砂石地基处理、粉煤灰地基处理以及垫层厚度与宽度的确定等；挤密桩地基处理技术：灰土桩地基处理、砂石桩地基处理、水泥粉煤灰碎石桩地基处理等。

【学习重点】 各种特殊(软弱)地基处理的施工方法。

【学习难点】 各种特殊(软弱)地基处理的施工操作。

项目一　换填地基工程施工

一、灰土地基

灰土地基是将基础底面下要求范围内的软弱土层挖去，用一定比例的石灰与土，在最优含水量情况下，充分拌和，分层回填夯实或压实而成。灰土地基具有一定的强度、水稳性和抗渗性，施工工艺简单，费用较低，是一种应用广泛、经济、实用的地基加固方法，适于加固深1~4m厚的软弱土、湿陷性黄土、杂填土等，还可作为结构的辅助防渗层。

(一)材料要求

1. 土料

采用就地挖出的黏性土及塑性指数大于4的粉土，土内有机质含量不得超过5%。

土料应过筛，其颗粒不应大于15mm。

2. 石灰

应用Ⅲ级以上新鲜的块灰，含氧化钙、氧化镁越高越好，使用前1~2日消解并过筛，其颗粒不得大于5mm，且不应夹有未熟化的生石灰块粒及其他杂质，也不得含有过多的水分。

(二)施工工艺方法要点

(1)对基槽(坑)，应先验槽，消除松土，并打两遍底夯，要求平整干净。如有积水、淤泥应晾干；如局部有软弱土层或孔洞，应及时挖除后用灰土分层回填夯实。

(2)灰土配合比应符合设计规定，一般用3∶7或2∶8(石灰∶土体积)。多用人工翻拌，不少于3遍，使达到均匀，颜色一致，并适当控制含水量，现场以手握成团，两指轻捏即散为宜，一般最优含水量为14%~18%，如含水分过多或过少时，应稍晾干或洒水湿润；如有球闭，应打碎，要求随拌随用。

(3)铺灰应分段分层夯筑，每层虚铺厚度可参见表4-1，夯实机具可根据工程大小和现场机具条件用人力或机械夯打或碾压，遍数按设计要求的干密度由试夯(或碾压)确定，一般不少于4遍。

表4-1　**灰土最大虚铺厚度**

夯实机具种类	重量(t)	虚铺厚度(mm)	备注
石夯、木夯	0.04～0.08	200～250	人力送夯，落距为400～500mm，一夯压半夯，夯实后约为80～100mm厚
轻型夯实机械	0.12～0.4	200～250	蛙式夯机、柴油打夯机，夯实后约为100～150mm厚
压路机	6～10	200～300	双轮

(4)灰土分段施工时，不得在墙角、柱基及承重窗间墙下接缝，上下两层的接缝距离不得小于500mm，接缝处应夯压密实，并做成直槎。当灰土地基高度不同时，应做成阶梯形，每阶宽不少于500mm；对作为辅助防渗层的灰土，应将地下水位以下结构包围，并处理好接缝，同时注意接缝质量，每层虚土从留缝处往前延伸500mm，夯实时应夯过接缝300mm以上；接缝时，用铁锹在留缝处垂直切齐，再铺下段夯实。

(5)灰土应当天铺填夯压，入槽(坑)灰土不得隔日夯打。夯实后的灰土30日内不得受水浸泡，并及时进行基础施工与基坑回填，或在灰土表面作临时性覆盖，避免日晒雨淋。雨季施工时，应采取适当防雨、排水措施，以保证灰土在基槽(坑)内无积水的状态下进行。刚打完的灰土如突然遇雨，应将松软灰土除去，并补填夯实；稍受湿的灰土可在晾干后补夯。

(6)冬期施工，必须在基层不冻的状态下进行，土料应覆盖保温，冻土及夹有冻块的土料不得使用；已熟化的石灰应在次日用完，以充分利用石灰熟化时的热量，当日拌和灰土应当天铺填夯完，表面应用塑料面及草袋覆盖保温，以防灰土垫层早期受冻降低强度。

(三)质量控制

(1)施工前应检查原材料，如灰土的土料、石灰以及配合比、灰土拌匀程度。

(2)施工过程中应检查分层铺设厚度，分段施工时上下两层的搭接长度，夯实时的加水量、夯压遍数等。

(3)每层施工结束后检查灰土地基的压实系数。压实系数λ_c为土在施工时实际达到的干密度ρ_d与室内采用击实试验得到的最大干密度$\rho_{d\max}$之比，即

$$\lambda_c = \frac{\rho_d}{\rho_{d\max}} \tag{4-1}$$

灰土应逐层用贯入仪检验，以达到控制(设计要求)压实系数所对应的贯入度为合格，或用环刀取样检测灰土的干密度，除以试验的最大干密度求得。施工结束后，应检验灰土地基的承载力。

(4)灰土地基的质量验收标准见表4-2。

表4-2 灰土地基质量检验标准

项	序	检查项目	允许偏差或允许值		检查方法
			单位	数值	
主控项目	1	地基承载力	设计要求		载荷试验或按规定方法
	2	配合比	设计要求		按拌和时的体积比
	3	压实系数	设计要求		现场实测
一般项目	1	石灰粒径	mm	≤5	筛分法
	2	土料有机质含量	%	≤5	试验室焙烧法
	3	土颗粒粒径	mm	≤15	筛分法
	4	含水量(与要求的最优含水量比较)	%	±2	烘干法
	5	分层厚度偏差(与设计要求比较)	mm	±50	水准仪

二、砂和砂石地基

砂和砂石地基(垫层)采用砂或砂砾石(碎石)混合物，经分层夯(压)实，作为地基的持力层，提高基础下部地基强度，并通过垫层的压力扩散作用，降低地基的压实力，减少变形量，同时垫层可起排水作用，地基土中孔隙水可通过垫层快速地排出，能加速下部土层的沉降和固结。

砂和砂石地基具有应用范围广泛；不用水泥、石材；由于砂颗粒大，可防止地下水因毛细作用上升，地基不受冻结的影响；能在施工期间完成沉陷；用机械或人工都可使地基密实，施工工艺简单，可缩短工期，降低造价等特点；适于处理3.0m以内的软弱、透水性强的黏性土地基，包括淤泥、淤泥质土；不适用于加固湿陷性黄土地基及渗透系数小的黏性土地基。

(一)材料要求

1. 砂

宜用颗粒级配良好、质地坚硬的中砂或粗砂，当用细砂、粉砂时，应掺加粒径为20~50mm的卵石(或碎石)，但要分布均匀。砂中有机质含量不超过5%，含泥量应小于5%，兼做排水垫层时，含泥量不得超过3%。

2. 砂石

用自然级配的砂砾石(或卵石、碎石)混合物，粒级应在50mm以下，其含量应在50%以内，不得含有植物残体、垃圾等杂物，含泥量小于5%。

(二)构造要求

垫层的构造既要求有足够的厚度，以置换可能被剪切破坏的软弱土层，又要有足够的宽度，以防止垫层向两侧挤出。

1. 垫层的厚度

垫层的厚度z应根据垫层底部软弱土层的承载力确定，即作用在垫层底面处土的自重压力(标准值)与附加压力(设计值)之和大于软弱土层经深度修正后的地基承载力标准值

（图4-1），并应符合下式要求：

$$p_z+p_{cz}\leqslant f_{az} \tag{4-2}$$

式中：p_z——垫层底面处的附加压力值（kPa），可根据基础不同形式分别按以下简化式计算，对条形基础，$p_z=\dfrac{b(p-p_c)}{b+2z\tan\theta}$；对矩形基础，$p_z=\dfrac{bl(p-p_c)}{(b+2z\tan\theta)(c+2z\tan\theta)}$；

b——条形基础或矩形基础底面的宽度（m）；

l——矩形基础底面的长度（m）；

p——基层底面压力（kPa）；

p_c——基础底面处土的自重压力值（kPa）；

z——基础底面下垫层的厚度（m）；

θ——垫层的压力扩散角，可按表4-3采用；

p_{cz}——垫层底面处土的自重压力值（kPa）；

f_{az}——经深度修正后垫层底面处土层的地基承载力特征值（kPa）。

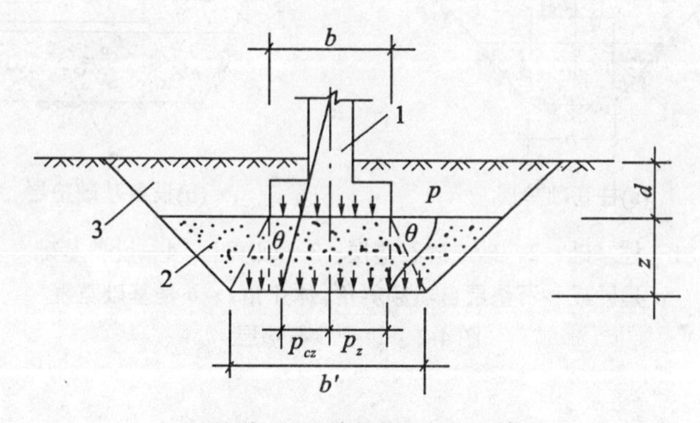

1—基础；2—砂垫层；3—回填土

图4-1　垫层内应力的分布

表4-3　压力扩散角 θ（°）

换填材料 / z/b	中砂、粗砂、砾砂、圆砾、角砾、卵石，碎石	黏性土和粉土（$8<I_p<14$）	灰土
0.25	20	6	30
≥0.50	30	23	

注：1. 当 $z/b<0.25$ 时，除灰土仍取 $\theta=30°$ 外，其余材料均取 $\theta=0°$；
2. 当 $0.25<z/b<0.5$ 时，θ 值可内插求得。

按公式（4-2）确定垫层厚度时，需要用试算法，即预先估计一个厚度，再按式（4-2）校核，如不能满足要求时，再增加垫层厚度，直至满足要求为止。

垫层的厚度一般为0.5～2.5m，不宜大于3.0m，否则，费工费料，施工比较困难，也不够经济；小于0.5m则作用不明显。

2. 垫层的宽度

垫层的宽度应满足基础底面应力扩散的要求，可按下式计算：

$$b' \geqslant b + 2z\tan\theta \tag{4-3}$$

式中：b'——垫层底面宽度；

θ——垫层的压力扩散角，可按表4-3采用；当 $z/b<0.25$ 时，仍按表中 $z/b=0.25$ 取值。

其他符号意义同前述。

垫层顶面每边宜超出基础底边不小于300mm，或从垫层底面两侧向上按当地经验的要求放坡。大面积整片垫层的底面宽度常按自然倾斜角控制(图4-2)适当加宽。

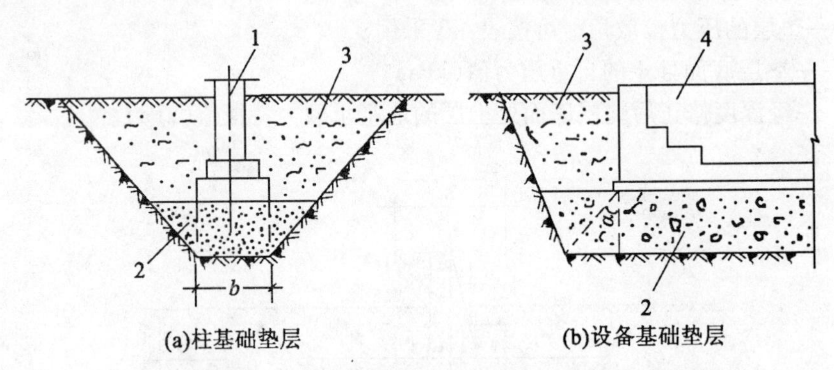

1—柱基础；2—砂或砂石垫层；3—回填土；4—设备基础

α 是砂或砂石垫层自然倾斜角(休止角)；b 是基础宽度

图4-2 砂或砂石垫层

垫层的承载力宜通过现场试验确定，当无试验资料时，可按表4-4选用，并验算下卧层的承载力。

表4-4 各种垫层的承载力

施工方法	换填材料	压实系数 λ_c	承载力 f_k (kPa)
碾压或振密	碎石、卵石	0.94~0.97	200~300
	砂夹石(其中碎石、卵石占全重的30%~50%)		200~250
	土夹石(其中碎石、卵石占全重的30%~50%)		150~200
	中砂、粗砂、砾砂		150~200
	黏性土和粉土($8<I_P<14$)		130~180
	灰土		200~250
重锤夯实	土或灰土	0.93~0.95	150~200

注：1. 压实系数小的垫层，承载力取低值，反之取高值；

2. 重锤夯实土的承载力取低值，灰土取高值；

3. 压实系数 λ_c 为土的控制干密度 ρ_d 与最大干密度 ρ_{dmax} 的比值，土的最大干密度宜采用击实试验确定，碎石或卵石的最大干密度可取2.0~2.2t/m^3。

(三)施工工艺方法要点

(1)铺设垫层前应验槽，将基底表面浮土、淤泥、杂物清除干净，两侧应设一定坡度，防止振捣时塌方。

(2)垫层底面标高不同时，土面应挖成阶梯或斜坡搭接，并按先深后浅的顺序施工，搭接处应夯压密实。分层铺设时，接头应做成斜坡或阶梯形搭接，每层错开0.5~1.0m，并注意充分捣实。

(3)人工级配的砂砾石，应先将砂、卵石拌和均匀后，再铺夯压实。

(4)垫层铺设时，严禁扰动垫层下卧层及侧壁的软弱土层，防止被践踏、受冻或受浸泡，降低其强度。如垫层下有厚度较小的淤泥或淤泥质土层，在碾压荷载下抛石能挤入该层底面时，可采取挤淤处理。先在软弱土面上堆填块石、片石等，然后将其压入以置换和挤出软弱土，再做垫层。

(5)垫层应分层铺设，分层历或压实，基坑内预先安好5m×5m网格标桩，控制每层砂垫层的铺设厚度。每层铺设厚度、砂石最优含水量控制及施工机具、方法的选用参见表4-5。振夯压要做到交叉重叠1/3，防止漏振、漏压。夯实、碾压遍数、振实时间应通过试验确定。用细砂作为垫层材料时，不宜使用振捣法或水撼法，以免产生液化现象。

表4-5 **砂垫层和砂石垫层铺设厚度及施工最优含水量**

捣实方法	每层铺设厚度(mm)	施工时最优含水量(%)	施工要点	备注
平振法	200~250	15~20	1. 用平板式振捣器往复振捣，往复次数以简易测定密实度合格为准 2. 振捣器移动时，每行应搭接1/3，以防振动面积不搭接	不宜使用干细砂或含泥量较大的砂铺筑砂垫层
插振法	振捣器插入深度	饱和	1. 用插入式振捣器 2. 插入间距可根据机械振捣大小决定 3. 不用插至下卧黏性土层 4. 插入振捣完毕，所留的孔洞应用砂填实 5. 应有控制地注水和排水	不宜使用干细砂或含泥量较大砂铺筑砂垫层
水撼法	250	饱和	1. 注水高度略超过铺设面层 2. 用钢叉摇撼捣实，插入点间距100mm左右 3. 有控制地注水和排水 4. 钢叉分四齿，齿的间距30mm，长300mm，木柄长900mm	湿陷性黄土、膨胀土、细砂地基上不得使用
夯实法	150~200	8~12	1. 用木夯或机械夯 2. 木夯重40kg，落距400~500mm 3. 一夯压半夯，全面夯实	适用于砂石垫层
碾压法	150~350	8~12	6~10t压路机往复碾压；碾压次数以达到要求密实度为准，一般不少于4遍，用振动压实机械，振动3~5min	适用于大面积的砂石垫层，不宜用于地下水位以下的砂垫层

(6)当地下水位较高或在饱和的软弱地基上铺设垫层时，应加强基坑内及外侧四周的排水工作，防止砂垫层泡水引起砂的流失，保持基坑边坡稳定；或采取降低地下水位措施，使地下水位降低到基坑底500mm以下。

(7)当采用水撼法或插振法施工时，以振捣棒振幅半径的1.75倍为间距(一般为400~500mm)插入振捣，依次振实，以不再冒气泡为准，直至完成；同时，应采取措施做到有控制地注水和排水。垫层接头应重复振捣，插入式振动棒振完，所留孔洞应用砂填实；在振动首层的垫层时，不得将振动棒插入原土层或基槽边部，以避免使软土混入砂垫层而降低砂垫层的强度。

(8)垫层铺设完毕，应即进行下道工序施工，严禁小车及人在砂层上面行走，必要时，应在垫层上铺板行走。换填砂石垫层施工如图4-3和图4-4所示。

图4-3 挖出软土层

图4-4 砂石垫层施工

(四)质量控制

(1)施工前应检查砂、石等原材料质量及砂、石拌和均匀程度。

(2)施工过程中必须检查分层厚度，分段施工时搭接部分的压实情况、加水量、压实遍数、压实系数。

(3)施工结束后，应检查砂及砂石地基的承载力。

(4)砂及砂石地基的质量验收标准见表4-6所示。

表4-6 砂及砂石地基质量检验标准

项	序	检查项目	允许偏差或允许值		检查方法
			单位	数值	
主控项目	1	地基承载力	设计要求		载荷试验或按规定方法
	2	配合比	设计要求		检查拌和时的体积比或重量比
	3	压实系数	设计要求		现场实测

续表

项	序	检查项目	允许偏差或允许值		检查方法
			单位	数值	
一般项目	1	砂石料有机质含量	%	≤5	焙烧法
	2	砂石料含泥量	%	≤5	水洗法
	3	石料粒径	mm	100	筛分法
	4	含水量(与最优含水量比较)	%	±2	烘干法
	5	分层厚度(与设计要求比较)	mm	±50	水准仪

三、粉煤灰地基

粉煤灰是火力发电厂的工业废料，有良好的物理力学性能，用它作为处理软弱土层的换填材料，已在许多地区得到应用。它具有承载能力和变形模量较大，可利用废料，施工方便、快速，质量易于控制，技术可行，经济效果显著等优点。可用于做各种软弱土层换填地基的处理，以及作为大面积地坪的垫层等。

(一)粉煤灰垫层的特性

根据化学分析，粉煤灰中含有大量 SiO_2、Al_2O_3、Fe_2O_3，详见表4-7，有类似火山灰的特性，有一定活性，在压实功能作用下能产生一定的自硬强度。

表4-7 粉煤灰的化学成分(%)

编号 \ 项目	SiO_2	Al_2O_3	Fe_2O_3	CaO	MgO	K_2O	SO_3	Na_2O	烧失量
1	51.1	27.6	7.8	2.9	1.0	1.2	0.4	0.4	7.1
2	51.4	30.9	7.4	2.8	0.7	0.7	0.4	0.3	4.9
3	52.3	30.9	8.0	2.7	1.1	0.7	0.2	0.3	3.5

注：1. 编号1为国内百多个电厂粉煤灰化学成分的平均值；

2. 编号2为上海地区粉煤灰化学成分平均值；

3. 编号3为宝钢电厂粉煤灰化学成分。

粉煤灰垫层具有遇水后强度降低的特性，其经验数值是：对压实系数 $\lambda_c=0.90\sim$

0.95 的浸水垫层，其容许承载力可采用 120～200kPa，可满足软弱下卧层的强度与地基变形要求；当 λ_c >0.90 时，可抗地震液化。

(二)粉煤灰质量要求

用一般电厂Ⅲ级以上粉煤灰，含 SiO_2、Al_2O_3、Fe_2O_3 总量尽量选用高的，颗粒粒径宜 0.001～2.0mm，烧失量宜低于 12%，含 SO_3 宜小于 0.4%，以免对地下金属管道等产生一定的腐蚀性。粉煤灰中严禁混入植物、生活垃圾及其他有机杂质。粉煤灰进场，其含水量应控制在±2%范围内。

(三)施工工艺方法要点

(1)铺设前，应清除地基土垃圾，排除表面积水，平整场地，并用 8t 压路机预压两遍，使密实。

(2)垫层应分层铺设与碾压，铺设厚度用机械夯为 200～300mm，夯完后厚度为 150～200mm；用压路机为 300～400mm，压实后为 250mm 左右。对小面积基坑、槽垫层，可用人工分层摊铺，用平板振动器或蛙式打夯机进行振(夯)实，每次振(夯)板应重叠 1/2～1/3 板，往复压实，由两侧或四侧向中间进行，夯实不少于 3 遍。大面积垫层应采用推土机摊铺，先用推土机预压两遍，然后用 8t 压路机碾压，施工时压轮重叠 1/2～1/3 轮宽，往复碾压，一般碾压 4～6 遍。

(3)粉煤灰铺设含水量应控制在最优含水量范围内，如含水量过大时，需摊铺晾干后再碾压。粉煤灰铺设后，应于当天压完，如压实时含水量过小，呈现松散状态，则应洒水湿润再压实，洒水的水质不得含有油质，pH 值应为 6～9。

(4)夯实或碾压时，如出现“橡皮土”现象，则应暂停止压实，可采取将垫层开槽、翻松、晾晒或换灰等办法处理。

(5)每层铺完经检测合格后，应及时铺筑上层，以防干燥、松散、起尘、污染环境，并应严禁车辆在其上行驶；全部粉煤灰垫层铺设完经验收合格后，应及时进行浇筑混凝土垫层，以防日晒、雨淋破坏。

(6)冬期施工，最低气温不得低于 0℃，以免粉煤灰含水冻胀。

(四)质量控制

(1)施工前，应检查粉煤灰材料，并对基槽清底状况、地质条件予以检验。

(2)施工过程中，应检查铺筑厚度、碾压遍数、施工含水量控制、搭接区碾压程度、压实系数等。

(3)施工结束后，应对地基的压实系数进行检查，并做载荷试验。载荷试验(平板载荷试验或十字板剪切试验)数量，每单位工程不少于 3 点，3000m² 以上工程，每 300m² 至少一点。

(4)粉煤灰地基质量检验标准见表 4-8。

表4-8　　粉煤灰地基质量检验标准

项	序	检查项目	允许偏差或允许值		检查方法
			单位	数值	
主控项目	1	压实系数	设计要求		现场实测
	2	地基承载力	设计要求		按规定方法
一般项目	1	粉煤灰粒径	mm	0.001～2.0	过筛
	2	氧化铝及二氧化硅含量	%	≥70	试验室化学分析
	3	烧失量	%	≤12	试验室烧结法
	4	每层铺筑厚度	mm	±50	水准仪
	5	含水量(与最优含水量比较)	%	±2	取样后试验室确定

项目二　夯实地基工程施工

一、重锤夯实地基

重锤夯实是利用起重机械将夯锤提升到一定高度，然后自由落下，重复夯击基土表面，使地基表面形成一层比较密实的硬壳层，从而使地基得到加固。该方法使用轻型设备易于解决，施工简便，费用较低；但布点较密，夯击遍数多，施工期相对较长，同时夯击能量小，孔隙水难以消散，加固深度有限，当土的含水量稍高，易夯成“橡皮土”，处理较困难，所以，该方法适于地下水位0.8m以上、稍湿的黏性土、砂土、饱和度S_r≤60的湿陷性黄土、杂填土以及分层填土地基的加固处理。但当夯击对邻近建筑物有影响，或地下水位高于有效夯实深度时，不宜采用该方法。重锤表面夯实的加固深度一般为1.2～2.0m。湿陷性黄土地基经重锤表面夯实后，透水性有显著降低，可消除湿陷性，地基土密度增大，强度可提高30%；对杂填土，则可以减少其不均匀性，提高承载力。

(一)机具设备

1. 夯锤

用C20钢筋混凝土制成，外形为截头圆锥体，图4-5所示为钢筋混凝土分锤构造，锤重为2.0～3.0t，底直径为1.0～1.5m，锤底面单位静压力宜为15～20kPa。吊钩宜采用自制半自动脱钩器，以减少吊索的磨损和机械振动。

2. 起重机

可采用配置有摩擦式卷扬机的履带式起重机、打桩机、悬臂式桅杆起重机或龙门式起重机等。其起重能力：当采用自动脱钩时，应大于夯锤重量的1.5倍；当直接用钢丝绳悬吊夯锤时，应大于夯锤重量的3倍。图4-6所示为强夯施工装置，图4-7所示为强夯施工。

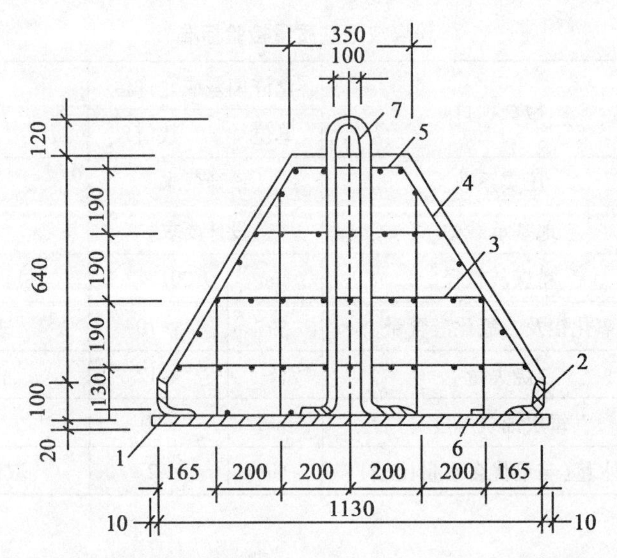

1—20mm 厚钢板；2—L100mm×10mm 角钢；3、4、5—ϕ8mm 钢筋@100mm 双向；

6—ϕ10mm 锚筋；7—ϕ30mm 吊环

图 4-5 钢筋混凝土夯锤构造

图 4-6 强夯施工装置

图 4-7 强夯施工

(二)施工工艺方法要点

(1)施工前，应进行试夯，确定有关技术参数，如夯锤重量、底面直径及落距、最后下沉量及相应的夯击遍数和总下沉量。最后下沉量系指最后两击平均每击土面的夯沉量，对黏性土和湿陷性黄土取 10 ~ 20mm；对砂土取 5 ~ 10mm；对细颗粒土不宜超过 10 ~ 20mm。落距宜大于 4m，一般为 4 ~ 6m。夯击遍数由试验确定，通常取比试夯确定的遍数增加 1 ~ 2 遍，一般为 8 ~ 12 遍。土被夯实的有效影响深度，一般约为重锤直径的 1.5 倍。

(2)夯实前，槽、坑底面的标高应高出设计标高，预留土层的厚度可为试夯时的总下沉量再加 50 ~ 100mm；基槽、坑的坡度应适当放缓。

(3)夯实时，地基土的含水量应控制在最优含水量范围以内，一般相当于土的塑限含水量±12%。现场简易测定方法是：以手捏紧后，松手土不散，易变形而不挤出，抛在地上即呈碎裂为合适；如表层含水量过大，可采取撒干土、碎砖、生石灰粉或换土等措施；如土含水量过低，则应适当洒水，加水后待全部渗入土中，一昼夜后方可夯打。

(4)大面积基坑或条形基槽内夯实时，应一夯换一夯顺序进行，即第一遍按一夯换一夯进行，在一次循环中间同一夯位应连夯两下，下一循环的夯位，应与前一循环错开1/2锤底直径的搭接，如此反复进行，在夯打最后一循环时，可以采用一夯压半夯的打法。在独立柱基夯打时，可采用先周边后中间或先外后里的跳打法。为了使夯锤底面落下时与土接触严密，各次夯迹之间不互相压叠，而是相切或靠近。压叠易使锤底面倾斜，与土接触不严，功能消耗，降低夯实效率。当采用悬臂式桅杆式起重机或龙门式起重机夯实时，可采用图4-8所示顺序，以提高功效。

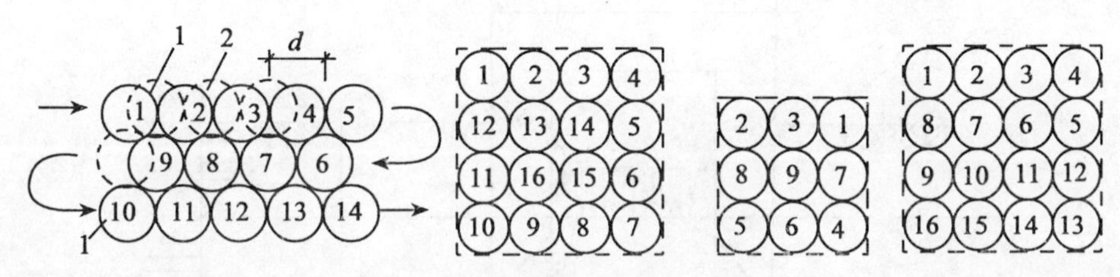

1—夯位；2—重叠夯；d为重锤直径

图4-8　重锤夯打顺序

(5)基底标高不同时，应按先深后浅的程序逐层挖土夯实，不宜一次挖成阶梯形，以免夯打时在高低相交处发生坍塌。夯打做到落距正确，落锤平稳，夯位准确，基坑的夯实宽度应比基坑每边宽0.2~0.3m。基槽底面边角不易夯实部位应适当增大夯实宽度。

(6)重锤夯实填土地基时，应分层进行，每层的虚铺厚度以相当于锤底直径为宜。夯实层数不宜少于2层。夯实完后，应将基坑、槽表面修整至设计标高。

(7)重锤夯实在10~15m以外对建筑物振动影响较小，可不采取防护措施，在10~15m以内，应挖防振沟等做隔振处理。

(8)冬期施工，如土已冻结，应将冻土层挖去或通过烧热法将土层融解。若基坑挖好后不能立即夯实，则应采取防冻措施，如在表面覆盖草垫、锯屑或松土保温。

(9)夯实结束后，应及时将夯松的表层浮土清除或将浮土在接近最优含水量状态下重新用1m的落距夯实至设计标高。

(10)根据经验，采用锤重2.5~3.0t，锤底直径1.2~1.4m，落距4~4.5m，锤底静压力为20~25MPa，消除湿陷性的土层厚度为1.2~1.75m，对非自重湿陷性黄土地区，采用重锤表面夯实的效果明显。

(三)质量控制

重锤夯实地基质量控制可参考强夯地基。

二、强夯地基

强夯法是用起重机械(起重机或起重机配三脚架、龙门架)将大吨位(一般8~30t)夯锤起吊到6~30m高度后，自由落下，给地基土以强大的冲击能量的夯击，使土中出现冲击波和很大的冲击应力，迫使土层孔隙压缩，土体局部液化，在夯击点周围产生裂隙，形成良好的排水通道，孔隙水和气体逸出，使土料重新排列，经时效压密达到固结，从而提高地基承载力，降低其压缩性的一种有效的地基加固方法，也是我国目前最为常用和最经济的深层地基处理方法之一。

(一)加固机理及特点

强夯法在极短的时间内对地基土体施加一个巨大的冲击能量，使得土体发生一系列的物理变化，如土体结构的破坏或液化、排水固结压密以及触变恢复等，其作用结果使得一定范围内地基强度提高，孔隙挤密并消除湿陷性。强夯过程对地基状态的影响如图4-9所示，强度提高明显的区段是Ⅱ区，压密区的深度即为加固深度。

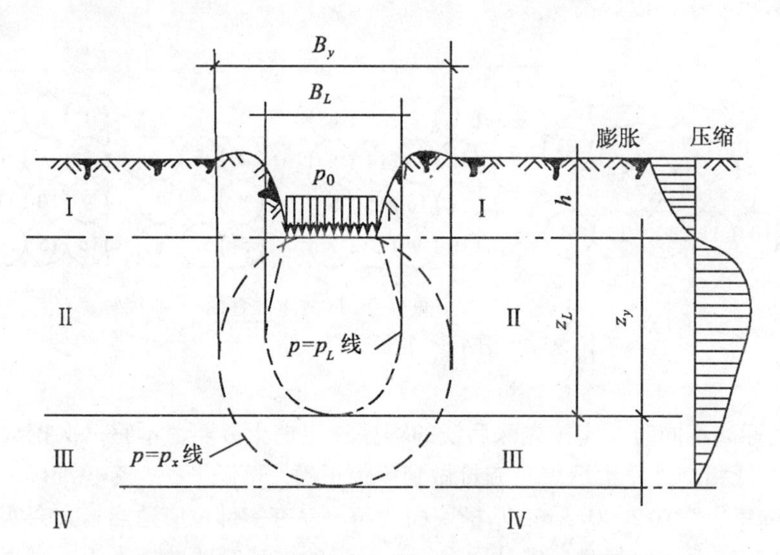

Ⅰ—膨胀区；Ⅱ—加固区；Ⅲ—影响区；Ⅳ—无影响区

p_L为地基极限强度；p_x为地基屈服强度

图4-9 强夯加固地基模式

强夯法加固特点是：使用工地常备简单设备；施工工艺、操作简单；适用土质范围广；加固效果显著，可取得较高的承载力，一般地基强度可提高2~5倍；变形沉降量小，压缩性可降低2~10倍，加固影响深度可达6~10m；土粒结合紧密，有较高的结构强度；工效高，施工速度快(一套设备每月可加固5000~10000m^{2}地基)，较换土回填和桩基缩短工期一半；节省加固原材料；施工费用低，节省投资，比换土回填节省60%费用；与预制桩加固地基相比，可节省投资50%~70%；与砂桩相比，可节省投资40%~50%；耗用劳动力少和现场施工文明等。

(二)适用范围

适于加固碎石土、砂土、低饱和度粉土、黏性土、湿陷性黄土、高填土、杂填土以及“围海造地”地基、工业废渣、垃圾地基等的处理；也可用于防止粉土及粉砂的液化，消除或降低大孔土的湿陷性等级；对于高饱和度淤泥、软黏土、泥炭、沼泽土，如采取一定技术措施也可采用，还可用于水下夯实。强夯不得用于不允许对工程周围建筑物和设备有一定振动影响的地基加固，必需时，应采取防振、隔振措施。

(三)机具设备

1. 夯锤

用钢板作外壳，内部焊接钢筋骨架后浇筑 C30 混凝土(图 4-10)，或用钢板做成组合夯锤(图 4-11)，以便于使用和运输。夯锤底面有圆形和方形两种，圆形不易旋转，定位方便，稳定性和重合性好，采用较广；锤底面积宜按土的性质和锤重确定，锤底静压力值可取 25 ~40kPa；对于粗颗粒土(砂质土和碎石类土)选用较大值，一般锤底面积为 3 ~ 4m²；对于细颗粒土(黏性土或淤泥质土)宜取较小值，锤底面积不宜小于 6m²。一般 10t 夯锤底面积用 4.5m²，15t 夯锤用 6m² 较适宜。锤重一般为 8t、10t、12t、16t、25t。夯锤中宜设 1 ~4 个直径 250 ~300mm 上下贯通的排气孔，以利于空气迅速排走，减小起锤时锤底与土面间形成真空产生的强吸附力和夯锤下落时的空气阻力，以保证夯击能的有效性。

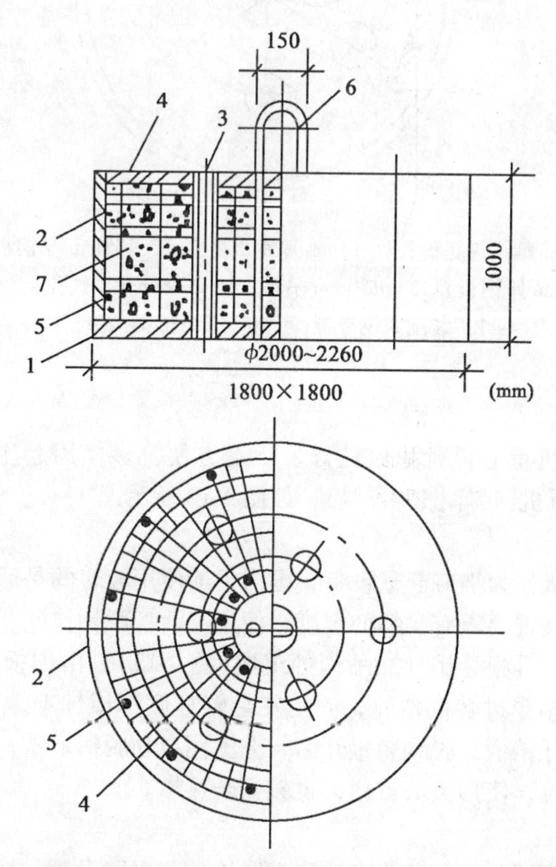

1—30mm 厚钢板底板；2—18mm 厚钢板外壳；3—6×ϕ159mm 钢管；4—水平钢筋网片 ϕ16@200mm；5—钢筋骨架 ϕ14@400mm；6—ϕ50mm 吊环；7—C30 混凝土

图 4-10　混凝土夯锤(圆柱形重 12t，方形重 8t)

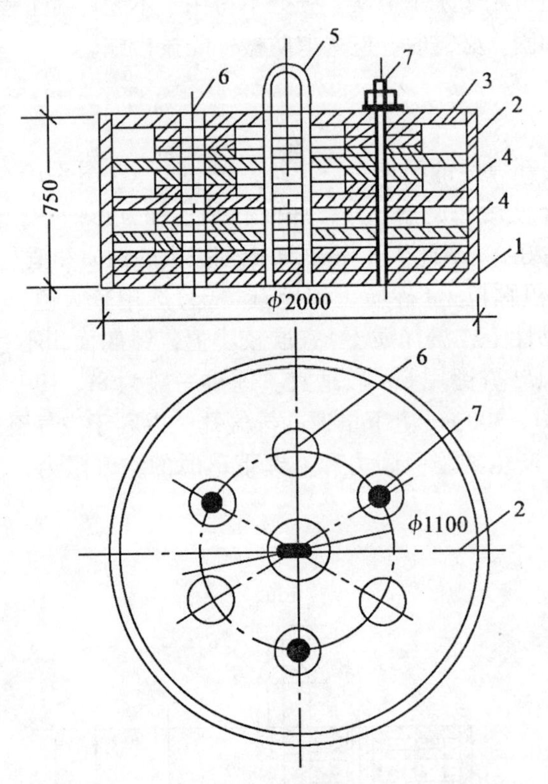

1—50mm 厚钢板底盘；2—15mm 厚钢板外壳；3—30mm 厚钢板顶板；

4—中间块(50mm 厚钢板)；5—ϕ50mm 吊环；6—ϕ200mm 排气孔；7—M48mm 螺栓

图 4-11 装配式钢夯锤(可组合成 6t、8t、10t、12t)

2. 起重设备

由于履带式起重机重心低、稳定性好、行走方便，多使用起重量为 15t、20t、25t、30t、50t 的履带式起重机(带摩擦离合器)，如图 4-12 所示。

3. 脱钩装置

采用履带式起重机作为强夯起重设备，国内目前使用较多的是通过动滑轮组用脱钩装置来起落夯锤。脱钩装置要求有足够的强度，使用灵活，脱钩快速、安全。常用的工地自制自动脱钩器由吊环、耳板、销环、吊钩等组成(图 4-13)，由钢板焊接制成。拉绳一端固定在销柄上，另一端穿过转向滑轮，固定在悬臂杆底部横轴上，当夯锤起吊到要求高度，升钩拉绳随即拉开销柄，脱钩装置开启，夯锤便自动脱钩下落，同时可控制每次夯击落距一致，可自动复位，使用灵活方便，也较安全可靠。

4. 锚系设备

当用起重机起吊夯锤时，为防止夯锤突然脱钩使起重臂后倾，减小对臂杆的振动，应用 T_1-100 型推土机一台设在起重机的前方作为地锚，在起重机臂杆的顶部与推土机之间用两根钢丝绳连系锚旋。钢丝绳与地面的夹角不大于 30°，推土机还可用于夯完后作表土推平、压实等辅助性工作。

当用起重三角架、龙门架或起重机加辅助桅杆起吊夯锤时，可不用设锚系设备。

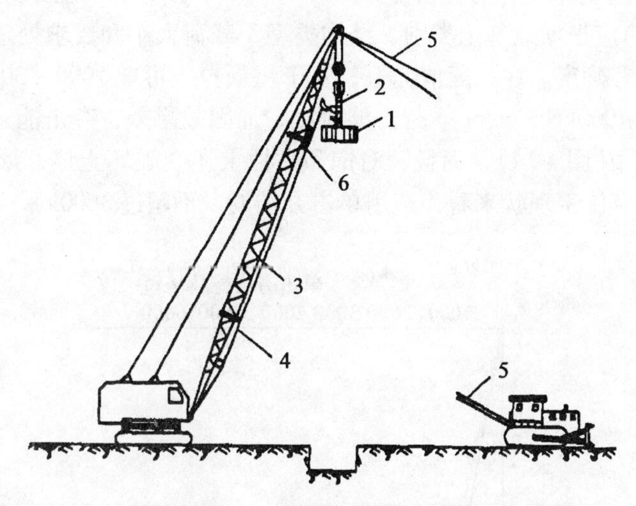

1—夯锤；2—自动脱钩装置；3—起重臂杆；4—拉绳；5—锚绳；6—废轮胎

图 4-12　用履带式起重机强夯

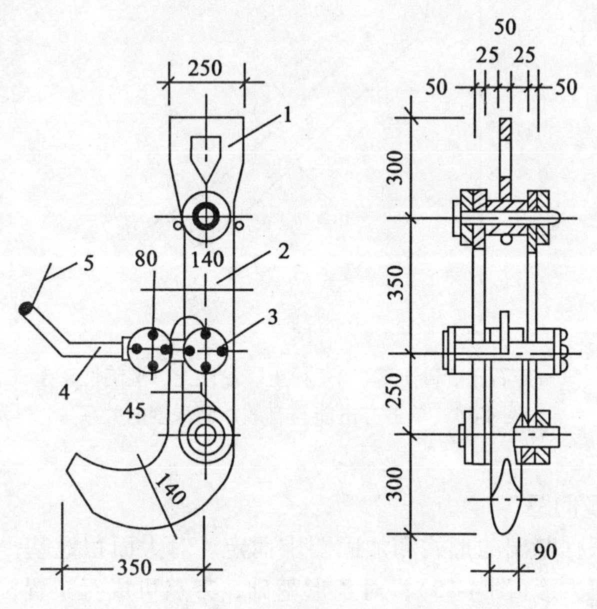

1—吊环；2—耳板；3—销环轴辊；4—销柄；5—拉绳

图 4-13　强夯自动脱钩器

(四)施工技术参数

1. 锤重与落距

锤重 M(t)与落距 h(m)是影响夯击能和加固深度的重要因素，它们直接决定每一击的夯击能量。锤重一般不宜小于 8t，常用的为 10t、12t、17t、18t、25t。落距一般不小于 6m，多采用 8t、10t、12t、13t、15t、17t、18t、20t、25m 等几种。

2. 单位夯击能

锤重 M 与落距 h 的乘积称为夯击能 E($E=M\cdot h$)。强夯的单位夯击能(指单位面积上所施加的总夯击能)应根据地基土类别、结构类型、载荷大小和要求处理的深度等综合考虑，并通过现场试夯确定。在一般情况下，对于粗颗粒土可取 1000～3000kN · m/m^2；细颗粒土可取 1500～4000kN · m/m^2。夯击能过小，加固效果差；夯击能过大，不仅浪费能源，相应也增加费用(图 4-14)，而且，对饱和黏性土还会破坏土体，形成“橡皮土”，降低强度。从国内强夯施工现状来看，选用单击夯击能以不超过 3000kN · m 较为经济。

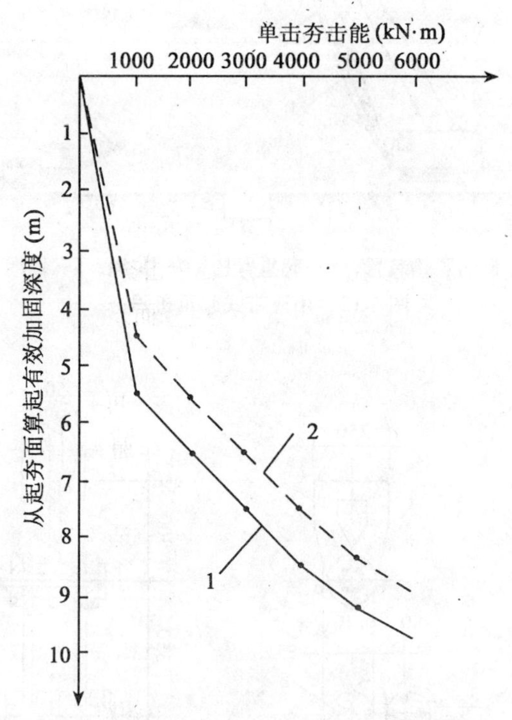

1—碎石土、砂土等；2—粉土、黏性土、湿陷性黄土

图 4-14 单击夯击能与有效加固深度的关系

3. 夯击点布置及间距

夯击点布置应根据基础的形式和加固要求而定。对大面积地基，一般采用等边三角形、等腰三角形或正方形(图 4-15)；对条形基础，夯点可成行布置；对独立柱基础，可按柱网设置采取单点或成组布置，在基础下面必须布置夯点。

夯击点间距取决于基础布置、加固土层厚度和土质等条件。加固土层厚、土质差、透水性弱、含水率高的黏性土，夯点间距宜大，如果夯击点太密，相邻夯击点的加固效应将在浅处叠加而形成硬壳层，影响夯击能向深部传递；加固土层薄、透水性强、含水量低的砂质土，间距宜小些，通常夯击点间距取夯锤直径的 3 倍，一般第一遍夯击点间距为 5～9m，以便夯击能向深部传递，以后各遍夯击点可与第一遍相同，也可适当减小。对处理深度较深或单击夯击能较大的工程，第一遍夯击点间距宜适当增大。

4. 单点的夯击数与夯击遍数

单点夯击数是指单个夯点一次连续夯击的次数。夯击遍数是指以一定的连续击数，对

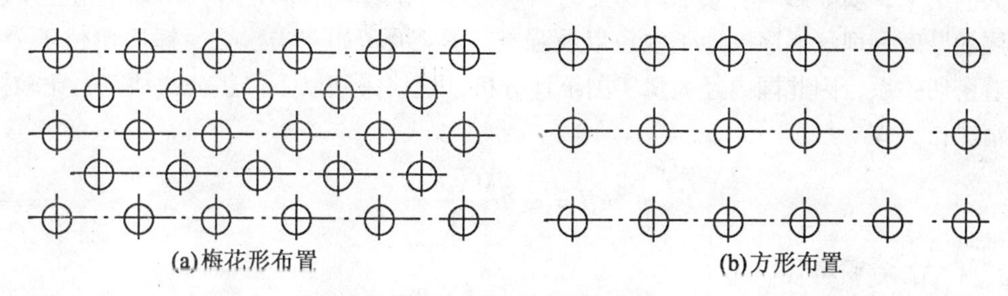

图4-15　夯点布置

整个场地的一批点，完成一个夯击过程叫做一遍，单点的夯击遍数加满夯的夯击遍数为整个场地的夯击遍数。

单点夯击数应按现场试夯得到的夯击次数和夯沉量关系曲线确定，且应同时满足以下条件：①最后两击的平均夯沉量不大于50mm，当单击夯击能量较大时不大于100mm；②夯坑周围地面不应发生过大的隆起；③不因夯坑过深而发生起锤困难。每夯击点之夯击数一般为3～10击。

夯击遍数应根据地基土的性质确定，一般情况下，可采用2～3遍，最后再以低能量(为前几遍能量的1/4～1/5，锤击数为2～4击)满夯一遍，以加固前几遍之间的松土和被振松的表土层。

为达到减少夯击遍数的目的，应根据地基土的性质适当加大每遍的夯击能，亦即增加每夯点的夯击次数或适当缩小夯点间距，以便在减少夯击遍数的情况下能获得相同的夯击效果。

5. 两遍间隔时间

两遍夯击之间应有一定的时间间隔，以利于土中超静孔隙水压力的消散，待地基土稳定后再夯下遍，一般两遍之间间隔1～4周。对渗透性较差的黏性土不少于3～4周；若无地下水或地下水在-5m以下，或为含水量较低的碎石类土，或透水性强的砂性土，可采取只间隔1～2天，或在前一遍夯完后，将土推平，接着随即连续夯击，而不需要间歇。

6. 处理范围

强夯处理范围应大于建筑物基础范围，每边超出基础外缘的宽度宜为设计处理深度的1/2～2/3，并且不小于3m。

7. 加固影响深度

强夯法的有效加固深度H(m)与强夯工艺有密切关系，法国梅那(Menard)氏曾提出以下公式估算：

$$H \approx \sqrt{M \cdot h} \tag{4-4}$$

式中：M——夯锤重(t)；

　　h——落距(m)。

经国内外大量试验研究和工程实测资料表明，采用梅那公式估算有效加固深度将会得到偏大的结果，实际影响有效加固深度的因素很多，除锤重和落距外，与地基土性质、不同土层的厚度和埋藏顺序、地下水位以及强夯工艺参数(如夯击次数、锤底单位压力等)都有着密切关系，因此国内经大量实测统计分析，建议采用以下修正公式估算，比较接近实际情况：

$$H = K\sqrt{\frac{M \cdot h}{10}} \tag{4-5}$$

式中：M——夯锤重力(kN)；

h——落距(锤底至起夯面距离，m)；

K——折减系数，与土质、能级、锤型、锤底面积、工艺选择等多种因素有关，一般黏性土取0.5；砂性土取0.7；黄土取0.35～0.50。

(五)准备工作

(1)熟悉施工图纸，理解设计意图，掌握各项参数，现场实地考察，定位放线。

(2)制定施工方案和确定强夯参数。

(3)选择检验区做强夯试验。

(4)场地整平，修筑机械设备进出场道路，保证足够的净空高度、宽度、路面强度和转弯半径。填土区应清除表层腐殖土、草根等。场地整平挖方时，应在强夯范围预留夯沉量需要的土厚。

(六)施工程序

强夯施工程序为：清理、平整场地→标出第一遍夯点位置、测量场地高程→起重机就位、夯锤对准夯点位置→测量夯前锤顶高程→将夯锤吊到预定高度脱钩自由下落进行夯击，测量锤顶高程→往复夯击，按规定夯击次数及控制标准，完成一个夯点的夯击→重复以上工序，完成第一遍全部夯点的夯击→用推土机将夯坑填平，测量场地高程→在规定的间隔时间后，按上述程序逐次完成全部夯击遍数→用低能量满夯，将场地表层松土夯实，并测量夯后场地高程。

(七)施工工艺方法要点

(1)做好强夯地基的地质勘察，对不均匀土层适当增多钻孔和原位测试工作，掌握土质情况，作为制定强夯方案和对比夯前、夯后加固效果之用。必要时，进行现场试验性强夯，确定强夯施工的各项参数。同时，应查明强夯范围内的地下构筑物和各种地下管线的位置及标高，并采取必要的防护措施，以免因强夯施工而造成损坏。

(2)强夯前应平整场地，周围做好排水沟，按夯点布置测量放线确定夯位。地下水位较高时，应在表面铺0.5～2.0m中(粗)砂或砂砾石、碎石垫层，以防设备下陷和便于消散强夯产生的孔隙水压，或采取降低地下水位后再强夯。

(3)强夯应分段进行，顺序从边缘夯向中央(图4-16)。对厂房柱基也可一排一排夯，起重机直线行驶，从一边向另一边进行，每夯完一遍，用推土机整平场地，放线定位即可接着进行下一遍夯击。强夯法的加固顺序是：先深后浅，即先加固深层土；再加固中层土，最后加固表层土；最后一遍夯完后，再以低能量满夯一遍，如有条件，以采用小夯锤夯击为佳。

(4)回填土应控制含水量在最优含水量范围内，如低于最优含水量，可钻孔灌水或洒水浸渗。

16	13	10	7	4	1
17	14	11	8	5	2
18	15	12	9	6	3
18′	15′	12′	9′	6′	3′
17′	14′	11′	8′	5′	2′
16′	13′	10′	7′	4′	1′

图 4-16　强夯顺序

(5)夯击时，应按试验和设计确定的强夯参数进行，落锤应保持平稳，夯位应准确，夯击坑内积水应及时排除。坑底上含水量过大时，可铺砂石后再进行夯击。在每一遍夯击之后，要用新土或周围的土将夯击坑填平，再进行下一遍夯击。强夯后，基坑应及时修整，浇筑混凝土垫层封闭。

(6)对于高饱和度的粉土、黏性土和新饱和填土，进行强夯时，很难以控制最后两击的平均夯沉量在规定的范围内，可采取：①适当将夯击能量降低；②将夯沉量差适当加大；③填土采取将原土上的淤泥清除，挖纵横盲沟，以排除土内的水分，同时在原土上铺50cm 的砂石混合料，以保证强夯时土内的水分被排除，在夯坑内回填块石、碎石或矿渣等粗颗粒材料，进行强夯置换等措施。通过强夯将坑底软土向四周挤出，使在夯点下形成块(碎)石墩，并与四周软土构成复合地基，一般可取得明显的加固效果。

(7)雨季填土区强夯，应在场地四周设排水沟、截洪沟，防止雨水流入场内；填土应使中间稍高；土料含水率应符合要求；认真分层回填，分层推平、碾压，并使表面保持1% ~2% 的排水坡度；当班填土当班推平压实；雨后抓紧排除积水，推掉表面稀泥和软土，再碾压；夯后夯坑立即推平、压实，使高于四周。

(8)冬期施工应清除地表的冻土层再强夯，夯击次数要适当增加，如有硬壳层，要适当增加夯次或提高夯击功能。

(9)做好施工过程中的监测和记录工作，包括检查夯锤重和落距，对夯点放线进行复核，检查夯坑位置，按要求检查每个夯点的夯击次数和每击的夯沉量等，并对各项参数及施工情况进行详细记录，作为质量控制的根据。

(八)质量控制

(1)施工前，应检查夯锤重量、尺寸、落锤控制手段、排水设施及被夯地基的土质。

(2)施工中，应检查落距、夯击遍数、夯点位置、夯击范围。

(3)施工结束后，检查被夯地基的强度并进行承载力检验。检查点数，每一独立基础至少有一点，基槽每 20m 有一点，整片地基 50 ~ 100m^{2}取一点。强夯后的土体强度随间歇时间的增加而增加，检验强夯效果的测试工作，宜在强夯之后 1 ~4 周进行，而不宜在强夯结束后立即进行测试工作，否则测得的强度偏低。

(4)强夯地基质量检验标准见表 4-9。

表4-9 强夯地基质量检验标准

项	序	检查项目	允许偏差或允许值		检查方法
			单位	数值	
主控项目	1	地基强度	设计要求		按规定方法
	2	地基承载力	设计要求		按规定方法
一般项目	1	夯锤落距	mm	±300	钢索设标志
	2	锤重	kg	±100	称重
	3	夯击遍数及顺序	设计要求		计数法
	4	夯点间距	mm	±500	用钢尺量
	5	夯击范围(超出基础范围距离)	设计要求		用钢尺量
	6	前后两遍间歇时间	设计要求		

项目三 挤密桩地基工程施工

一、灰土桩地基

灰土挤密桩是利用锤击将钢管打入土中侧向挤密成孔，将管拔出后，在桩孔中分层回填2∶8或3∶7灰土夯实而成，与桩间土共同组成复合地基以承受上部荷载。

(一)特点及适用范围

灰土挤密桩与其他地基处理方法比较，有以下特点：灰土挤密桩成桩时为横向挤密，可同样达到所要求加密处理后的最大干密度指标，可消除地基土的湿陷性，提高承载力，降低压缩性；与换土垫层相比，不需大量开挖回填，可节省土方开挖和回填土方工程量，工期可缩短50%以上；处理深度较大，可达12～15m；可就地取材，应用廉价材料，降低工程造价2/3；机具简单，施工方便，工效高；适于加固地下水位以上、天然含水量12%～25%、厚度5～15m的新填土、杂填土、湿陷性黄土以及含水率较大的软弱地基。当地基土含水量大于23%及其饱和度大于0.65时，打管成孔质量不好，且易对邻近已回填的桩体造成破坏，拔管后容易缩颈，遇此情况不宜采用灰土挤密桩。

灰土强度较高，桩身强度大于周围地基土，可以分担较大部分荷载，使桩间土承受的应力减小，而到深度2～4m以下则与土桩地基相似。一般情况下，如为了消除地基湿陷性或提高地基的承载力或水稳性，降低压缩性，可选用灰土桩。

(二)桩的构造和布置

1. 桩孔直径

根据工程量、挤密效果、施工设备、成孔方法及经济等情况而定，一般选用300～600mm。

2. 桩长

根据土质情况、桩处理地基的深度、工程要求和成孔设备等因素确定，一般为5~15m。

3. 桩距和排距

桩孔一般按等边三角形布置，其间距和排距由设计确定。

4. 处理宽度

处理地基的宽度一般大于基础的宽度，由设计确定。

5. 地基的承载力和压缩模量

灰土挤密桩处理地基的承载力标准值，应由设计通过原位测试或结合当地经验确定。

灰土挤密桩地基的压缩模量应通过试验或结合本地经验确定。

(三)机具设备及材料要求

1. 成孔设备

一般采用0.6t或1.2t柴油打桩机或自制锤击式打桩机，也可采用冲击钻机或洛阳铲成孔。

2. 夯实机具

常用夯实机具有偏心轮夹杆式夯实机和卷扬机提升式夯实机两种，后者在工程中应用较多。夯锤用铸钢制成，重量一般选用100~300kg，其竖向投影面积的静压力不小于20kPa。夯锤最大部分的直径应较桩孔直径小100~150mm，以便填料顺利通过夯锤四周。夯锤形状下端应为抛物线形锥体或尖锥形锥体，上段成弧形。

3. 桩孔内的填料

桩孔内的填料应根据工程要求或处理地基的目的确定。土料、石灰质量要求和工艺要求、含水量控制等同灰土垫层的要求。夯实质量应用压实系数λ_c控制，λ_c应不小于0.97。

(四)施工工艺方法要点

(1)施工前应在现场进行成孔、夯填工艺和挤密效果试验，以确定分层填料厚度、夯击次数和夯实后干密度等要求。

(2)桩施工一般采取先将基坑挖好，预留20~30cm土层，然后在坑内施工灰土桩。桩的成孔方法可根据现场机具条件选用沉管(振动、锤击)法、爆扩法、冲击法或洛阳铲成孔法等。沉管法是用打桩机将与桩孔同直径的钢管打入土中，使土向孔的周围挤密，然后缓慢拔管成孔。桩管(图4-17)顶设桩帽，下端作成锥形约成60°角，桩尖可以上下活动，以利空气流动，可减少拔管时的阻力，避免坍孔。成孔后，应及时拔出桩管，不应在土中搁置时间过长。成孔施工时，地基土宜接近最优含水量，当含水量低于12%时，宜加水增湿至最优含水量。该方法简单易行，孔壁光滑平整，挤密效果好，应用最广，但处理深度受桩架限制，一般不超过8m。爆扩法是用钢钎打入土中，形成直径为25~40mm的孔或用洛阳铲打成直径为60~80mm的孔，然后在孔中装入条形炸药卷和2~3个雷管，爆扩成直径20~45cm。该方法工艺简单，但孔径不易控制。冲击法是使用冲击钻钻孔，将0.6~3.2t重锥形锤头提升0.5~2.0m高后落下，反复冲击成孔，用泥浆护壁，直径可达50~60cm，深度可达15m以上，适于处理湿陷性较大的土层。

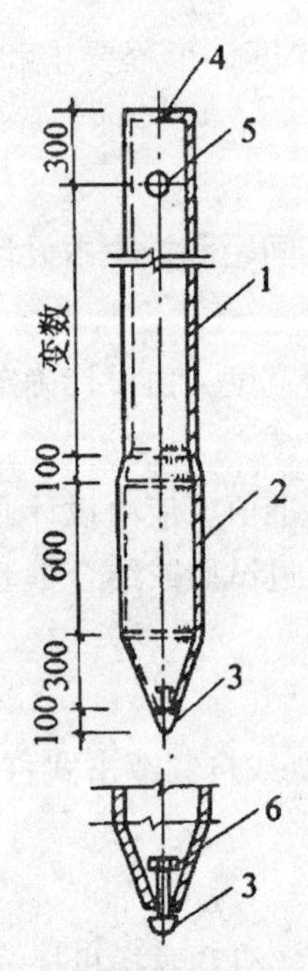

1—ϕ275mm 无缝钢管；2—ϕ300mm×10mm 无缝钢管；3—活动桩尖；
4—10mm 厚封头板（设 ϕ300mm 排气孔）；5—ϕ45mm 管焊于桩管内，穿 M40 螺栓；6—重块

图 4-17 桩管构造

(3)桩施工顺序应先外排后里排，同排内应间隔 1～2 孔进行；对大型工程可采取分段施工，以免因振动挤压造成相邻孔缩孔或坍孔。成孔后，应清底夯实、夯平，夯实次数不少于 8 击，并立即夯填灰土。

(4)桩孔应分层回填夯实，每次回填厚度为 250～400mm，人工夯实用重 25kg，带长柄的混凝土锤，机械夯实用偏心轮夹杆或夯实机或卷扬机提升式夯实机（图 4-18），或链条传动摩擦轮提升连续式夯实机，一般落锤高度不小于 2m，每层夯实不少于 10 锤。施打时，逐层以量斗定量向孔内下料，逐层夯实。当采用连续夯实机时，则将灰土用铁锹不间断地下料，每下两锹夯两击，均匀地向桩孔下料、夯实。桩顶应高出设计标高 15cm，挖土时，将高出部分铲除。

(5)当孔底出现饱和软弱土层时，可加大成孔间距，以防由于振动而造成已打好的桩孔内挤塞；当孔底有地下水流入时，可采用井点降水后再回填填料或向桩孔内填入一定数量的干砖渣和石灰，经夯实后再分层填入填料。

灰土桩施工如图 4-19 和图 4-20 所示。

（五）质量控制

(1)施工前，应对土及灰土的质量、桩孔放样位置等进行检查。

(2)施工中，应对桩孔直径、桩孔深度、夯击次数、填料的含水量等进行检查。

(3)施工结束后，应对成桩的质量及地基承载力进行检验。

(4)灰土挤密桩地基质量检验标准见表 4-10。

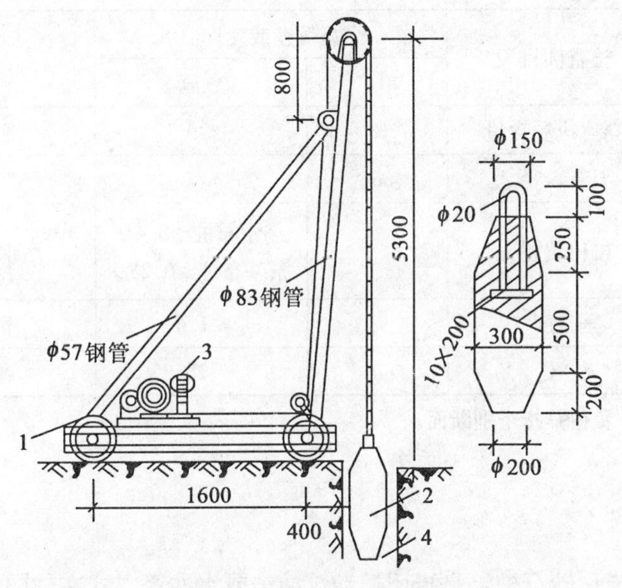

1—机架；2—铸钢夯锤，重45kg；3—1t卷扬机；4—桩孔

图4-18　灰土桩夯实机构造(桩直径350mm)

图4-19　灰土桩施工现场

图4-20　施工完的灰土桩

表4-10　　灰土挤密桩地垂质量检验标准

项	序	检查项目	允许偏差或允许值		检查方法
			单位	数值	
主控项目	1	桩体及桩间土干密度	设计要求		现场取样检查
	2	桩长	mm	+500 −0	测桩管长度或垂球测孔深
	3	地基承载力	设计要求		按规定的方法
	4	桩径	mm	−20	尺量

续表

项	序	检查项目	允许偏差或允许值		检查方法
			单位	数值	
一般项目	1	土料有机质含量	%	≤5	试验室焙烧法
	2	石灰粒径	mm	≤5	筛分法
	3	桩位偏差		满堂布桩≤0.4D 条基布桩≤0.25D	用钢尺量，D为桩径
	4	垂直度	%	≤1.5	用经纬仪测桩管
	5	桩径	mm	-20	用钢尺量

注：桩径允许偏差负值是指个别断面。

二、砂石桩地基

砂桩和砂石桩统称砂石桩，是指用振动、冲击或水冲等方式在软弱地基中成孔后，再将砂或砂卵石(或砾石、碎石)挤压入土孔中，形成大直径的砂或砂卵石(碎石)所构成的密实桩体，它是处理软弱地基的一种常用的方法。这种方法经济、简单且有效。对于松砂地基，可通过挤压、振动等作用，使地基达到密实，从而增加地基承载力，降低孔隙比，减少建筑物沉降，提高砂基抵抗震动液化的能力；对于软黏土地基，可起到置换和排水砂井的作用，加速土的固结，形成置换桩与固结后软黏土的复合地基，显著地提高地基抗剪强度；而且，这种桩施工机具常规，操作工艺简单，可节省水泥、钢材，就地使用廉价地方材料，速度快，工程成本低，故应用较为广泛，适用于挤密松散砂土、素填土和杂填土等地基，对建在饱和黏性土地基上主要不以变形控制的工程，也可采用砂石桩做置换处理。

(一)一般构造要求与布置

1. 桩的直径

桩的直径根据土质类别、成孔机具设备条件和工程情况等而定，一般为30cm，最大为50~80cm，对饱和黏性土地基，宜选用较大的直径。

2. 桩的长度

当地基中的松散土层厚度不大时，桩长可穿透整个松散土层；当厚度较大时，桩长则应根据建筑物地基的允许变形值和不小于最危险滑动面的深度来确定；对于液化砂层，桩长应穿透可液化层。

3. 桩的布置和桩距

桩的平面布置宜采用等边三角形或正方形。桩距应通过现场试验确定，但不宜大于砂石桩直径的4倍。

4. 处理宽度

挤密地基的宽度应超出基础的宽度，每边放宽不应少于1~3排；砂石桩用于防止砂层液化时，每边放宽不宜小于处理深度的1/2，并且不应小于5m。当可液化层上覆盖有厚度大于3m的非液化层时，每边放宽不宜小于液化层厚度的1/2，并且不应小于3m。

5. 垫层

在砂石桩顶面应铺设 30～50cm 厚的砂或砂砾石(碎石)垫层，满布于基底并予以压实，以起扩散应力和排水作用。

6. 地基的承载力和变形模量

砂石桩处理的复合地基承载力和变形模量可按现场复合地基载荷试验确定，也可用单桩和桩间土的载荷试验按振冲地基的方法计算确定。

7. 机具设备及材料要求

(1)振动沉管打桩机或锤击沉管打桩机，其型号及技术性能参见前述内容。配套机具有桩管、吊斗、1t 机动翻斗车等。

(2)桩填料用天然级配的中砂、粗砂、砾砂、圆砾、角砾、卵石或碎石等，含泥量不大于5%，并且不宜含有大于50mm 的颗粒。

(二)施工工艺方法要点

(1)打砂石桩地基表面会产生松动或隆起，砂石桩施工标高要比基础底面高 1～2m，以便在开挖基坑时消除表层松土；如基坑底仍不够密实，可辅以人工夯实或机械碾压。

(2)砂石桩的施工顺序，应从外围或两侧向中间进行，如砂石桩间距较大，也可逐排进行，以挤密为主的砂石桩同一排应间隔进行。

(3)砂石桩成桩工艺有振动成桩法和锤击成桩法两种。振动法是采用振动沉桩机将带活瓣桩尖的砂石桩同直径的钢管沉下，往桩管内灌砂石后，边振动边缓慢拔出桩管；或在振动拔管的过程中，每拔 0.5m 高停拔，振动 20～30s；或将桩管压下然后再拔，以便将落入桩孔内的砂石压实，并可使桩径扩大。振动力以 30～70kN 为宜，不应太大，以防过分扰动土体。拔管速度应控制在 1.0～1.5m/min 范围内，打直径 500～700mm 砂石桩通常采用大吨位 KM2-1200A 型振动打桩机(图 4-21)施工，因振动是垂直方向的，所以桩径扩大有限。振动法机械化、自动化水平和生产效率较高(150～200m/d)，适用于松散砂土和

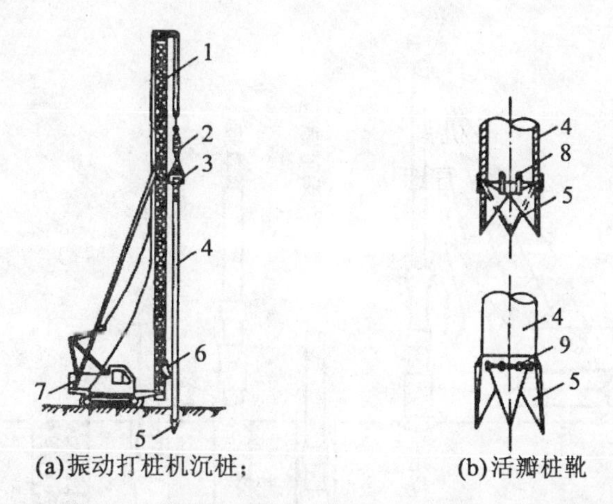

(a)振动打桩机沉桩；　(b)活瓣桩靴

1—桩机导架；2—减震器；3—振动锤；4—桩管；5—活瓣桩尖；
6—装砂石下料斗；7—机座；8—活门开启限位装里；9—锁轴

图 4-21　振动打桩机打砂石桩

软黏土。锤击法是将带有活瓣桩靴或混凝土桩尖的桩管，用锤击沉桩机打入土中，往桩管内灌砂后缓慢拔出，或在拔出过程中低锤击管，或将桩管压下再拔，砂石从桩管内排入桩孔成桩并使密实。由于桩管对土的冲击力作用，使桩周围土得到挤密，并使桩径向外扩展。但拔管不能过快，以免形成中断、缩颈而造成事故。对特别软弱的土层，可采取二次打入桩管灌砂石工艺，形成扩大砂石桩。如缺乏锤击沉管机，可采用蒸汽锤、落锤或柴油打桩机沉桩管，另配一台起重机拔管。锤击法适用于软弱黏性土。

(4)施工前，应进行成桩挤密试验，桩数宜为 7 ~ 9 根。振动法应根据沉管和挤密情况，确定填砂石量、提升高度和速度、挤压次数和时间、电机工作电流等，作为控制质量的标准，以保证挤密均匀和桩身的连续性。

(5)灌砂石时含水量应加控制，对饱和土层，砂石可采用饱和状态；对非饱和土层或杂填土，或能形成直立的桩孔壁的土层，含水量可采用 7% ~9%。

(6)砂石桩应控制填砂石量。砂石桩孔内的填砂石量可按下式计算：

$$S = \frac{A_P \cdot l \cdot d_s}{1 + e}(1 + 0.01w) \tag{4-6}$$

式中：S ——填砂石量(以重量计)；

A_P ——砂石桩的截面积；

l ——桩长；

d_s ——砂石料的相对密度；

e ——地基挤密后要求达到的孔隙比；

w ——砂石料的含水量(%)。

砂桩的灌砂量通常按桩孔的体积和砂在中密状态时的干密度计算(一般取 2 倍桩管入土体积)。砂石桩实际灌砂石量(不包括水重)，不得少于设计值的 95%。如发现砂石量不够或砂石桩中断等情况，可在原位进行复打灌砂石。振冲砂石桩施工流程如图 4-22 所示。

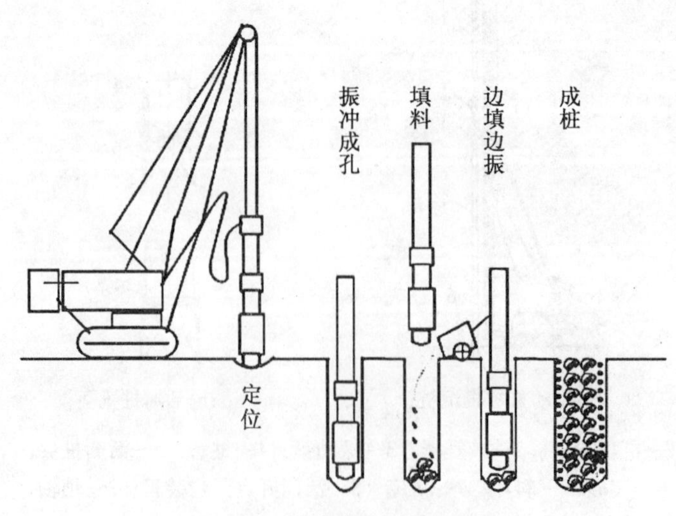

图 4-22 振冲砂石桩施工流程

(三)质量控制

(1)施工前，检查砂、砂石料的含泥量及有机质含量、样桩的位置等。

(2)施工中，检查每根砂桩、砂石桩的桩位、灌砂、砂石量、标高、垂直度等。

(3)施工结束后检查被加固地基的强度(挤密效果)和承载力。桩身及桩与桩之间土的挤密质量，可用标准贯入、静力触探或动力触探等方法检测，以不小于设计要求的数值为合格。桩间土质量的检测位置应在等边三角形或正方形的中心。

(4)施工后应间隔一定时间方可进行质量检验。对饱和黏性土，应待超孔隙水压基本消散后进行，间隔时间宜为1~2周；对其他土，可在施工后2~3天进行。

(5)砂桩、砂石桩地基的质量检验标准见表4-11。

表4-11　砂桩、砂石桩地基的质量检验标准

项	序	检查项目	允许偏差或允许值		检查方法
			单位	数值	
主控项目	1	灌砂、砂石量	%	≥95	实际用砂、砂石量与计算体积比
	2	地基强度	设计要求		按规定的方法
	3	地基承载力	设计要求		按规定的方法
一般项目	1	砂、砂石料的含泥量	%	≤3	试验室测定
	2	砂、砂石料的有机质含量	%	≤5	焙烧法
	3	桩位	mm	≤50	用钢尺量
	4	砂桩、砂石桩标高	mm	±150	水准仪
	5	垂直度	%	≤1.5	经纬仪检查桩管垂直度

三、水泥粉煤灰碎石桩地基

水泥粉煤灰碎石桩(Cement Fly-ash Gravel Pile，简称CFG桩)，是近年发展起来的处理软弱地基的一种新方法。它是在碎石桩的基础上掺入适量石屑、粉煤灰和少量水泥，加水拌和后制成具有一定强度的桩体。其骨料仍为碎石，用掺入石屑来改善颗粒级配；掺入粉煤灰来改善混合料的和易性，并利用其活性减少水泥用量；掺入少量水泥使具一定黏结强度。它不同于碎石桩，碎石桩是由松散的碎石组成，在荷载作用下将会产生鼓胀变形，当桩周土为强度较低的软黏土时，桩体易产生鼓胀破坏；并且碎石桩仅在上部约3倍桩径长度的范围内传递荷载，超过此长度，增加桩长，承载力提高不显著，故此碎石桩加固黏性土地基，承载力提高幅度不大(约20%~60%)。而CFG桩是一种低强度混凝土桩，可充分利用桩间土的承载力，共同作用，并可传递荷载到深层地基中去，具有较好的技术性能和经济效果。

(一)特点及适用范围

CFG桩的特点是：改变桩长、桩径、桩距等设计参数，可使承载力在较大范围内调整；有较高的承载力，承载力提高幅度在250%~300%，对软土地基承载力提高更大；

沉降量小，变形稳定快，如将CFG桩落在较硬的土层上，可较严格地控制地基沉降量(在10mm以内)；工艺性好，由于大量采用粉煤灰，桩体材料具有良好的流动性与和易性，灌筑方便，易于控制施工质量；可节约大量水泥、钢材，利用工业废料，消耗大量粉煤灰，降低工程费用，与预制钢筋混凝土桩加固相比，可节省投资30%～40%。

CFG桩适于多层和高层建筑地基，如砂土、粉土、松散填土、粉质黏土、黏土、淤泥质黏土等的处理。

(二)构造要求

1. 桩径

桩径根据振动沉桩机的管径大小而定，一般为350～400mm。

2. 桩距

根据土质、布桩形式、场地情况，桩距可按表4-12选用。

表4-12 桩距选用表

布桩形式 \ 桩距 \ 土质	挤密性好的土，如砂土、粉土、松散填土等	可挤密性土，如粉质黏土、非饱和黏土等	不可挤密性土，如饱和黏土、淤泥质土等
单、双排布桩的条基	$(3\sim5)d$	$(3.5\sim5)d$	$(4\sim5)d$
含9根以下的独立基础	$(3\sim6)d$	$(3.5\sim6)d$	$(4\sim6)d$
满堂布桩	$(4\sim6)d$	$(4\sim6)d$	$(4.5\sim7)d$

注：d为桩径，以成桩后桩的实际桩径为准。

3. 桩长

桩长根据需挤密加固深度而定，一般为6～12m。

(三)机具设备

CFG桩成孔、灌筑一般采用振动式沉管打桩机架，配DZJ90型变矩式振动锤，主要技术参数为：电动机功率90kW；激振力0～747kN；质量6700kg。也可根据现场土质情况和设计要求的桩长、桩径，选用其他类型的振动锤。还可采用履带式起重机、走管式或轨道式打桩机，配有挺杆、桩管。桩音外径分ϕ325mm和ϕ377mm两种。此外，配备混凝土搅拌机及电动气焊设备及手推车、吊斗等机具。

(四)材料要求及配合比

1. 碎石

粒径20～50mm，松散密度1.39t/m^3，杂质含量小于5%。

2. 石屑

粒径2.5～10mm，松散密度1.47t/m^3，杂质含量小于5%。

3. 粉煤灰

用Ⅲ级粉煤灰。

4. 水泥

用强度等级为32.5的普通硅酸盐水泥，且应新鲜无结块。

5. 混合料配合比

根据拟加固场地的土质情况及加固后要求达到的承载力而定。水泥、粉煤灰、碎石混合料的配合比相当于抗压强度为C1.2～C7的低强度等级混凝土，密度大于$2.0t/m^3$。掺加最佳石屑率(石屑量与碎石和石屑总重量之比)约为25%的情况下，当w/c(水与水泥用量之比)为1.01～1.47，F/c(粉煤灰与水泥重量之比)为1.02～1.65，混凝土抗压强度约为8.8～1.42MPa。

(五)施工工艺方法要点

(1)CFG桩施工工艺如图4-23所示。

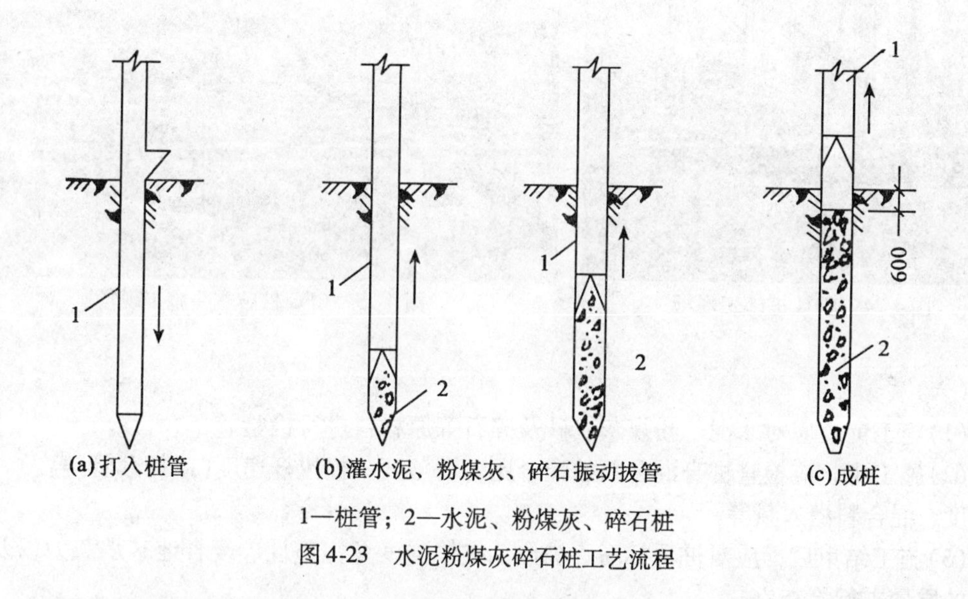

1—桩管；2—水泥、粉煤灰、碎石桩

图4-23　水泥粉煤灰碎石桩工艺流程

(2)桩施工程序为：桩机就位→沉管至设计深度→停振下料→振动捣实后拔管→留振10s→振动拔管、复打。应考虑隔排隔桩跳打，新打桩与已打桩间隔时间不应少于7天。

(3)桩机就位须平整、稳固，沉管与地面保持垂直，垂直度偏差不大于1.5%。如带预制混凝土桩尖，则需埋入地面以下300mm。

(4)在沉管过程中，用料斗在空中向桩管内投料，待沉管至设计标高后，要尽快投料，直至混合料与钢管上部投料口齐平。如上料量不够，可在拔管过程中继续投料，以保证成桩标高、密实度要求。混合料应按设计配合比配制，投入搅拌机加水拌和，搅拌时间不少于2min，加水量由混合料坍落度控制，一般坍落度为30～50mm；成桩后桩顶浮浆厚度一般不超过200mm。

(5)当混合料加至钢管投料口齐平后，沉管在原地留振10s左右，即可边振动边拔管，拔管速度控制在1.2～1.5m/min，每提升1.5～2.0m，留振20s。桩管拔出地面确认成桩符合设计要求后，用粒状材料或黏土封顶。

(6)桩体经7天达到一定强度后，始可进行基槽开挖；如桩顶离地面在1.5m以内，宜用人工开挖；如大于1.5m，下部700mm也宜用人工开挖，以避免损坏桩头部分。为使桩与桩间土更好地共同工作，在基础下宜铺一层150～300mm厚的碎石或灰土垫层。

CFG桩施工如图4-24和图4-25所示。

图4-24　CFG桩施工现场

图4-25　CFG桩破桩头施工现场

（六）质量控制

（1）施工前，应对水泥、粉煤灰、砂及碎石等原材料进行检验。

（2）施工中，应检查桩身混合料的配合比、坍落度、提拔杆速度（或提套管速度）、成孔深度、混合料灌入量等。

（3）施工结束后，应对桩顶标高、桩位、桩体强度及完整性、复合地基承载力以及褥垫层的质量进行检查。

（4）水泥粉煤灰碎石桩复合地基的质量检验标准见表4-13。

表4-13　水泥粉煤灰碎石桩复合地基质量检验标准

项	序	检查项目	允许偏差或允许值		检查方法
			单位	数值	
主控项目	1	原材料	符合有关规范、规程要求、设计要求		检查出厂合格证及抽样送检
	2	桩径	mm	-20	尺量或计算填料量
	3	桩身强度	设计要求		查28d试块强度
	4	地基承载力	设计要求		按规定的方法

续表

项	序	检查项目	允许偏差或允许值		检查方法
			单位	数值	
一般项目	1	桩身完整性	按有关检测规范		按有关检测规范
	2	桩位偏差		满堂布桩≤0.4D 条基布桩≤0.25D	用钢尺量，D为桩径
	3	桩垂直度	%	≤1.5	用经纬仪测桩管
	4	桩长	mm	+100	测桩管长度或垂球测孔深
	5	褥垫层夯填度	≤0.9		用钢尺量

注：1. 夯填度是指夯实后的褥垫层厚度与虚体厚度的比值；

2. 桩径允许偏差负值是指个别断面。

四、夯实水泥土复合地基

夯实水泥土复合地基是用洛阳铲或螺旋钻机成孔，在孔中分层填入水泥、土混合料经夯实成桩，与桩间土共同组成复合地基。

(一)特点及适用范围

夯实水泥土复合地基，具有提高地基承载力(50% ~100%)，降低压缩性；材料易于解决；施工机具设备、工艺简单，施工方便，工效高，地基处理费用低等优点；适于加固地下水位以上，天然含水量12% ~23%、厚度10m以内的新填土、杂填土、湿陷性黄土以及含水率较大的软弱土地基。

(二)桩的构造与布置

桩孔直径根据设计要求、成孔方法及技术经济效果等情况而定，一般选用300 ~500mm；桩长根据土质情况、处理地基的深度和成孔工具设备等因素确定，一般为3 ~10m，桩端进入持力层应不小于1 ~2倍桩径。桩多采用条基(单排或双排)或满堂布置；桩体间距0.75 ~1.0m，排距0.65 ~1.0m；在桩顶铺设150 ~200mm厚3∶7的灰土褥垫层。

(三)机具设备及材料要求

成孔机具采用洛阳铲或螺旋钻机，夯实机具用偏心轮夹杆式夯实机。采用桩径330mm时，夯锤重量不小于60kg，锤径不大于270mm，落距不小于700mm。

水泥用强度等级为32.5的普通硅酸盐水泥，要求新鲜无结块；土料应用不含垃圾杂物，有机质含量不大于8%的基坑挖出的黏性土，破碎并过20mm孔筛。水泥土拌和料配合比为1∶7(体积比)。

(四)施工工艺方法要点

(1)施工前，应在现场进行成孔，夯填工艺和挤密效果试验，以确定分层填料厚度、夯击次数和夯实后桩体干密度要求。

(2)夯实水泥土桩的工艺流程为：场地平整→测量放线→基坑开挖→布置桩位→第一批桩梅花形成孔→水泥、土料拌和→填料并夯实→剩余桩成孔→水泥、土料拌和→填料并夯实→养护→检测→铺设灰土褥垫层。

(3)按设计顺序定位放线，严格布置桩孔，并记录布桩的根数，以防止遗漏。

(4)采用人工洛阳铲或螺旋钻机成孔时，按梅花形布置进行并及时成桩，以避免大面积成孔后，再成桩。由于夯机自重和夯锤的冲击，地表水灌入孔内而造成塌孔。

(5)回填拌和料配合比应用量斗计量准确，拌和均匀；含水量控制应以手握成团，落地散开为宜。

(6)向孔内填料前，先夯实孔底，采用二夯一填的连续成桩工艺。每根桩要求一气呵成，不得中断，防止出现松填或漏填现象。桩身密实度要求成桩 1h 后，击数不小于 30 击，用轻便触探检查检定击数。

(7)其他施工工艺要点及注意事项同灰土桩地基有关部分。

(五)质量控制

(1)水泥及夯实用土料的质量应符合设计要求。

(2)施工中，应检查孔位、孔深、水泥和土的配比、混合料含水量等。

(3)施工结束后，应对桩体质量及复合地基承载力做试验，褥垫层应检查其夯填度。

(4)夯实水泥土桩的质量标准应符合表 4-14 的要求。

表 4-14 **夯实水泥土桩复合地基质量检验标准**

项	序	检查项目	允许偏差或允许值		检查方法
			单位	数值	
主控项目	1	桩径	mm	−20	用钢尺量
	2	桩长	mm	+500	测桩孔深度
	3	桩体干密度	设计要求		现场取样检查
	4	地基承载力	设计要求		按规定的方法
一般项目	1	土料有机质含量	%	≤5	焙烧法
	2	含水量(与最优含水量比)	%	±2	烘干法
	3	土料粒径	mm	≤20	筛分法
	4	水泥质量	设计要求		查产品质量合格证书或抽样送检
	5	桩位偏差		满堂布桩≤0.4D 条基布桩 ≤0.25D	用钢尺量，D 为桩径
	6	桩垂直度	%	≤1.5	用经纬仪测桩管
	7	褥垫层夯填度	≤0.9		用钢尺量

实训任务一 换填砂石法地基处理施工方案编制

一、工程概况

某综合楼底层平面图如图4-26所示，其地质情况见表4-15。

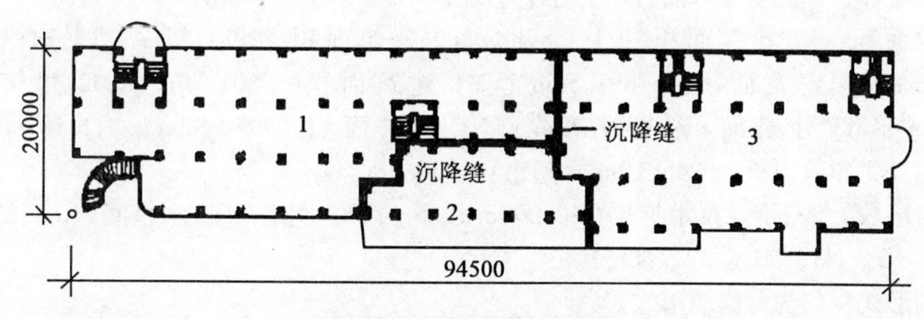

图4-26 建筑物底层平面图

杂填土成分较复杂，有碎石、瓦砾和少量腐殖质，且较疏松和不均匀。建筑物高低错落，分三部分，中心楼共16层，左面裙楼10层，右面裙楼7层建，筑荷载传至基底的压力约为1500~3000kPa。采用砂石换填法处理地基。

根据建设单位提供的地勘资料，在拟建场地10km内，有一砂石场，级配较好，可以满足地基处理的要求。

表4-15 地基中地层情况及力学指标

序号	地层	地层厚度(m)	压缩模量 E_s	地基承载力值(kPa)
1	杂填土	4.3	-	-
2	粉土	2.0	9.58	100
3	淤泥质粉土	1.4	6.70	80
4	淤泥质粉质黏土	1.3	1.92	40
5	淤泥质粉土	4.8	4.69	90
6	粉质黏土	3.0	6.43	200
7	粉质黏十	11.0	8.68	250

二、任务要求

换填砂石法地基处理施工方案编制

三、实施方案

(1)学生分成5组，每组7~8人，以小组为单位组织实施。

(2)用A4的打印纸完成成果工程量，装订成果上交。

实训任务二 灰土挤密桩地基处理施工方案编制

一、工程概况

建筑名称：湖北省××新区电力住宅小区D4-1。

建筑面积：L1建筑面积：9332.89m²；L2建筑面积：9981.22m²；L3建筑面积：9433.79m²；L4建筑面积：13891.50m²；M1建筑面积：9601.79m²；M2建筑面积：9471.19m²；M3建筑面积：9681.79m²；N1建筑面积：9979.92m²；N2建筑面积：10010m²；N3建筑面积：9245.19m²；超市：3829.9m²。

建筑层数：地下层+技术夹层(±0.000m以下)+1F～18F+RF+水箱间(L1、L2、L3、L4、N1、N2、N3、M1、M2、M3、)。

结构形式：均为剪力墙形式。

高层建筑地下室耐火等级为一级；抗震设防烈度为7度。

基础桩数：L1灰土挤密桩数量：1207根；L2灰土挤密桩数量：1232+10根(含塔吊基础桩)；L3灰土挤密桩数量：1349根；L4灰土挤密桩数量：1714+15根(含塔吊基础桩)；M1灰土挤密桩数量：1620+24根(含塔吊基础桩)；M2灰土挤密桩数量：1428根；M3灰土挤密桩数量：1172+15根(含塔吊基础桩)；N1灰土挤密桩数量：1232根；N2灰土挤密桩数量：1232+15根(含塔吊基础桩)；N3灰土挤密桩数量：1172+15根(含塔吊基础桩)；

场地土质工程特性简述：

①层素土(Q42ml)：场地内均有揭露，褐色和褐红色，稍湿，稍密，其成分以粉土为主，含植物根系、砖块、塑料袋；土质疏松且不均一，回填时间小于20年；厚度为0.30～2.50m。

②层湿陷性黄土状土(Q41(al+pl))：褐红色，呈条带状分布不均匀；稍湿，稍密，其成分以粉粒为主，次为黏料；孔隙、虫孔不发育，属中压缩性土，具湿陷性。褐红色的粉土：稍湿，摇振反应中等，无光泽，干强度低，韧性低；褐红色的粉土和粉质黏土：稍湿，稍密，无摇振反应，稍有光泽，干强度中等，韧性中等。该层埋深为0.00～2.50m，厚度为1.80～12.10m，顶板标高为2276.09～2280.44m。

③-1层非湿陷性黄土状土(Q41(al+pl))：该层为②层湿陷性黄土状土中的夹层，呈透镜体不均匀的产出。褐红色为主，湿，其成分以粉粒为主，次为黏粒；孔隙、虫孔不发育，属中压缩性土，不具湿陷性；无摇振反应，稍有光泽，干强度中等，韧性中等。

④层非湿陷性黄土状土(Q41(al+pl))：该层拟建场地北TJ02、TJ03、TJ04、TJ05、TJ06和拟建场地南TJ109、TJ107、TJ99、TJ100未分布外，其余地方广布。褐黄色、褐红色，少量灰绿色和黄绿色，以褐红色为主，呈条带状分布均匀；稍湿，稍密，其成分以粉粒为主，次为黏粒；孔隙、虫孔不发育，属中压缩性土，不具湿陷性。无摇振反应，稍有光泽，干强度中等，韧性中等。该层埋深为2.50～10.50m，厚度为0.60～12.00m，顶板标高为2267.96～2280.99m。拟建场地南部中间夹薄层石膏晶体的透镜体，成砾砂和粗砂

状分布，在 ZK103 中取样一组，做易溶盐分析。

⑤-1 层砾砂(Q41(al+pl))：分布于拟建场地的北部和南部，在 K02、ZK03、ZK04、ZK05、ZK06、ZK07 和拟建场地南 ZK125、ZK142 中有揭露。其成分中砾石占全重 24.80%～33.20%，粗砂占全重 34.80%～43.00%和中砂粒占全重 13.80%～18.60%，细砂占全重 9.50%～13.60%，粉粘粒占全重 7.10%～7.40%，骨架颗粒岩性成分以石英岩、花岗岩为主。平均粒径为 0.707～1.21mm、不均匀系数 C_u=9.79～12.05、曲率系数 C_c=1.229～1.673，磨圆度以亚圆状为主，颗粒无风化，分选性差。该层埋深为 7.60～11.80m，厚度为 0.60～4.20m，顶板标高为 2287.78～2269.47m。

二、任务要求

灰土挤密桩地基处理施工方案编制。

三、实施方案

(1)学生分成 5 组，每组 7～8 人，以小组为单位组织实施。

(2)用 A4 的打印纸完成成果工程量，装订成果上交。

学习情境五 浅基础工程施工

【学习目标】熟悉浅基础的基本概念；能根据实际情况选择合适的浅基础类型；会进行浅基础的埋置深度确定和浅基础设计；能阅读和应用常见浅基础的构造要求。

【主要内容】浅基础的认知以及浅基础适用条件；基础埋置深度确定；钢筋基础底面尺寸的确定及验算方法；钢筋混凝土扩展基础的构造及设计方法。

【学习重点】浅基础的认知以及浅基础适用条件；基础埋置深度确定；钢筋基础底面尺寸的确定及验算方法。

【学习难点】钢筋混凝土扩展基础的构造及设计方法。

项目一 浅基础认知

一、浅基础的概念及特点

埋入地层深度较浅，施工一般采用敞开挖基坑修筑的基础，即对一般工程来说基坑深度不超过5m，称为浅基础。

浅基础特点：由于埋深浅，结构形式简单，施工方法简便，造价也较低，因此是建筑物最常用的基础类型。

二、浅基础的分类

(一)根据基础的受力特点分类

按基础的受力特点分为刚性基础和柔性基础。

(1)刚性基础：由砖、毛石、混凝土或毛石混凝土、灰土和三合土等材料组成的，且不需配置钢筋的墙下条形基础或柱下独立基础。

特点：具有抗压强度较高，但抗拉、抗剪强度较低的特性，此类基础也常被称为刚性基础或刚性扩展基础。

刚性基础常见类型如图5-1～图5-5所示。

(2)柔性基础：柔性基础是指用抗拉、抗压、抗弯、抗剪均较好的钢筋混凝土材料做基础(不受刚性角的限制)。用于地基承载力较差、上部荷载较大、设有地下室且基础埋深较大的建筑。

柔性基础常见类型有墙下钢筋混凝土条形基础、柱下钢筋混凝土独立基础、壳体基础、箱形基础等。

钢筋混凝土长形基础和钢筋混凝土独立基础如图5-6和图5-7所示。

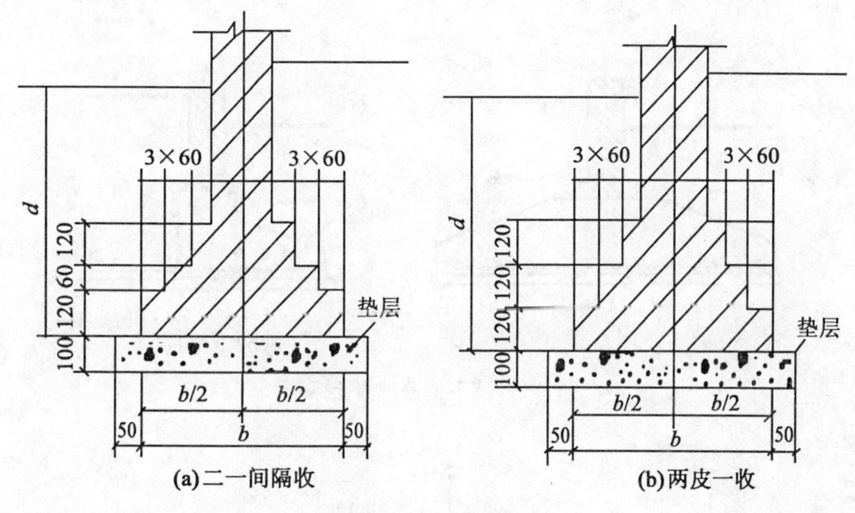

(a)二一间隔收　　(b)两皮一收

图 5-1　砖基础

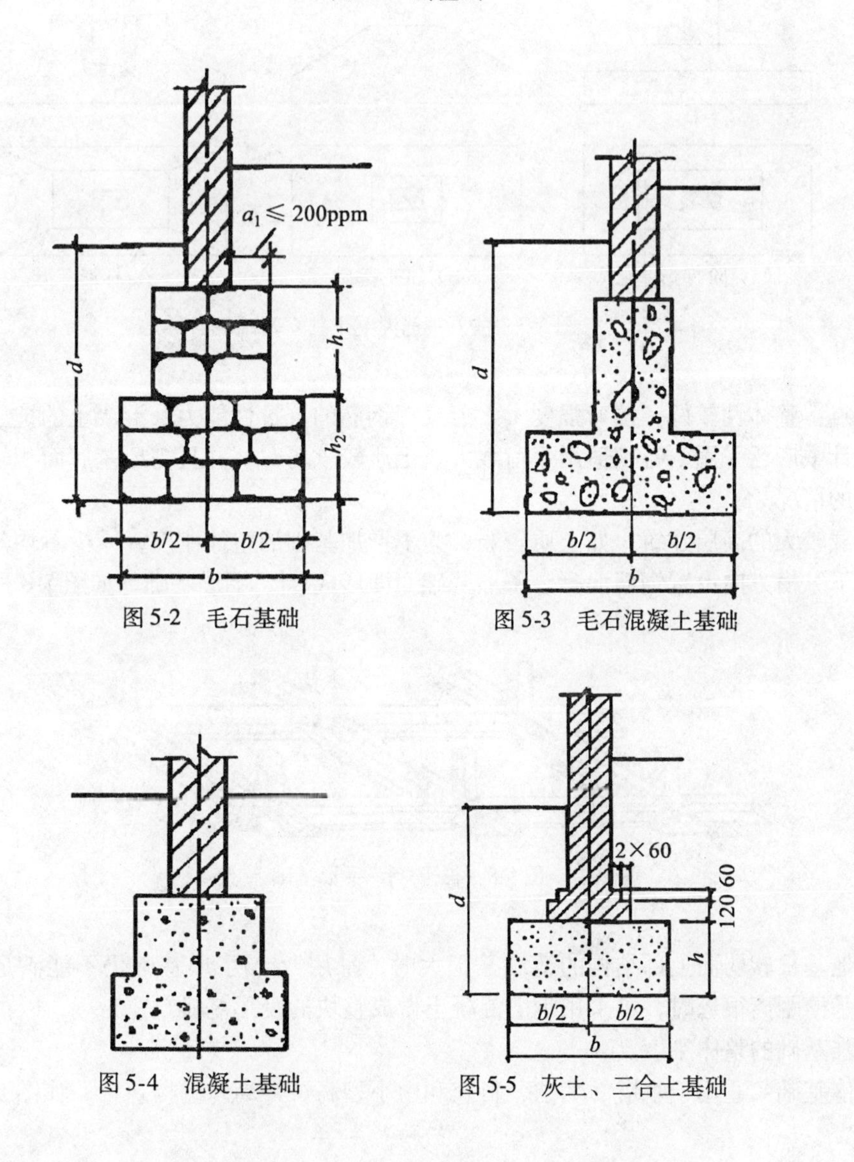

图 5-2　毛石基础

图 5-3　毛石混凝土基础

图 5-4　混凝土基础

图 5-5　灰土、三合土基础

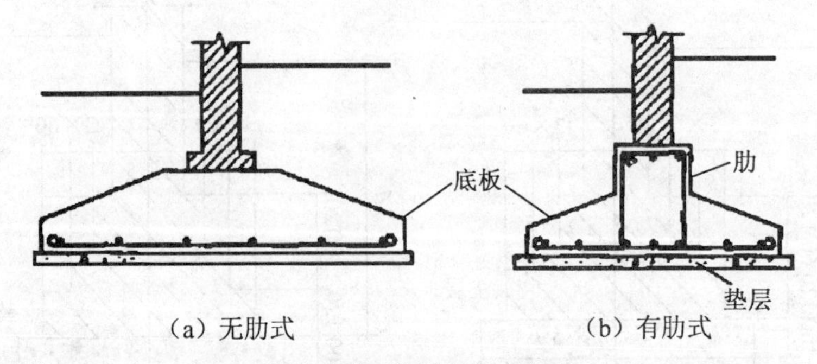

图 5-6 墙下钢筋混凝土条形

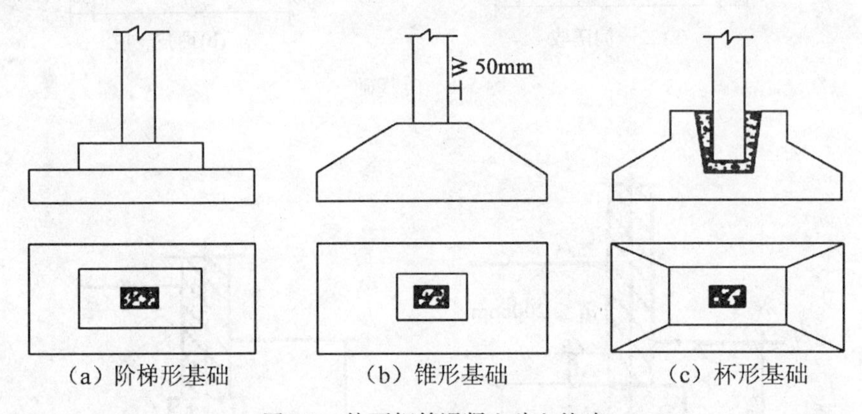

图 5-7 柱下钢筋混凝土独立基础

特点：整体性较好，抗弯强度大，能发挥钢筋的抗拉性能力及混凝土的抗压性能，在基础设计中广泛采用，特别适用于荷载大、土质较软弱时，并且需要基底面积较大而又必须浅埋的情况。

荷载较大的高层建筑，如土质较弱，为了增加基础的整体刚度，减少不均匀沉降，可在柱网下纵横方向设置钢筋混凝土条形基础，即形成"十"字形基础，如图 5-8 所示。

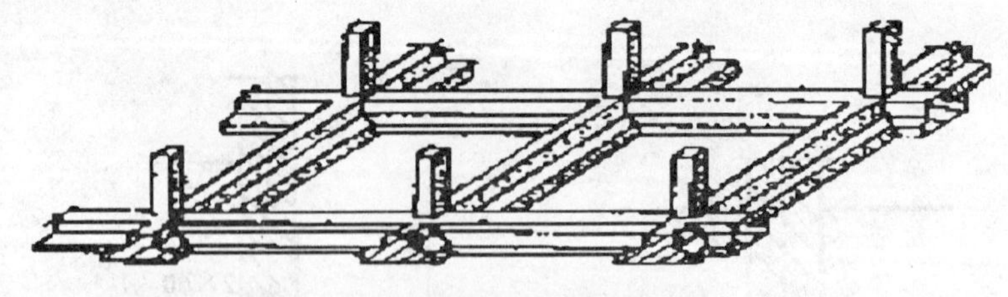

图 5-8 柱下"十"字形基础

当地基很软弱而上部结构的荷载又很大时，采用"十"字形基础仍不能满足要求，或当相邻基槽距离很近时，可采用钢筋混凝土做成整块的筏形基础(图 5-9)，以扩大基底面积，增强基础的整体刚度。

壳体基础：适用于水塔、烟囱、料仓和中小型高炉等高耸的构筑物，如图 5-10 所示。

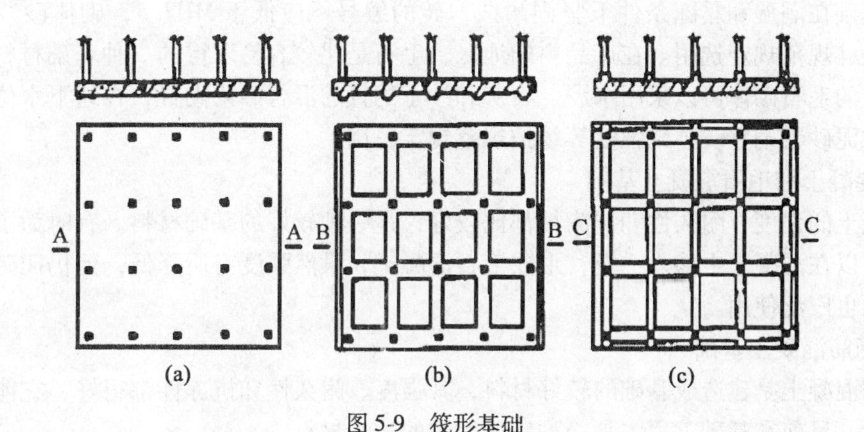

图 5-9　筏形基础

箱形基础：当柱荷载很大，地基又特别软弱时，基础可做成由钢筋混凝土顶板、底板和纵横交叉的隔墙组成的空间整体结构的箱形基础(图 5-11)，基础内空可用做地下室，与实体基础相比可减少基底压力。

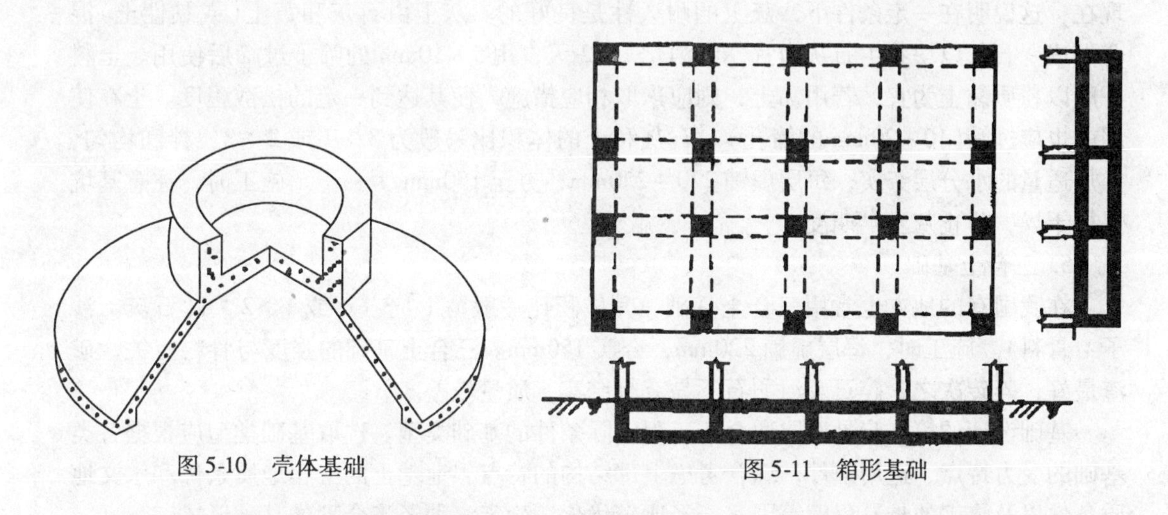

图 5-10　壳体基础　　图 5-11　箱形基础

箱形基础的优点：具有整体性好，抗弯刚度大，且空腹深埋等特点，可不相应增加建筑物的层数，基础空心部分可作为地下室，可以减少基底的附加应力，从而减少地基的变形。

(二)根据基础材料分类

基础材料的选择决定着基础的强度、耐久性和经济效果，应该考虑就地取材、充分利用当地资源的原则，并满足技术经济要求。

常用的基础材料有砖石、混凝土(包括毛石混凝土)、钢筋混凝土等，此外，在我国农村也常用灰土、三合土等作为基础材料。

1. 砖石砌体基础

就强度和抗冻性来说，砖不能算是优良的基础材料，在干燥而较温暖的地区较为合适用，在寒冷而又潮湿的地区不甚理想。但是由于砖的价格较低，所以应用仍比较广泛。为保证砖基础在潮湿和霜冻条件下坚固耐久，砖的编号不应低于 MU7.5，砌体砂浆应按砌体结构设计规范规定选用。在产品料的地区，毛石是比较容易取得的一种基础材料。地下水位以上的毛石砌体可以采用水泥、石灰和沙子配置的混合砂浆砌置，在地下水位以下则要采用水泥砂浆砌置。砂浆强度等级按规范规定采用。

2. 混凝土和毛石混凝土基础

混凝土的强度、耐久性和抗冻性都比较好，是一种较好的基础材料。有时为了节约用水泥，可以在混凝土中掺入毛石，形成毛石混凝土，虽然强度有所降低，但仍比砖石砌体高，所以也广泛使用。

3. 钢筋混凝土基础

钢筋混凝土是建造成基础的较好材料，其强度、耐久性和抗冻性都很好，它能很好地承受弯矩，目前在基础工程中是一种广泛使用的建筑材料。

但当基础遇到有侵蚀性地地下水时，对混凝土的成分要严加选择，不然可能会影响基础的耐久性。

4. 灰土基础

早在1000多年前，我国就开始采用灰土作为基础材料，而且有不少还完整地保存到现在，这说明在一定条件下，灰土的耐久性是良好的。灰土由石灰和黄土(或黏性土)混合而成。石灰以块状生石灰为宜，经消化1~2天，用5~10mm的筛子过筛后使用。土料一般以粉质黏土为宜，若用黏土，则应采取相应措施，使其达到一定的松散程度。土在使用前也应过筛(10~20mm的筛孔)。石灰和土的体积比一般为3∶7或2∶8，拌和均匀，并加适量的水分层夯实，每层虚铺220~250mm，夯至150mm为一步。施工时，注意基坑保持干燥，防止灰土早期浸水。

5. 三合土基础

在我国有的地方也常用三合土基础，其体积比一般为1∶3∶6或1∶2∶4(石灰∶沙子∶骨料)。施工时，每层虚铺220mm，夯实150mm。三合土基础的强度与骨料有关，矿渣最好，碎砖次之，碎石及河卵石不易夯打结实，质量较差。

基础设计的第一步是选取适合于工程实际条件的基础类型。选取基础类型应根据各类基础的受力特点、适用条件，综合考虑上部结构的特点，地基土的工程地质条件和水文地质条件以及施工的难易程度等因素，经比较优化，确定一种经济合理的基础形式。

选择基础方案应该遵循由简单到复杂的原则，即在简单经济的基础形式不能满足要求的情况下，再寻求更为复杂合理的基础类型。只有在不能采用浅基础的情况下，才考虑运用桩基础等深基础形式，以避免浪费。

项目二　砖砌大放脚基础施工

一、砖砌大放脚基础施工

(一)砖砌大放脚基础形式

条形基础也称带形基础，形式比较规则，是砌体结构中最常用的基础形式，有刚性和柔性之分。

砖砌大放脚基础是刚性基础，所谓刚性基础，就是用刚性材料做成的基础。砖就是刚性材料，这种材料的抗压强度较高，而抗拉、抗剪、抗弯强度较底。在地基反力作用下，基础下部的扩大部分像悬臂梁一样向上弯曲，如悬臂过长，则易发生弯曲破坏，如图5-12所示。

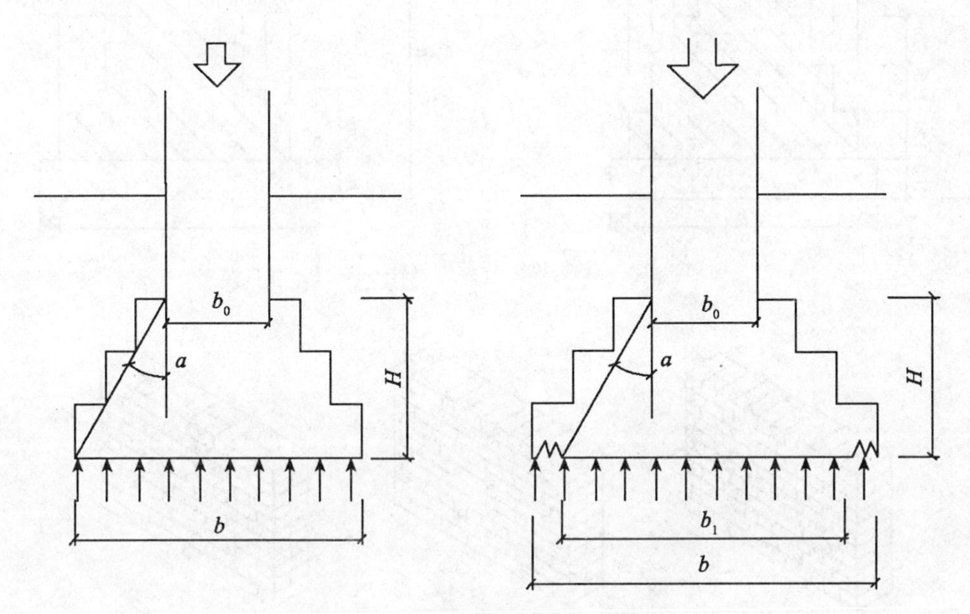

图5-12　刚性基础和柔性基础对比

墙或柱传来的压力沿一定角度扩散，若基础的底面宽度在压力扩散以内，则基础只受压力；若基础的底面宽度大于压力扩散范围 b_1，则 b_1 范围以外部分会被拉裂、剪断而不起作用，因此，需用台阶高宽比的允许值来限制其悬臂长度。

基础设计时应先确定埋深，按地基承载力条件计算基础底面宽度，再按高宽比允许值确定基础的宽度与高度。对砖基础的材料要求是：砖的材料强度等级不低于 MU10，砂浆不低于 M5，设计规定台阶高宽比的允许值为 1∶1.5。砖基础的形式可以有等高式和不等高式，即"两皮一收"和"二一间隔收"两种。"两皮"一收是指每砌两皮砖，收进四分之一砖长；"二一间隔收"是指低层每砌两皮砖，收进四分之一砖长，再砌一皮砖，收进四分之一砖长，以上各层依此类推，其样式如图 5-13 所示。这种基础通常是在基槽底部铺筑一定厚度的 C10～C15 素混凝土，再在上面砌筑砖砌体形成基础，是典型的刚性基础。

混凝土垫层是基础的组成部分，可以提高基础的整体性，将上部荷载均匀地传递到地基上。能及时保护地基土免受雨水浸泡，免遭曝晒，还能便于上部砌体施工时的底面找平。垫层每边扩出底面 50mm。

（二）*砖砌体的组砌形式及要求*

（1）常见的砖砌体组砌形式与方法如图 5-14 所示。

（2）标准砖砌体可分为清水墙和混水墙，清水墙是指表面只做勾缝处理，保持砖本身质地的墙体。混水墙是指墙面需进行装饰处理才能满足使用要求的墙体。该两种砌体施工工艺方法差不多，但清水墙的技术要求及质量要求却很高。

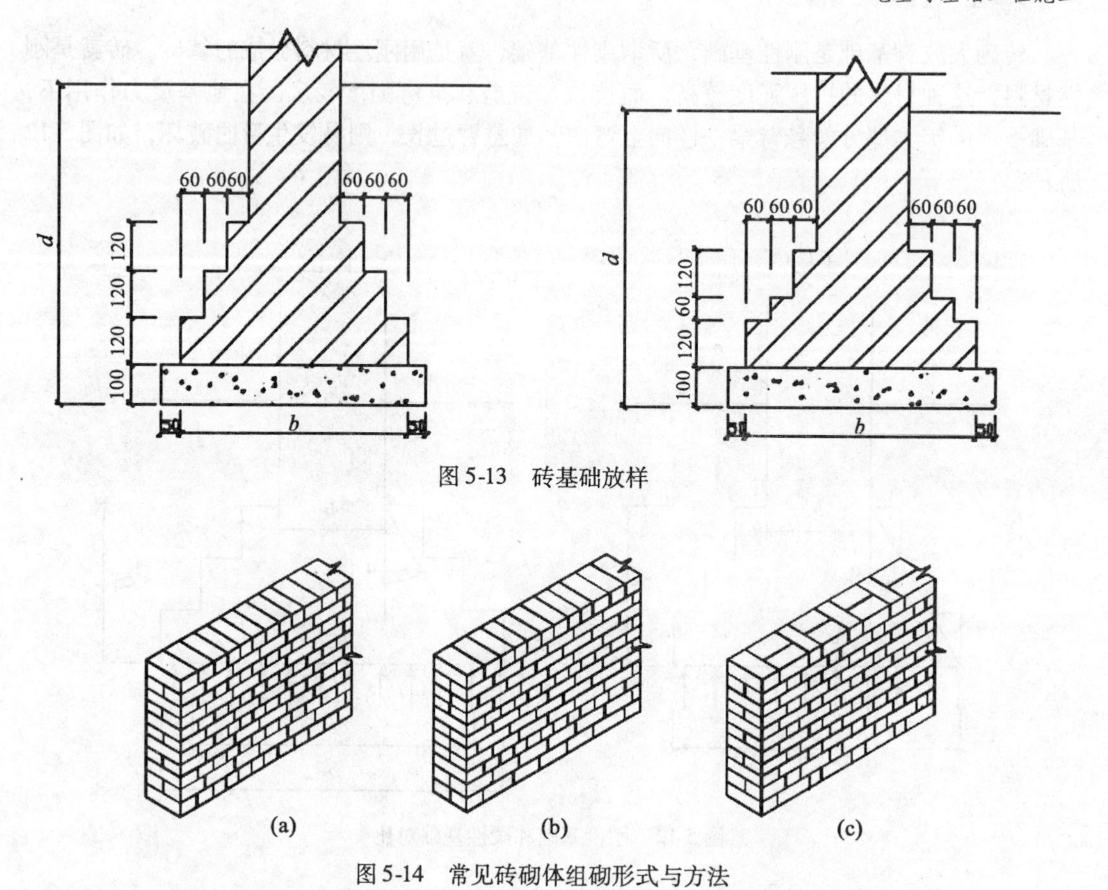

图 5-13　砖基础放样

图 5-14　常见砖砌体组砌形式与方法

(3)在严寒地区，还有空斗墙、双层砖墙等做法，其施工方与普通砖墙差不多，但一般要求双面挂线砌筑。

(三)砌筑的基本要求及注意事项

(1)砌体上下层砖之间应错缝搭砌。搭砌长度为 1/4 砖长。为保证砌体的结构性，组砌时，第一层和砌体顶部的一层砖为丁砌。砖柱不得采用包心砌法。

(2)砌体转角和内外墙应相互搭砌咬合，以保证有较好的结构整体性。

(3)砌体的结构性能与灰缝有直接的关系，因此要求砌体的灰缝大小应均匀，一般不大于 12mm，不小于 8mm，通常为 10mm，其水平灰缝的砂浆饱满度应≥80%，用百格网随进度抽查检查。竖向灰缝不得出现透明缝、瞎缝和假缝。

(4)砖砌体的转角处和交接处应同时砌筑。严禁无可靠措施的内外墙分砌施工。对不能同时砌筑而又必须留置的临时间断处应砌成斜槎，斜槎水平投影长度不应小于高度的 2/3。

非抗震设防及抗震设防烈度为 6 度、7 度地区的临时间断处，当不能留斜槎时，除转角处外，可留直槎，但必须做成凸槎。留直槎处应加设拉结钢筋，拉结钢筋的数量为每 120mm 墙厚放置 1ϕ6 拉结钢筋(120mm 厚墙放置 2ϕ6 拉结钢筋)，间距沿墙高不应超过 500mm；埋入长度从留槎处算起每边均不小于 500mm，对抗震设防地区不应小于 1000mm；末端应有 90°弯钩，如图 5-15 所示。分段施工时，施工段高差不能超过一个楼层且不超过 4m；有抗震设防要求或其他要求的，应按其规定处理，如加拉结钢筋、钢筋网片等。

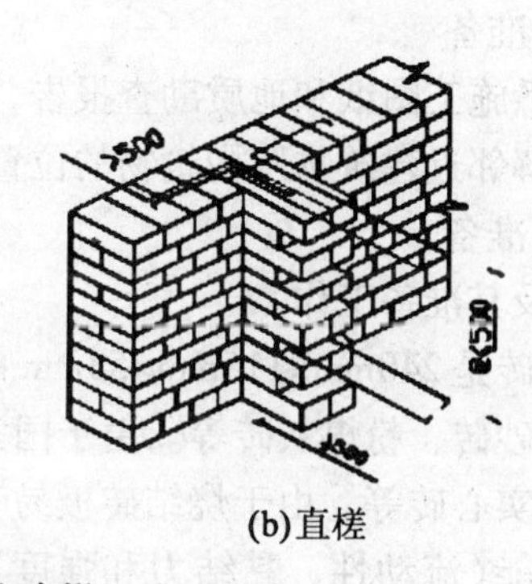

(a)斜槎　(b)直槎

图 5-15　斜槎和直槎

(5)砌体的每班次或每日的砌筑高度应有一定的限制，以防止因气候的变化或人为碰撞而发生变形和倾覆。同时，砌筑高度的速度过快，砌体会因砂浆压缩而造成变形。施工人员可根据施工经验来确定当日完成的高度。

(6)构造柱处的砌筑方法按构造要求应砌成大马牙槎(图 5-16)。通常采用“五退五进”的砌筑方法，应先退砌后进砌，同时将拉结钢筋按设计要求砌入墙体中。

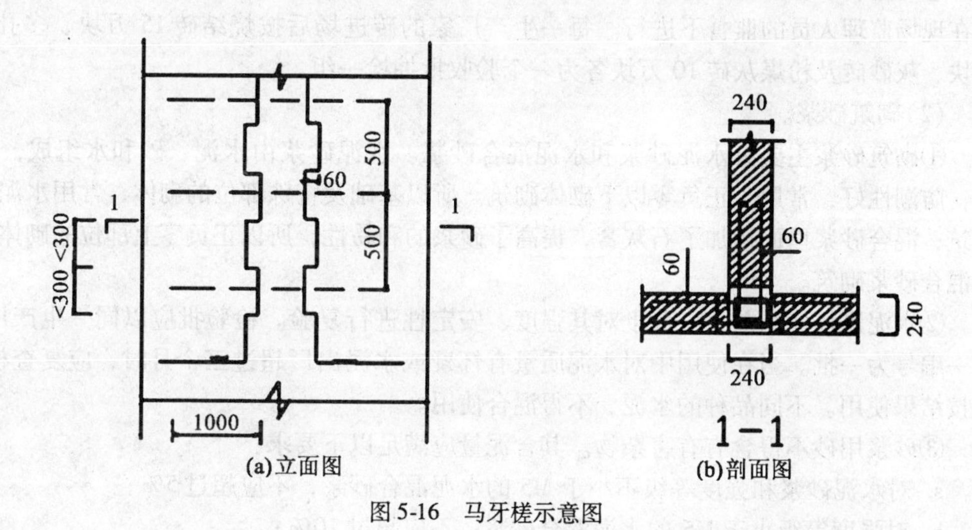

(a)立面图　(b)剖面图

图 5-16　马牙槎示意图

当两相邻的构造柱之间墙体净宽度≤365mm 时，施工会很困难，且不能保证此处墙体的稳定性，尤其在安装模板中，极易损伤其结构性，因此可在图纸会审中提出建议，将其改为素混凝土与构造柱同时浇筑，具体应由设计人员确定。

二、砖砌大放脚基础施工工程实例

(一)工程概况

本工程基础采用砖砌大放脚基础，室内外高差为 0.450m，地上 5 层，经勘查土层良好，抗震设防6度，地下水位很低。

(二)施工准备

1. 技术准备

(1)熟悉施工图纸和地质勘查报告，了解各土层的物理力学指标。

(2)了解邻近建筑物及构筑物的位置、距离、结构和基础情况等。

2. 材料准备

(1)砖及其准备工作。

①标准砖是240mm×115mm×53mm的立方体，砌体工程用砖有烧结普通砖、烧结多孔砖、蒸压灰砂砖、粉煤灰砖等。由于国家限制使用黏土烧结实心砖，现主要采用页岩实心砖或粉煤灰实心砖等。由于烧结砖极易吸水，在砌筑时容易过多吸收砌筑砂浆中的水分而降低砂浆性能(流动性、黏结力和强度)和影响砌筑质量，因此，在使用前应浇水润湿，其润湿程度可在现场通过横截面润湿痕迹来判断，一般为10~15mm，但浇水湿润也不能使砖浸透，否则会因不能吸收砂浆中的多余水分而影响与砂浆的黏结力，还会产生堕灰和砖滑动现象。夏季因水分挥发较快可在操作面上及时补水保持湿润，冬季则应提前润水并保证在使用前晾干表面水分。

②砖砌筑中需进行模数组合，因此为避免砍砖带来的麻烦和不规则性，在采购中可专门定做180mm×115mm×53mm规格的砖，以使组砌更方便，提高观感质量。

③砖进场后应按规定及时抽样复检。砖的强度等级必须符合设计要求。抽样送样工作应在现场监理人员的监督下进行。每一生产厂家的砖进场后按烧结砖15万块、多孔砖5万块、灰砂砖及粉煤灰砖10万块各为一个验收批抽检一组。

(2)砌筑砂浆。

①砌筑砂浆主要有水泥砂浆和水泥混合砂浆。水泥砂浆由水泥、砂和水组成，强度高，防潮性好，常用于正负零以下砌体砌筑。所以基础及特殊部位的砌体，常用水泥砂浆砌筑；混合砂浆里面掺加了石灰膏，提高了砂浆的和易性，所以正负零上部位的砌体主要用混合砂浆砌筑。

②水泥进场使用前，应分批对其强度、安定性进行复验。检验批应以同一生产厂家、同一编号为一批。当在使用中对水泥质量有怀疑或水泥出厂超过三个月时，应复查检验，并按结果使用。不同品种的水泥，不得混合使用。

③砂浆用砂不得含有有害杂物。其含泥量应满足以下要求：

a. 对水泥砂浆和强度等级不小于M5的水泥混合砂浆，不应超过5%；

b. 对强度等级小于M5的水泥混合砂浆，不应超过10%；

c. 人工砂、山砂及特细砂，应经试配后能满足砌筑砂浆技术条件要求。

④砌筑砂浆应通过试配确定配合比。当其组成材料有变更时，其配合比应重新确定。

⑤凡在砂浆中掺入有机塑化剂、早强剂、缓凝剂、防冻剂等，应经检验和试配符合要求后，方可使用。有机塑化剂应有砌体强度的型式检验报告。

⑥砌筑砂浆应采用机械搅拌，自投料完算起搅拌时间应符合以下要求：

a. 水泥砂浆和水泥混合砂浆不得少于2min；

b. 水泥粉煤灰砂浆和掺用外加剂的砂浆不得少于3min；

c. 掺用有机塑化剂的砂浆应为3~5min。

⑦砂浆应随拌随用，水泥砂浆和水泥混合砂浆应分别 3h 和 4h 内使用完毕；当施工期间最高气温超过 30℃时，应分别在拌成后 2h 和 3h 内使用完毕。掺用缓凝剂的砂浆，其使用时间可根据具体情况延长。

⑧砌筑砂浆试块强度验收时其强度合格标准必须符合以下规定：

a. 同一验收批砂浆试块抗压强度平均值必须大于或等于设计强度等级所对应的立方体抗压强度；同一验收批砂浆试块抗压强度的最小一组平均值必须大于或等于设计强度等级所对应的立方体抗压强度的 0.75 倍。

b. 砌筑砂浆的验收批，同一类型、强度等级的砂浆试块应不少于 3 组。当只有一组时，该组试块抗压强度的平均值必须大于或等于设计强度等所对应的立方体抗压强度。

c. 砂浆强度应以标准养护，龄期为 28 天的试块抗压强度试验结果为准。

⑨每一检验批且不超过 $250m^3$ 砌体的各种类型及强度等级的砌筑砂浆，每台搅拌机应至少抽检一次。在搅拌机出料口随机取样制作砂浆试块(每盘砂浆只应制作一组试块)。

3. 机具准备

机具包括：砂浆搅拌机，砖刀，手推车或翻斗车，灰铲、灰板、砖夹、灰桶，尼龙线，铅锤，皮数杆，手套，靠尺，等等。

4. 作业条件准备

由建设、监理、施工、勘察、设计单位进行地基验槽，完成验槽记录及地基验槽隐检手续，如遇地基处理，办理设计洽商，完成后由监理、设计、施工三方复验签认，并同意下道工序施工。

(三)施工方法

1. 施工工艺流程

施工工艺流程为：基槽清理、验槽→混凝土垫层浇筑、养护→抄平、放线→试摆砖→立皮数杆→组砌→清理。

2. 操作要点

(1)验槽。当基槽开挖完成后，应及时进行验槽，以便尽快进行混凝土垫层施工，保护好地基土。地基验槽前，要做好清底、修边、道路清理等工作，同时准备好混凝土垫层面标高施工控制线、控制点和地基隐蔽资料，以便提供检查验收。工作由勘察设计单位、监理单位、施工单位和业主及当地质量安全监督站共同进行。验收合格后应填写好验槽记录。

验槽的内容和方法主要有：目测、土样检查、几何尺寸量测、钎探、校核变化部分等。如发现基底土质异样勘察，设计人员应依据情况提出处理意见，施工单位实施处理后，再进行检查验收。合格后才能进行下一道工序施工。

(2)基础垫层施工。当基底标高不一致时，应严格按 1∶2 放阶施工，如图 5-17 所示。

基础垫层混凝土施工可分为原槽浇筑和支模浇筑两种方式。基础垫层混凝土浇筑除应满足设计要求的强度等级外，还要进行标高、平整度和几何尺寸的控制。可以采用在槽底钉桩的方法来控制垫层厚度及标高。浇筑混凝土垫层的模板支模模板上口应与垫层面标高平齐。

混凝土的浇筑可以用塔吊送料和人工送料在槽口或槽底浇筑的方式。下料时，应注意下料的顺序和方法。

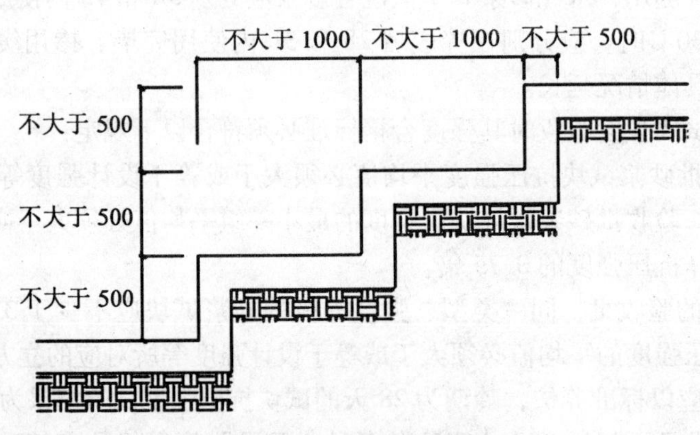

图 5-17 放阶施工示意图

混凝土浇筑完成后应视气候条件进行养护。

(3)抄平放线。垫层施工完成后，应测出四大角、平面几何特征变化处以及立匹数杆处等点的实际高程，找出与设计标高的差值，并标注在垫层上，同时记录在放线记录上，以便确定和计算砌筑高度、灰缝厚度和组砌层数，保证砌体上口标高一致。放线则是利用控制桩找出基础中心线及交点，然后用墨斗弹出所需的线。通常是在垫层上弹出大放脚底宽边线、轴线。放线完成后应进行校验，其允许误差应满足表 5-1 中的规范要求。

表 5-1 放线尺寸的允许偏差

长度 L、宽度 B(m)	允许偏差(mm)	长度 L、宽度 B(m)	允许偏差(mm)
7L(或 B)≤30	±5	60<L(或 B)≤90	±15
30<L(或 B)≤60	±10	L(或 B)>90	±20

(4)试摆砖。试摆砖又称干摆砖，其目的是在墙体砌筑前，沿墙的纵横方向，特别是在内外墙交接处，通过调节竖向灰缝的宽窄，保证每一层砖的组砌都能规则统一并符合模数。当砖的长宽尺寸有正负差时，要注意丁砌和顺砌砖的竖向灰缝要相互协调，尽量避免竖向灰缝大小不匀。

(5)立皮数杆。为了保证砌体在高度上层数统一，并控制灰缝大小和砌筑竖向尺寸，墙体砌筑前应立皮数杆。皮数杆一般为木制，上面画有砖和灰缝的厚度、层数，门窗洞口及梁板构件标高位置等高度标识。用于基础施工的通常是小皮数杆。安装时，应根据垫层表面各点标高值，确定一个底平面标高值，以此确定值为依据，调整皮数杆标识并安放匹数杆，保证各点的组砌模数和上口标高一致。

(6)大放脚砌筑。砌基础时，可依皮数杆先砌几层转角及交接处部分的砖，然后在其间拉准线砌中间部分。内外墙基础应同时砌起，如因其他情况不能同时砌筑时，应留置斜槎，斜槎的长度不应小于高度的 2/3。

一般大放脚都采用一皮顺砖和一皮丁砖砌法，上、下层应错开缝，错缝宽度应不小于 60mm。要注意"十"字及"丁"字接头处砖块的搭接，在这些交接处，纵横墙要隔皮砌通。

砌筑宜采用“三一”砌砖法，即一铲灰、一块砖、一挤揉，保证砖基础水平灰缝的砂浆应饱满，饱满度应不低于80%，大放脚的最下一皮和每个台阶的上面一皮应以丁砖为主，这样传力较好，砌筑及回填时，也不易碰坏。

砖基础中的灰缝宽度应控制在10mm左右。如基础水平灰缝中配有钢筋，则埋设钢筋的灰缝厚度应比钢筋直径大4mm以上，以保证钢筋上下至少各有2mm厚的砂浆层包裹。

有高低台的砖基础，应从低台砌起，并由高台向低台搭接，搭接长度不小于基础大放脚的高度。

砖基础中的洞口、管道、沟槽等，应在砌筑时正确留出，宽度超过500mm的洞口，其上方应砌筑平拱或设置过梁。

抹防潮层前，应将基础墙顶面清扫干净，浇水湿润，随即抹平防水砂浆。

基础砌筑完后应立即进行回填土，应在基础两侧同时回填，并分层夯实；若不能，则必须保证基础不致破坏或变形。

基础轴线位置偏移不大于10mm，基础顶面标高允许偏差为±15mm。

当退台收阶到365mm宽时，为防止偏差，应利用垫层上的轴线标志，采用线锤吊线校核其轴线，也可以根据控制桩采用经纬仪和拉通线的方法进行校核。

(7)清理。基础完成后应及时清理砖缝，墙面及落地砂浆等。

(8)基础构造柱施工。基础构造柱可以在垫层中埋设和在地圈梁中埋设。

①在垫层中埋设。在垫层底部安放构造柱钢筋的位置上，用细石混凝土做厚度≥7mm的垫层，作为定位放线和安放钢筋笼的底板，利用垫层模板上口或土壁件支木方或钢管等夹固钢筋笼下部，而上部则用钢筋或木方等支撑，保证其垂直度和稳定性。由于构造柱周边的砌体在大放脚处不易留马牙槎，可直接留出构造柱位置并按要求安放拉结钢筋，待砌筑完成后支模板浇混凝土。

②地圈梁中埋设。此法较为简单，只要在地圈梁模板中固定好构造柱一段高度的钢筋骨架就可以了。

(9)地圈梁施工。地圈梁能方便上部主体砌筑施工。地圈梁施工除应满足混凝土强度方面的要求外，还应注意使其外观美观。

①钢筋、模板安装。按设计图纸要求绑扎安装好钢筋，应注意钢筋的搭接长度、构造钢筋、保护层尺寸、钢筋间距等。

模板安装时，其面标高控制应准确，应控制允许偏差范围内。标高控制可依据基础上弹的标志线，使模板上口与施工要求的标高平齐。拆模后，可在圈梁内外侧精确抄平并弹出-0.1～-0.15m水平线，以便在圈梁表面做1∶2水泥砂浆找平层时参照。此方法可以解决因施工原因带来的标高误差和表面质量缺陷，为基础标高验收提供依据的同时、也为主体砌筑等带来方便。模板宜采用木模板，接缝少、延续性好、易拼装，也可以用定型组合钢模板及其他模板。模板加工时，应定位定尺，便于周转使用。

模板安装有多种方式，采用挑砖方式安装模板可省去补洞工序。由于圈梁模板直接搁置在墙上，为防止模板左右偏移，保证模板的相对位置和稳定性，应在圈梁模板上口钉支撑相互拉扯，支撑采用木枋、木板材及钢管均可。模板安装的方法如图5-18所示。

②混凝土浇筑。在模板问题解决好后，混凝土浇筑时就要注意不得踩踏模板下料或捣固混凝土，而应搭设下料平台，用人工将混凝土铲入模板中。

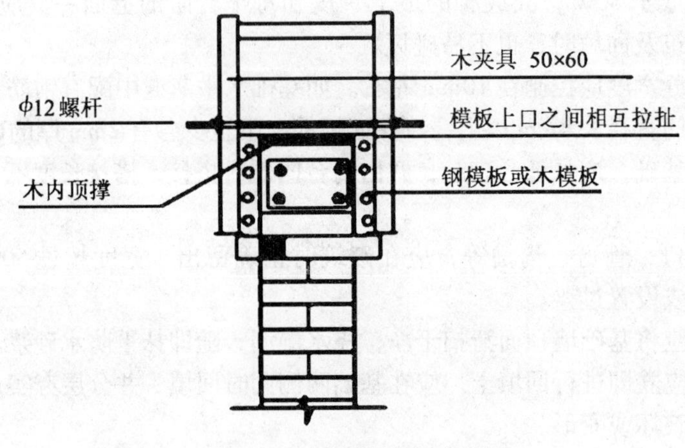

图 5-18 地圈梁模板安装图

(四)质量检验

砖基础工程施工质量标准：

(1)砖的品种、强度等级必须符合设计要求。

(2)砂浆品种必须符合设计要求。强度要求：对同品种、同强度等级砂浆各组试块的平均强度不小于f_{mk}；任意一组试块的强度不小于$0.75f_{mk}$。

(3)砌体砂浆必须密实饱满，实心砖砌体水平灰缝的砂浆饱满度不小于80%。

(4)外墙基础的转角处严禁留直槎，其他临时间断处，留槎的做法必须符合施工规范的规定。

(5)砖基础的质量要求及检查方法见表5-2。

表5-2 砖基础质量要求及检查方法

项次	项目	质量要求	检验方法、数量
1	砖砌体上下错缝	砌体无包心砌法；立面无通缝，每间(处)4～6皮砖的通缝不超过3个	观察或心尺量检查 外墙基础每20m抽查1处，每处3延长米，但不少于3处；内墙基础有代表性的自然间抽查10%，但不少于3间
2	砖砌体接槎	接缝处灰浆密实，砖缝平直，每处接槎部位水平灰缝厚度小于5mm或透亮的缺陷不超过5个	观察或尺量检查 外墙基础每20m抽查1处，每处3延长米，但不少于3处；内墙基础有代表性的自然间抽查10%，但不少于3间
3	预埋拉结筋	数量、长度均符合设计要求和施工规范规定，留置间距偏差不超过1皮砖	观察或尺量检查 外墙基础每20m抽查1处，每处3延长米，但不少于3处；内墙基础有代表性的自然间抽查10%，但不少于3间

(6)砖基础砌体尺寸、位置的允许偏差及检验方法见表5-3。

表5-3　砖基础砌体尺寸、位置的允许偏差和检验方法

项次	项目	允许偏差(mm)	检验方法
1	轴线位置偏移	10	用经纬仪或拉线和尺量检查
2	基础顶面标高	±15	用水准仪和尺量检查
3	表面平整度	8	用长靠尺和楔形塞尺检查
4	水平灰缝平直度	10	拉10m线和尺量检查
5	水平灰缝厚度(10皮砖累计数)	±8	与皮数杆比较尺量检查

注：检查数量外墙基础每20m抽查1处，每处3延长米，但不小于3处；内墙基础按有代表性的自然间抽查10%，但不小于3间，每间不小于2处。

(五)安全措施

(1)在砌筑操作前，必须检查施工现场各项准备工作是否符合安全要求，如道路是否畅通、机具是否完好牢固、安全设施和防护用品是否齐全等。

(2)施工人员进入现场必须戴好安全帽。砌基础时，应检查和注意基坑土质的变化情况。堆放砖石材料应离开坑边1m以上。砌墙高度超过地坪1.2m以上时，应搭设脚手架。架上堆放材料不得超过规定荷载值，堆放高度不得超过3皮砖，同一块脚手板上的操作人员不应超过2人。按规定搭设安全网。

(3)不准站在墙顶上做画线、刮缝及清扫墙面或检查大角垂直等工作。不准用不稳固的工具或物体在脚手板上垫高操作。

(4)砍砖时，应面向墙面，工作完毕，应将脚手板和砖墙上的碎砖、灰浆清扫干净，防止掉落伤人。正在砌筑的墙上不准走人。不准站在墙上做画线、刮缝、吊线等工作。高大的或硬山到顶山墙砌完后，应立即安装桁条或临时支撑，防止倒塌。

(5)雨天或每日下班时，应做好防雨准备，以防雨水冲走砂浆，致使砌体倒塌。冬期施工时，脚手板上如有冰霜、积雪，应先清除后才能上架操作。

(6)砌石施工时，不准在墙顶或架上修石材，以免振动墙体影响质量或石片掉下伤人。不准徒手移动上墙的石块，以免压破或擦伤手指。石块不得往下掷。运石上下时，脚手板要钉装牢固，并钉防滑条及扶手栏杆。

(7)对有部分破裂和脱落危险的砌块，严禁起吊；起吊砌块时，严禁将砌块停留在操作人员的上空或在空中整修；砌块安装时，不得在下一层楼面上进行其他任何工作。卸下砌块时，应避免冲击，砌块堆放应尽量靠近楼板两端，不得超过楼板的承重能力；砌块安装就位时，应待砌块放稳后，方可松开夹具。

(8)脚手架搭设好后，必须经验收合格方准使用。

(六)环保措施

(1)基础施工时，应选用符合噪声排放标准要求的设备，作业时，应避开休息时间以减少对周围社区和单位的噪声影响；钢材及钢模板的装卸应轻放，尽量采用吊车作业，应符合噪声排放标准要求。

(2)基础所用机械设备应选用节能型的，以节约油料消耗，尾气排放要符合标准。避免废油溢漏，对废油及油抹布、油手套应按规定处理。合理选用配套设备，节约电能消耗。

(3)基础施工设计要合理，尽量减少使用钢材、木材和水泥数量，节约钢材和木材消耗。

(4)水泥、砂石和建筑垃圾等材料运输时，应按要求进行覆盖，避免产生扬尘；翻斗车卸料避免产生粉尘；装车严禁太满、超载，避免遗撒、损坏及污染路面等现象发生。

(5)作业现场路面干燥时，应采取洒水措施；装卸时，应轻放或喷水、现场水泥、砂石；临时堆放时，应进行覆盖，避免产生粉尘及扬尘。

(6)混凝土和砂浆搅拌机械及机具清洗时应节约用水，现场应设置沉淀池，污水必须经沉淀达标后，方可排入市政管网。

(7)施工时应尽量减少混凝土和砂浆的遗撒、浪费，对落地混凝土和砂浆应及时回收利用；对建筑垃圾处理，应按要求运至指定地点，不得随意抛弃或填埋。

项目三 钢筋混凝土独立基础工程施工

一、钢筋混凝土独立基础构造要求

钢筋混凝土独立基础可分为现浇柱下独立基础和预制柱杯形基础，这里主要介绍现浇柱下独立基础的构造要求。

现浇柱下独立基础有锥形和阶梯形两种，如图5-19所示，其构造应符合下列要求：

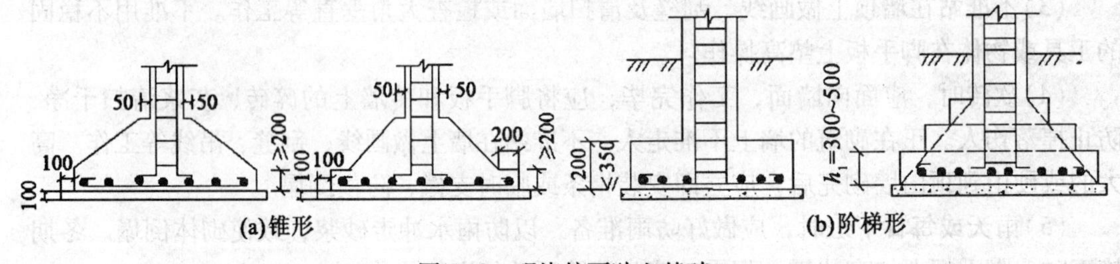

图5-19 现浇柱下独立基础

(1)锥形基础的边缘高度不宜小于200mm；阶梯形基础的每阶高度宜为300～500m，基础顶面每边从柱子边缘放出不小于50mm，以便柱子立模。

(2)垫层的厚度不宜小于70mm，垫层混凝土强度等级应为C10。

(3)基础底板受力钢筋的最小直径不宜小于10mm；间距不宜大于200mm，也不宜小于100mm。当有垫层时，钢筋保护层的厚度不小于40mm；无垫层时，不小于70mm。

(4)混凝土强度等级不应低于C20。

(5)当柱下钢筋混凝土独立基础的边长大于或等于2.5m时，底板受力钢筋的长度可取边长的0.9倍并宜交错布置，如图5-19(a)所示。

(6)现浇柱的基础，其插筋的数量、直径以及钢筋种类应与柱内纵向受力钢筋相同。插筋的锚固长度应满足相关要求，插筋与柱的纵向受力钢筋的连接方法应符合现行《混凝土结构设计规范》的规定。插筋的下端宜做成直钩，放在基础底板钢筋网上。当符合下列条件之一时，可仅将四角的插筋伸至底板钢筋网上，其余插筋锚固在基础顶面下 L_a 或 L_{aE}（有抗震设防要求时）处，如图 5-20(b) 所示：

①柱为轴心受压和偏心受压，基础高度大于和等于 1200mm；

②柱为大偏心受压，基础高度大于等于 1400mm。

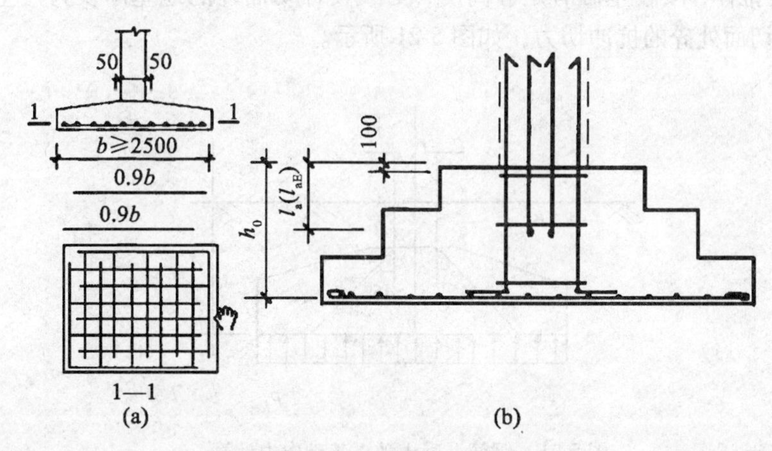

图 5-20　柱插筋构造布置

二、钢筋混凝土独立基础设计

(一)设计思路

1. 确定基础埋置深度 d

2. 确定地基承载特征值 f_a

$$f_a = f_{ak} + \eta_b \gamma (b-3) + \eta_d \gamma_m (d-0.5) \tag{5-1}$$

3. 确定基础的底面面积

$$A \geqslant \frac{F_k}{f_a - \gamma_G \times \bar{d}} \tag{5-2}$$

持力层强度验算：

$$p_k = \frac{F_k + G_k}{A}\left(1 \pm \frac{6e_0}{l}\right) \leqslant 1.2 f_a \tag{5-3}$$

$$\overline{p_k} = \frac{p_{k\max} + p_{k\min}}{2} \leqslant f_a \tag{5-4}$$

式中：p_k——相应于荷载效应标准组合时，基础底面处的平均压力值(kPa)；

$p_{k\max}$——相应于荷载效应标准组合时，基础底面边缘的最大压力值(kPa)；

$p_{k\min}$——相应于荷载效应标准组合时，基础底面边缘的最小压力值(kPa)；

F_k——相应于荷载效应标准组合时，上部结构传至基础顶面的竖向力值(kN)；

G_k——基础自重和基础上的土重(kN)；

A——基础底面面积(m^2)；

e_0——偏心距(m)；

f_a——修正后的地基承载力特征值(kPa)；

l——矩形基础的长度(m)。

4. 确定基础的高度

(1)基础高度由抗冲切承载力确定，当基础高度不够时，底边发生冲切破坏，形成45°斜裂面的角锥体，要使基础有足够高度，必须使冲切面外的地基净反力产生的冲切力小于或等于冲切面处砼的抗冲切力，如图5-21所示。

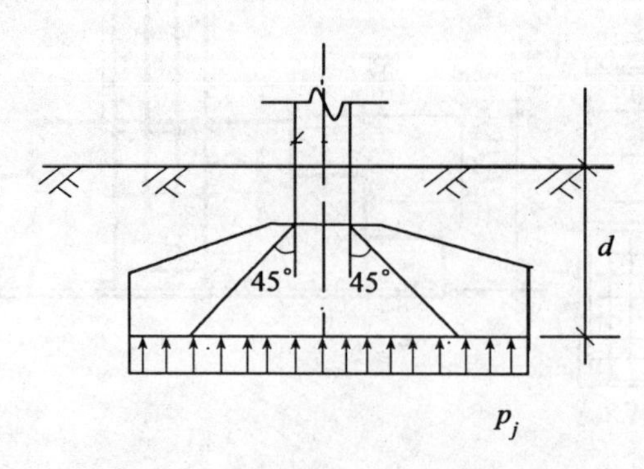

图5-21 钢筋混凝土独立基础内力计算

$$F_l \leqslant 0.7\beta_{hp}f_t b_m h_0 \tag{5-5}$$

式中：F_l——相应于荷载效应基本组合时作用在A_l上的地基土净反力设计值(kN)；

β_{hp}——受冲切承载力截面高度影响系数，当h不大于800mm时，β_{hp}取1.0；当大于等于2000mm时，β_{hp}取0.9，其间按线性内插法取用；

f_t——混凝土轴心抗拉强度设计值(kPa)；

b_m——冲切破坏锥体最不利一侧计算长度(m)；

h_0——基础冲切破坏锥体的有效高度(m)；

$$F_l = p_j A_l \tag{5-6}$$

(2)设柱长边、短边分别为a_c、b_c，基础的有效高度为h_0，$b_m=\dfrac{b_c+b_b}{2}$。

①当$b \geqslant b_c+2h_0$时(图5-22)：

冲切面A_1：
$$A_1=\left(\frac{l}{2}-h_0-\frac{a_c}{2}\right)b-\left(\frac{b}{2}-\frac{b_c}{2}-h_0\right)^2$$

抗冲切面A_2：
$$A_2=\frac{(b_c+b_c+2h_0)}{2}\cdot h_0=(b_c+h_0)h_0$$

$$p_n A_1 \leqslant 0.7f_t A_2$$

②当$b \leqslant b_c+2h_0$时(图5-23)：

冲切面A_1：
$$A_1=\left(\frac{l}{2}-h_0-\frac{a_c}{2}\right)b$$

抗冲切面A_2：
$$A_2=(b_c+h_0)\cdot h_0-\left(\frac{b_c}{2}+h_0-\frac{b}{2}\right)^2$$

$$p_n A_1 \leqslant 0.7f_t A_2$$

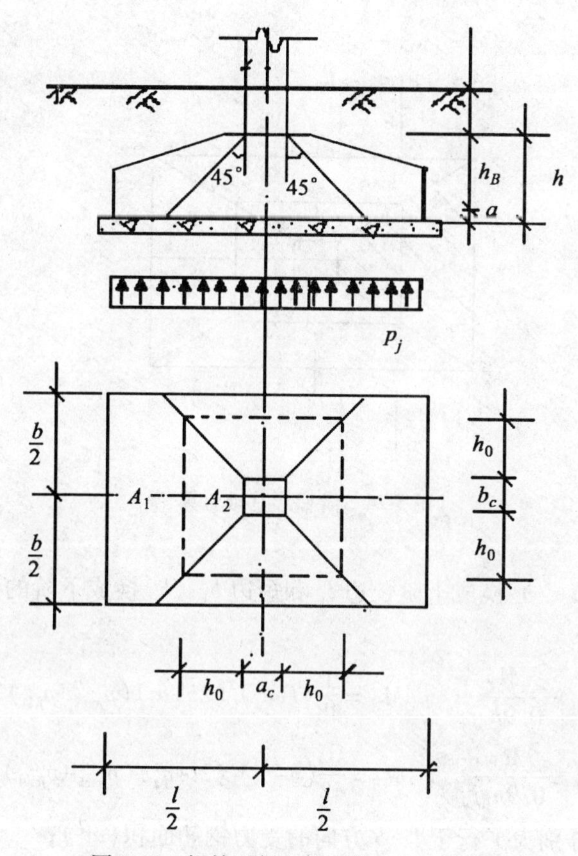

图 5-22　钢筋混凝土独立基础内力计算

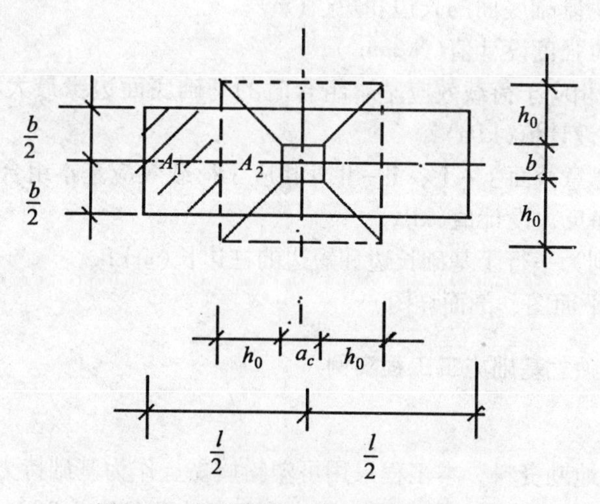

图 5-23　钢筋混凝土独立基础内力计算

(3)阶梯形基础验算。

①柱边验算，如图5-24所示。

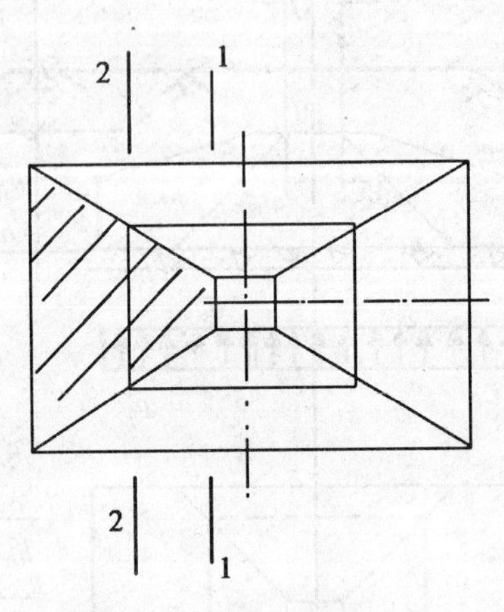

图5-24 阶梯形基础验算

②下阶验算，将 a_c、b_c 换成上阶长边 l_1 和短边 b_1，h_0 换成下阶的有效高度。

5. 底板配筋计算

$$A_{s\text{I}}=\frac{M_{\text{I}}}{0.9h_0f_y} \qquad M_{\text{I}}=\frac{1}{48}(l-a_z)^2(2b+b_z)(p_{j\max}+p_{j\text{I}}) \tag{5-7}$$

$$A_{s\text{II}}=\frac{M_{\text{II}}}{0.9h_0f_y} \qquad M_{\text{II}}=\frac{1}{48}(b-b_z)^2(2l+a_z)(p_{j\max}+p_{j\min}) \tag{5-8}$$

式中：$A_{s\text{I}}$、$A_{s\text{II}}$——分别为平行于 l、b 方向的受力钢筋面积(m^2)；

M_{I}、M_{II}——分别为任意截面Ⅰ-Ⅰ、Ⅱ-Ⅱ处相应于荷载效应基本组合时的弯矩设计值(kN·m)；

l、b——分别为基础底面的长边和短边(m)；

f_y——钢筋抗拉强度设计值(N/mm^2)；

$p_{j\max}$、$p_{j\min}$——相应于荷载效应基本组合时的基础底面边缘最大和最小地基净反力设计值(kPa)；

$p_{j\text{I}}$、$p_{j\text{II}}$——任意截面Ⅰ-Ⅰ、Ⅱ-Ⅱ处相应于荷载效应基本组合时的基础底面地基净反力设计值(kPa)；

a_z、b_z——分别为平行于基础长边和短边的柱边长(m)；

6. 绘制施工图(平面图、剖面详图)

三、钢筋混凝土独立基础施工工程实例

(一)工程概况

根据甲方提供的地勘资料，本工程采用可塑粉质黏土作为基础持力层，承载力特征值为130kPa，基础采用柱下钢筋混凝土独立基础，室内外高差为0.300m，混凝土强度等级为：垫层C10，柱下独立基础C25，底层柱C25，钢筋均采用HPB235和HRB335级钢筋，如图5-25所示。

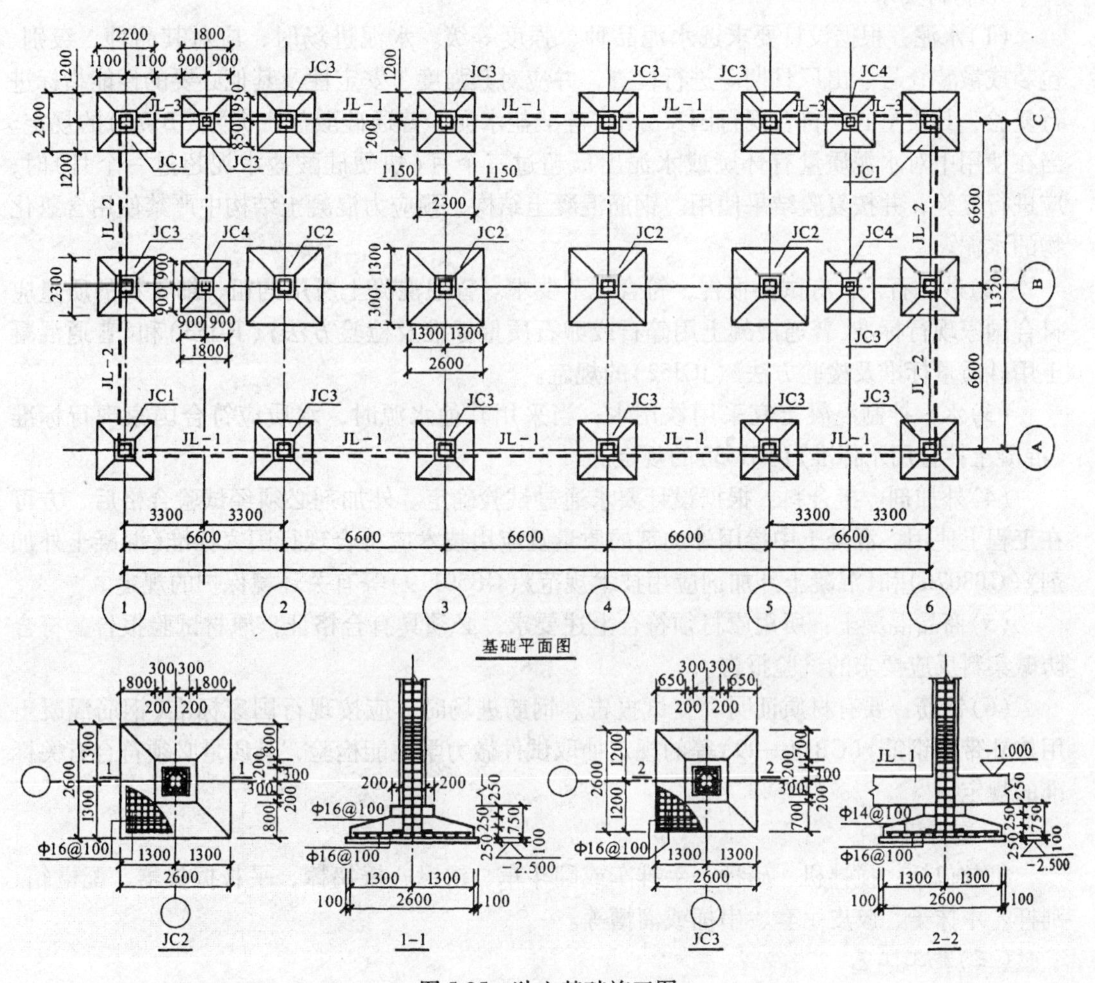

图 5-25　独立基础施工图

(二)施工准备

1. 作业条件

(1)由建设、监理、施工、勘察、设计单位进行地基验槽，完成验槽记录及地基验槽隐检手续，如遇地基处理，办理设计洽商，完成后由监理、设计、施工三方复验签认。

(2)完成基槽验线手续，除去松散软弱土层。

2. 技术准备

(1)混凝土申请：浇筑混凝土前，预先与混凝土供应单位办理预拌混凝土委托单及浇灌申请，委托单的内容包括混凝土强度等级、方量、坍落度、初凝终凝时间、是否加抗冻剂以及浇筑时间等。

(2)所有机具均应在浇筑混凝土前进行检查，同时配备专职技工，随时检修。

(3)在混凝土浇筑期间，要保证水、电、照明不中断。为了防备临时停水停电，事先应在现场准备一定数量的人工搅拌和振捣用工具，以防出现意外施工缝。

(4)根据施工方案准备必要的塑料布、保温材料及测温用具等。

3. 材料要求

(1)水泥：根据设计要求选水泥品种、强度等级。水泥进场时，应对其品种、级别、包装或散装仓号、出厂日期等进行检查，并应对其强度、安定性及其他必要的性能指标进行复验，其质量必须符合现行国家标准《硅酸盐水泥、普通硅酸盐水泥》(GB175)的规定。当在使用中对水泥质量有怀疑或水泥出厂超过三个月(快硬硅酸盐水泥超过一个月)时，应进行复验，并按复验结果使用。钢筋混凝土结构、预应力混凝土结构中严禁使用含氯化物的水泥。

(2)砂、石子：有试验报告，符合规范要求。普通混凝土所用的粗、细骨料的质量应符合国家现行标准《普通混凝土用碎石或卵石质量标准及检验方法》(JGJ53)和《普通混凝土用砂质量标准及检验方法》(JGJ52)的规定。

(3)水：拌制混凝土宜采用饮用水；当采用其他水源时，水质应符合国家现行标准《混凝土拌合用水标准》(JGJ63)的规定。

(4)外加剂、接合料：根据设计要求通过试验确定。外加剂必须经试验合格后，方可在工程上使用。混凝土中掺用外加剂的质量及应用技术应符合现行国家标准《混凝土外加剂》(GB8076)和《混凝土外加剂应用技术规范》(GB50119)等有关环境保护的规定。

(5)商品混凝土：所用原材须符合上述要求，必须具有合格证，原材试验报告，符合防碱集料反应要求的试验报告。

(6)钢筋：要有材质证明、复试报告。钢筋进场时，应按现行国家标准《钢筋混凝土用热轧带肋钢筋》(GB14—99)等的规定抽取试件做力学性能检验，其质量必须符合有关标准的规定。

4. 施工机具

机具包括：搅拌机、磅秤、手推车或翻斗车、铁锹、振捣棒、平板振捣器、配电箱、刮杆、木抹子、胶皮手套、串桶或溜槽等。

(三)施工工艺

1. 施工顺序

施工顺序为：定位放线→土方开挖(地基处理)→地基验槽→垫层施工→浇筑基础→框架柱、地圈梁施工→基础验收→土方回填。

2. 施工工艺

钢筋混凝土独立基础的施工主要是基础模板工程、混凝土工程和钢筋工程的施工，基本工艺流程为：抄平放线→钢筋工程→支基础模板→浇筑、振捣、养护混凝土→拆除模板→清理。

(1)地基验槽完成后，清理表层浮土及绕动土，不得积水，立即进行垫层混凝土施工，必须振捣密实，表面平整，严禁晾晒基土。

(2)钢筋工程的施工。

施工工艺为：完成基础垫层→弹出底板钢筋位置线→钢筋半成品运输到位→布放钢筋→钢筋绑扎、验收。

①将基础垫层清扫干净，用石笔和墨斗在上面弹放钢筋位置线。

②按钢筋位置线布放基础钢筋。

③绑扎钢筋。四周两行钢筋交叉点应每点绑扎牢。中间部分交叉点可相隔交错扎牢，

但必须保证受力钢筋不位移。双向主筋的钢筋网，则需交全部钢筋相交点扎牢。相邻绑扎点的钢丝扣成八字开，以免风片歪斜变形。

④当基础底板采用双层钢筋网时，在上层钢筋网下面应设置钢筋撑脚或混凝土撑脚，以保证钢筋位置正确，钢筋撑脚下应垫在下层钢筋网上。

⑤基础底板的钢筋的弯钩应朝上，不要倒向一边；双钢筋网的上层钢筋弯钩应朝下。

⑥钢筋混凝土独立基础为双向弯曲，其底面短向的钢筋应放在长向钢筋的上面。当单独基础的边长 $B \geqslant 3000$mm(除基础支承在桩上)时，受力钢筋的长度可减至 $0.9B$，交错布置。

⑦现浇与基础连用的插筋，其箍筋应比柱的箍筋小一个柱筋直径，以便连接。箍筋的位置一定要绑扎固定牢靠，以免造成柱轴线偏移。

⑧钢筋的连接：

a. 钢筋连接的接头宜设置在受力较小处。接头末端至钢筋弯起点的距离不应小于钢筋直径的10倍；

b. 若采用绑扎搭接接头，则接头相纵向受力钢筋的绑扎接头宜相互错开；钢筋绑扎接送连接区段的长度为1.3倍搭接长度(LL)；凡搭接接头中点位于该区段的搭接接头，均属于同一连接区段；位于同一区段内的受拉钢筋搭接接头面积百分率为25%；

c. 当钢筋的直径 d>16mm 时，不宜采用绑扎接头；

d. 纵向受力的钢筋采用机械连接接头或焊接接头时，连接区段的长度为 $35d$(d 为纵向受力钢筋的较大值)且不小于50mm；同一连接区段内，纵向受力钢筋的接头面积百分率应符合设计规定。

(3)基础模板的支护。

①阶梯形独立基础：根据基础施工图样的尺寸制作每一阶梯模板，支模顺序由下至上逐层向上安装。先安装底层模板，底层模板由四块等高的侧板用木挡拼钉而成，其中，相对的两块与基础台阶侧面尺寸相等，另外相对的两块要比台阶侧面尺寸两边各长150mm。上阶模板的侧板应以轿杠固定在下阶侧板上。核对模板中心线位置，校正并调整侧板标高，然后在模板的四周用支撑顶支牢固。配合绑扎钢筋及垫块，再进行上一阶模板安装，并重新核对模板中心线和标高无误后，再用斜撑、水平支撑以及拉杆加以钉紧、撑牢，最后检查拉杆是否稳固，校核基础模板尺寸及轴线位置。

②锥形独立基础：利用钢管或木方加固。锥形基础坡度>30°时，采用斜模板支护，利用螺栓与底板钢筋拉紧，防止上浮，模板上部设透气及振捣孔，坡度≤30°时，利用钢丝网(间距30cm)，防止混凝土下坠，上口设“井”字形木控制钢筋位置。如图5-26所示，不得用重物冲击模板，不准在吊帮的模板上搭设脚手架，以保证模板的牢固和严密。

(4)混凝土工程的施工工艺为：浇筑、振捣→养护。

①浇筑与振捣：

a. 混凝土浇筑时，不应发生初凝和离析现象，其塌落度必须符合《混凝土结构工程施工质量验收规范》(GB 50204—2002)的规定。塌落度的测定方法应符合《普通混凝土拌合物性能实验方法标准》(GB/T50080—2002)的规定。施工中的塌落度应按混凝土实验室配合比进行测定和控制，并填写混凝土塌落度测试记录。

b. 为保证混凝土浇筑时不产生离析现象，混凝土自吊斗口下落的自由倾落高度不得

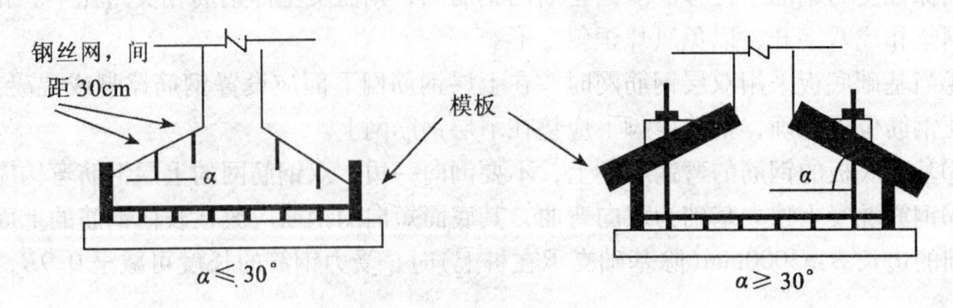

图5-26 模板安装示意图

超过2m，浇筑高度如超过3m时，必须采取措施，如用串桶或溜管等。

c. 浇筑混凝土时，应分段分层连续进行，浇筑层高度应根据砼供应能力、一次浇筑方量、砼初凝时间、结构特点、钢筋疏密综合考虑决定，基础工程的分层厚度宜在250mm左右。

d. 使用插入式振捣器应快插慢拔，插点要均匀排列，逐点移动，顺序进行，不得遗漏，做到均匀振实。移动间距不大于振捣作用半径的1.5倍(一般为30~40cm)。振捣上一层时应插入下层5~10cm，以使两层砼结合牢固。表面振动器(或称平板振动器)的移动间距应保证振动器的平板覆盖已振实部分的边缘，一般为振捣器作用部分长度的1.25倍。

e. 浇筑混凝土应连续进行，如必须间歇，其间歇时间应尽量缩短，并应在前层混凝土初凝之前，将次层混凝土浇筑完毕。间歇的最长时间应按所用水泥品种、气温及混凝土凝结条件确定，一般超过2h应按施工缝处理(当混凝土的凝结时间小于2h时，则应当执行混凝土的初凝时间)。

f. 浇筑混凝土时，应经常观察模板、钢筋、预留孔洞、预埋件和插筋等有无移动、变形或堵塞情况，发现问题应立即处理，并应在已浇筑的混凝土初凝前修正完好。

②养护：

a. 混凝土浇筑完毕后，根据《混凝土结构工程施工质量验收规范》(GB 50204—2002)的有关规定，应按施工技术方案及时采取有效的养护措施。混凝土施工中几种常见的养护方法有覆盖浇水养护、薄膜布养护、喷涂薄膜养生液和覆盖式养护等。

b. 自然养护：在常温下(平均气温不低于+5℃)用适当的材料覆盖混凝土并适当浇水，使混凝土在规定的时间内保持足够的湿润状态。

c. 蒸汽养护：将构件放在蒸汽养护室内，在较高的温度和相对湿度中进行养护，一般用65℃左右的温度蒸养。

(5)基础模板的拆除。

①拆模日期：模板的拆除日期取决于混凝土的强度、模板的用途、结构的性质、混凝土硬化时的气温等因素。

侧模板应在混凝土强度能保证其表面及棱角不因拆除而受损坏时拆除。

底模板应在与混凝土结构同条件养护的试件达到规定的强度标准值后方可拆除。

②拆模顺序：一般是先支后拆，后支先拆，先拆除侧模板，后拆除底模板。重大复杂

模板的拆除，事前应制定拆模方案。

（四）施工要点、问题与处理

1. 施工要点

(1)钢筋进场时应该有钢筋出厂的质量证明书或实验报告单，并按有关质量标准对其质量以及物理化学性能进行检验。

(2)钢筋加工场地外围做好围护工作，非施工人员不得入内；成型时要有专人操作，钢筋调直时人员不得随意穿越。钢材、半成品等应按规格、品种分别堆放整齐；钢筋应平直、无损伤，表面不得有裂纹、油污、颗粒状或片状老锈。

(3)在混凝土浇筑前，应先进行验槽，除去松散软弱土层；在基坑验槽后，应立即浇筑垫层混凝土。

(4)当垫层达到一定强度后，在其上弹线、支模、铺放钢筋网片，连接柱的插筋按轴线位置校核后，用方木架或井字架固定在基础外模板上。

(5)在浇筑混凝土前，清除模板和钢筋上的垃圾、泥土和油污等杂物；堵塞模板的缝隙的孔洞，模板应浇水湿润，但模板内不应有积水；模板与混凝土的接触面应清理干净并涂刷隔离剂，但不得采用影响结构性能或妨碍装工程施工的隔离剂。

(6)在绑扎的平面钢筋上，不准踩踏行走，严格控制板中钢筋的混凝土保护层厚度；钢筋安装完毕后应检查验收，并做好隐蔽工程验收记录。

(7)浇筑混凝土时应分段分层连续进行。对于阶梯形基础，每一个台阶高度内混凝土应整分为一个浇捣层，每浇筑完一个台阶应稍停0.5～1h，待其获得初步沉实后，再浇筑上层，以防止下台阶混凝土溢出。每一台阶浇完，表面应随即基本抹平。

(8)对于锥形基础，应注意保持锥体斜面坡度的正确，斜面部分的模板应随混凝土浇捣。分段支设并顶压紧，以防模板上浮变形；注意加强基础边角处的混凝土捣实。

(9)混凝土浇筑前，不应发生初凝和离析现象，如已发生，可重新搅拌，恢复混凝土的流动性和黏聚性后再进行浇筑。

(10)模板拆除时，要使混凝土达到规定强度方可拆除；应尽量避免混凝土表面或模板受到损坏。

(11)施工缝的位置应在混凝土浇筑前按设计要求和施工技术方案确定。

(12)混凝土浇筑完毕后，应根据原材料、配合比、浇筑部位和施工季节等具体情况，在施工技术方案中确定有效的养护措施。

2. 施工中常出现的质量问题与防治措施

(1)存在的质量通病。

①砼麻面：表现为砼表面局部缺浆粗糙，或有许多小凹坑，但无钢筋和石子外露。其原因分析如下：

a. 模板表面粗糙或清理不干净，粘有干硬水泥砂浆等杂物，拆模时砼表面被粘损。

b. 钢模板脱模剂涂刷不均匀，拆模时砼表面粘结模板。

c. 模板接缝拼装不严密，灌注砼时缝隙漏浆。

d. 砼振捣不密实，砼中的气泡未排出，一部分气泡停留在模板表面。

②蜂窝：表现为砼局部疏松，砂浆少石子多，石子之间出现空隙，形成蜂窝状的孔洞。其原因分析如下：

a. 砼配合比不合理，石、水泥材料计量错误，或加水量不准，造成砂浆少、石子多。

b. 砼搅拌时间短，没有拌和均匀，砼和易性差，振捣不密实。

c. 未按操作规程灌注砼，下料不当，使石子集中，振不出水泥浆，造成砼离析。

d. 砼一次下料过多，没有分段、分层灌注，振捣不实或下料与振捣配合不好，未振捣又下料。

e. 模板孔隙未堵好，或模板支设不牢固，振捣砼时模板移位，造成严重漏浆。

③孔洞：表现为砼结构内有空隙，局部没有砼。其原因分析如下：

a. 在钢筋密集处或预埋件处，砼灌注不畅通，不能充满模板间隙。

b. 未按顺序振捣砼，产生漏振。

c. 砼离析，砂浆分离，石子成堆，或严重跑浆。

d. 砼工程的施工组织不好，未按施工顺序和施工工艺认真操作。

e. 砼中有硬块和杂物掺入，或木块等大件料具掉入砼中。

f. 不按规定下料，吊斗直接将砼卸入模板内。一次下料过多，下部因振捣器振动作用半径达不到，形成松散状态。

④露筋：表现为钢筋砼结构内的主筋、副筋或箍筋等露在砼表面。其原因分析如下：

a. 砼灌注振捣时，钢筋垫块移位或垫块太少甚至漏放，钢筋紧贴模板。

b. 钢筋砼结构断面较小，钢筋过密，如遇大石子卡在钢筋上，砼水泥浆不能充满钢筋周围。

c. 因配合比不当砼产生离析，浇捣部位缺浆或模板严重漏浆。

d. 砼振捣时，振捣棒撞击钢筋，使钢筋移位。

e. 砼保护层振捣不密实，或木模板湿润不够，砼表面失水过多，或拆模过早等，拆模时砼缺棱掉角。

⑤缺棱掉角：表现为砼局部掉落，不规整，棱角有缺陷。其原因分析如下：

a. 木模板在灌注砼前未湿润或湿润不够，灌注后砼养护不好，棱角处砼的水分被模板大量吸收，致使砼水化不好，强度降低。

b. 常温施工时，过早拆除承重模板。

c. 拆模时受外力作用或重物撞击，或保护不好，棱角被碰掉。

d. 冬季施工时，砼局部受冻。

3. 保证混凝土施工质量的措施

(1)选择合适水泥。要求商品混凝土公司选择比较大的水泥生产厂家，实行定点采购，使水泥质量相对稳定。

(2)减少水泥用量。为减少水泥水化热，降低混凝土的温升值，在满足设计和混凝土可泵性的前提下，将水泥用量控制在450kg/m^3。

(3)掺外加剂，控制水灰比。

(4)严格控制骨料级配和含泥量；砂、石含泥量控制在1%以内，并不得混有有机质杂物，杜绝使用海砂。

(5)加强技术管理。

①加强原材料的检验、试验工作。施工中严格按照方案及交底的要求指导施工，明确分工、责任到人。加强计量监测工作，定时检查并做好详细记录，认真对待浇筑过程中可

能出现的冷缝，并采取相应措施加以杜绝。

②加强对人员的技术管理，对于每一个环节的施工节点，都要进行施工前的技术交底，施工结束后，要进行施工过程的技术应用总结，对施工过程中产生的各种现象，应仔细分析，讨论研究，做到施工过程中不出现差错。

(6)合理组织劳动力及机械设备。

①施工人员分两大班四六制作业。每班交接班工作提前半小时完成，并明确接班注意事项，以免交接班过程带来质量隐患。

②人员安排应满足施工方案的要求，事先做好人员调动工作，对人员做到有序管理。

(五)安全与环保

1. 安全方面的信息

(1)进入施工现场的所有人员必须戴好安全帽；施工人员必须进行技术培训，并持证上岗操作。

(2)各种加工设备必须有地线连接，设备电源必须有漏电保护装置，设备维修必须由专职人员进行，不得私自进行维修；焊机必须接地，导线和焊钳接导处绝缘必须可靠。

(3)垂直运输设备应有完善可靠的安全保护装置(如起重量及提升高度的限制、制动、防滑、信号等装置及紧急开关等)，严禁使用安全保护装置不完善的垂直运输设备。

(4)振捣器不得放在初凝的混凝土上、地板、脚手架、道路和干硬的地面上进行试振。维修或作业间断时，应切断电源。

(5)所有操作及相关设备必须符合相关安全规范、规程、标准。

(6)现场设置消防设备，消火栓、铁锹、水桶、钩子、斧子等应按规定配备。

(7)施工现场实行动火审批制度，现场动火必须经消防负责人批准，指定动火监护人，方可进行施工。

(8)现场成立消防领导小组，每日两次对现场进行巡检，发现隐患及时处理。

2. 环境要求

(1)基础施工时应选用符合噪声排放标准要求的设备，作业时应避开休息时间，以减少对周围社区和单位的噪声影响；钢材及钢模板的装卸应轻放，尽量采用吊车作业，应符合噪声排放标准要求。

(2)基础所用机械设备应选用节能型的，以节约油料消耗，尾气排放要符合标准。避免废油溢漏，对废油及油抹布、油手套应按规定处理。合理选用配套设备，节约电能消耗。

(3)基础施工设计要合理，尽量减少使用钢材、木材和水泥数量，节约钢材和木材消耗。

(4)水泥、砂石和建筑垃圾等材料运输时，应按要求进行覆盖，避免产生扬尘；翻斗车卸料避免产生粉尘；装车严禁太满、超载，避免遗撒、损坏及污染路面等现象发生。

(5)作业现场路面干燥时，应采取洒水措施，装卸时应轻放或喷水；现场水泥、砂石临时堆放时，应进行覆盖，避免产生粉尘及扬尘。

(6)混凝土和砂浆搅拌机械及机具清洗时应节约用水，现场应设置沉淀池，污水须经沉淀达标后，方可排入市政管网。

(7)施工时应尽量减少混凝土和砂浆的遗撒、浪费，对落地混凝土和砂浆应及时回收利用，对建筑垃圾处理，应按要求运至指定地点，不得随意抛弃或填埋。

项目四 墙下钢筋混凝土条形基础工程施工

一、钢筋混凝土条形基础构造要求

钢筋混凝土条形基础包括墙下钢筋混凝土条形基础和柱下钢筋混凝土条形基础，这里主要介绍墙下钢筋混凝土条形基础的构造要求。

墙下钢筋混凝土的构造应符合下列要求：

(1)锥形基础的边缘高度不宜小于200mm；阶梯形基础的每阶高度宜为300~500mm。

(2)垫层的厚度不宜小于70mm，垫层混凝土强度等级应为C10。

(3)基础底板受力钢筋的最小直径不宜小于10mm；间距不宜大于200mm，也不宜小于100mm。墙下钢筋混凝土条形基础纵向分布钢筋的直径不小于8mm；间距不大于300mm；每延米分布钢筋的面积应不小于受力钢筋面积的1/10。有垫层时，钢筋保护层的厚度不小于40mm；无垫层时，钢筋保护层的厚度不小于70mm。

(4)混凝土强度等级不应低于C20。

(5)墙下钢筋混凝土条形基础的宽度大于或等于2.5m时，底板受力钢筋的长度可取宽度的0.9倍，并且交错布置，如图5-27(a)所示。

(6)钢筋混凝土条形基础底板在“T”形及“十”字形交接处，底板横向受力钢筋仅沿一个主要受力方向通长布置，另一方向的横向受力钢筋可布置到主要受力方向底板宽度1/4处。在拐角处，底板横向受力钢筋应沿两个方向布置，如图5-27(b)、(c)所示。

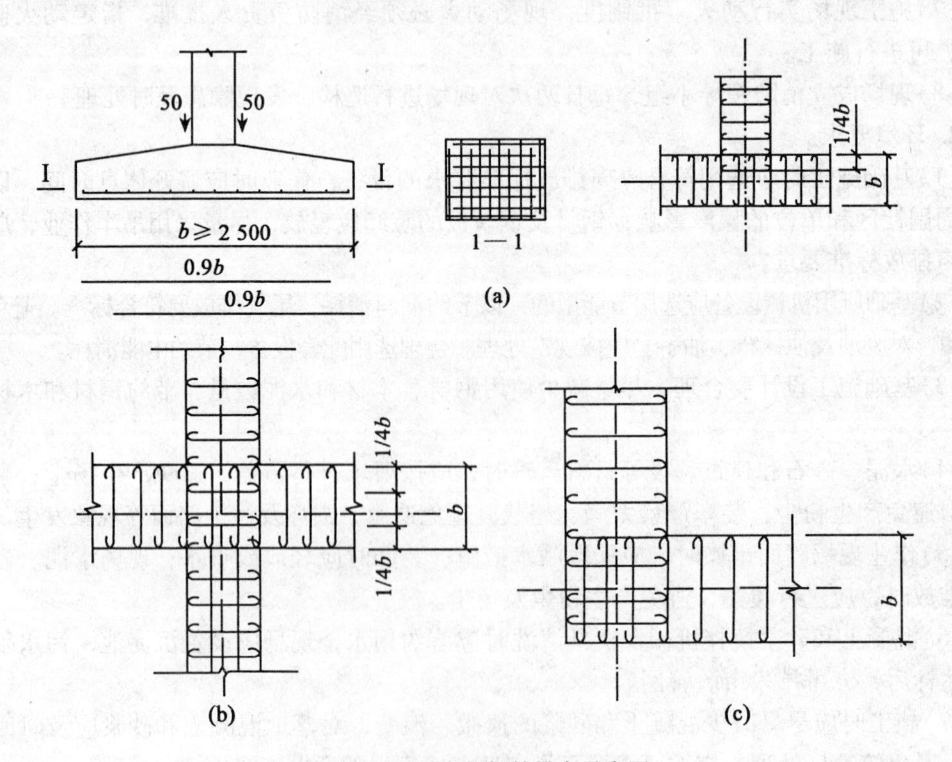

图5-27 基础底板钢筋排布示意图

二、钢筋混凝土条形基础施工工程实例

(一)工程概况

本工程基础采用墙下钢筋混凝土条形基础，室内外高差为0.900m，混凝土强度等级为：垫层C10，墙下条形基础C25，基础圈梁C25，钢筋均采用HPB235和HRB335级钢筋。

(二)施工准备

1. 作业条件

(1)由建设、监理、施工、勘察、设计单位进行地基验槽，完成验槽记录及地基验槽隐检手续，如遇地基处理，办理设计洽商，完成后由监理、设计、施工三方复验签认。

(2)完成基槽验线手续。

2. 材料要求

(1)水泥：根据设计要求选水泥品种、强度等级。水泥进场时，应对其品种、级别、包装或散装仓号、出厂日期等进行检查，并应对其强度、安定性及其他必要的性能指标进行复验，其质量必须符合现行国家标准《硅酸盐水泥、普通硅酸盐水泥》(GB175)的规定。

在使用中对水泥质量有怀疑或水泥出厂超过三个月(快硬硅酸盐水泥超过一个月)时，应进行复验，并按复验结果使用。

钢筋混凝土结构、预应力混凝土结构中，严禁使用含氯化物的水泥。

(2)砂、石子：有试验报告，符合规范要求。普通混凝土所用的粗、细骨料的质量应符合国家现行标准《普通混凝土用碎石或卵石质量标准及检验方法》(JGJ53)和《普通混凝土用砂质量标准及检验方法》(JGJ52)的规定。

(3)水：拌制混凝土宜采用饮用水；当采用其他水源时，水质应符合国家现行标准《混凝土拌合用水标准》(JGJ63)的规定。

(4)外加剂、接合料：根据设计要求通过试验确定。外加剂必须经试验合格后，方可在工程上使用。混凝土中掺用外加剂的质量及应用技术应符合现行国家标准《混凝土外加剂》(GB8076)和《混凝土外加剂应用技术规范》(GB50119)等与环境保护有关的规定。

(5)商品混凝土：所用原材须符合上述要求，必须具有合格证，原材试验报告，符合防碱集料反应要求的试验报告。

(6)钢筋：要有材质证明、复试报告。钢筋进场时，应按现行国家标准《钢筋混凝土用热轧带肋钢筋》(GB1499)等的规定抽取试件作力学性能检验，其质量必须符合有关标准的规定。

3. 施工机具

机具包括：搅拌机、磅秤、手推车或翻斗车、铁锹、振捣棒、刮杆、木抹子、胶皮手套、串桶或溜槽等。

(三)钢筋混凝土条形基础施工

1. 施工工艺流程

施工工艺流程为：基槽清理、验槽→混凝土垫层浇筑、养护→抄平、放线→基础底板钢筋绑扎、支模板→相关专业施工(如避雷接地施工)→钢筋、模板质量检查、清理→基础混凝土浇筑→混凝土养护→拆模。

2. 操作要点

(1)清理及垫层混凝土浇筑。地基验槽完成后，清理表层浮土及绕动土，不得积水，立即进行垫层混凝土施工，必须振捣密实，表面平整，严禁晾晒基土。

(2)钢筋绑扎。垫层浇筑完成达到一定强度后，在其上弹线、支模、铺放钢筋网片。上、下部垂直钢筋绑扎牢，将钢筋弯钩朝上，按轴线位置校核后用方木架成“井”字形，将插筋固定在基础外模板上；底部钢筋网片应用与混凝土保护层同厚度的水泥砂浆或塑料垫块垫塞，以保证位置正确，表面弹线进行钢筋绑扎，钢筋绑扎不允许漏扣，柱插筋除满足冲切要求外，还应满足锚固长度的要求。当基础高度在900mm以内时，插筋伸至基础底部的钢筋网上，并在端部做成直弯钩；当基础高度较大时，位于柱子四角的插筋应伸到基础底部，其余的钢筋只需伸至锚固长度即可。插筋伸出基础部分长度应按柱的受力情况及钢筋规格确定。与底板筋连接的柱四角插筋必须与底板筋成45°绑扎，连接点处必须全部绑扎，距底板5cm处绑扎第一个箍筋，距基础顶5cm处绑扎最后一道箍筋，作为标高控制筋及定位筋，柱插筋最上部再绑扎一道定位筋，上、下箍筋及定位箍筋绑扎完成后将柱插筋调整到位并用“井”字形木架临时固定，然后绑扎剩余箍筋，保证柱插筋不变形走样，两道定位筋在打柱混凝土前必须进行更换。钢筋混凝土条型基础，在“T”字形与“十”字形交接处的钢筋沿一个主要受力方向通长放置。

(3)模板安装。钢筋绑扎及相关专业施工完成后立即进行模板安装，模板采用组合钢模板或木模，利用钢管或木方加固。锥形基础坡度>30°时，采用斜模板支护，利用螺栓与底板钢筋拉紧，防止上浮，模板上部设透气及振捣孔；坡度≤30°时，利用钢丝网(间距30cm)，防止混凝土下坠，上口设“井”字形木控制钢筋位置，如图5-26所示。不得用重物冲击模板，不准在吊帮的模板上搭设脚手架，以保证模板的牢固和严密。

(4)清理。清除模板内的木屑、泥土等杂物，木模浇水湿润，堵严板缝及孔洞，清除积水。

(5)混凝土搅拌。根据配合比及砂石含水率计算出每盘混凝土材料的用量。认真按配合比用量投料，严格控制用水量，搅拌均匀，搅拌时间不少于90s。

(6)混凝土浇筑。浇筑现浇柱下条型基础时，注意柱子插筋位置的正确，防止造成位移和倾斜。在浇筑开始时，先满铺一层5~10cm厚的混凝土并捣实，使柱子插筋下段和钢筋网片的位置基本固定后对称浇筑。对于锥型基础，应注意保持锥体斜面坡度的正确，斜面部分的模板应随混凝土捣分段支设并顶压紧，以防模板上浮变形；边角处的混凝土必须捣实。严禁斜面部分不支模，用铁锹拍实。基础上部柱子施工时，可在上部水平面留设施工缝。施工缝的处理应按设计要求或规范规定执行。条型基础根据高度分段分层连续浇筑，不留施工缝，各段各层间应相互衔接，每段长2~3m，做到逐段逐层呈阶梯形推进。浇筑时，先使混凝土充满模板内边角，然后浇注中间部分，以保证混凝土密实。分层下料，每层厚度为振动棒的有效振动长度。防止由于下料过厚、振捣不实或漏振、吊帮的根部砂浆涌出等原因造成蜂窝、麻面或孔洞。

(7)混凝土振捣。采用插入式振捣器，插入的间距不大于振捣器作用部分长度的1.25倍。上层振捣棒插入下层3~5cm，尽量避免碰撞预埋件、预埋螺栓，防止预埋件移位。

(8)混凝土找平。混凝土浇筑后，表面比较大的混凝土使用平板振捣器振一遍，然后用木杆刮平，再用木抹子搓平。收面前必须校核混凝土表面标高，不符合要求处立即整改。

(9)浇筑混凝土时，经常观察模板、支架、螺栓、预留孔洞和管有无走动情况，一旦发现有变形、走动或位移时，应立即停止浇筑，并及时修整和加固模板，然后再继续浇筑。

(10)混凝土养护。已浇筑完的混凝土，常温下，应在12h左右覆盖和浇水。一般常温养护不得少于7d，特种混凝土养护不得少于14d。养护设专人检查落实，防止由于养护不及时而造成混凝土表面裂缝。

(11)模板拆除。侧面模板在混凝土强度能保证其棱角不因拆模板而受损坏时方可拆模，拆模前设专人检查混凝土强度，拆除时，采用撬棍从一侧顺序拆除，不得采用大锤砸或撬棍乱撬，以免造成混凝土棱角破坏。

(四)质量要求

1. 钢筋工程

(1)对进入施工现场的钢筋，必须检查产品合格证、出厂检验报告和进场复验报告，必须严格按批分等级、钢号、直径等挂牌存放。

(2)钢筋应平直、无损伤，表面不得有裂纹、油污、颗粒状或片状老锈。

(3)钢筋调直宜采用机械方法，也可采用冷拉方法。当采用冷拉方法调直钢筋时，HPB235级的钢筋的冷拉率不宜大于4%，HRB335级、HRB400级和RRB400级钢筋的冷拉率宜大于1%。

(4)钢筋加工的形状、尺寸应符合设计要求，其偏差应符合规范规定。

(5)纵向受力钢筋的连接方式应符合设计要求。

(6)钢筋安装时，受力钢筋的品种、级别、规格和数量必须符合设计要求。

(7)钢筋安装位置的偏差应符合规范规定。

2. 模板工程

(1)模板的接缝不应漏浆；在浇筑混凝土前，木模板应浇水湿润，但模板内不应有积水。

(2)模板与混凝土的接触面应清理干净并涂刷隔离剂，但不得采用影响结构性能或妨碍工程施工的隔离剂。

(3)浇筑混凝土前，模板内的杂物应清理干净。

(4)侧模板的拆除，只需要混凝土强度达到能保证其表面及棱角不会因拆除模板而损坏即可。

3. 混凝土工程

(1)结构混凝土的强度等级必须符合设计要求。用于检查结构构件混凝土强度的试件应在混凝土的浇筑地点随机抽取。

(2)混凝土原材料每盘称量的偏差应符合规范规定。

(3)混凝土运输、浇筑及间歇的全部时间不应超过混凝土的初凝时间。

(4)混凝土浇筑前不应发生初凝和离析现象，如已发生，可重新搅拌，恢复混凝土的流动性和黏聚性后再进行浇筑。

(5)为保证混凝土结构的整体性，混凝土浇筑原则上应一次完成。但由于振捣方法、振捣机具性能、结构构件的配筋情况等的差异，混凝土浇筑需要分层。每层浇筑厚度应符合规范规定。

(6)施工缝的位置应在混凝土浇筑前按设计要求和施工技术方案确定。

(7)混凝土浇筑完毕后，应根据原材料、配合比、浇筑部位和施工季节等具体情况，在施工技术方案中确定有效的养护措施。

(五)施工安全管理

1. 模板施工安全技术

(1)进入施工现场的所有人员必须戴好安全帽。

(2)工作中应防止工具落下伤人。雨、雪、霜后应先清扫施工现场，略干后不滑时再进行工作。

(3)两人抬运模板时要互相配合、协同工作。传递模板、工具时应用运输工具或绳子系牢后升降，不得乱扔。装拆时，上下应有人接应，钢模板及配件应随拆运送。

(4)支撑过程中，如需中途停歇，应将支撑、搭头、柱头板等钉牢。

(5)拆除模板一般用长撬棍。人不许站在正在拆除的模板上。

(6)在组合钢模板上架设的电线和使用电动工具，应用36V低压电源或采取其他有效措施。

2. 钢筋施工安全技术

(1)钢筋加工：

①钢筋加工机械安装应稳固，外作业应设置机棚，机旁应有堆放原料、半成品的场地；

②加工较长的钢筋时，应有专人帮扶，要听从操作人员的指挥；

③钢筋加工完毕，应堆放好成品，清理好场地，并切断电源，锁好电闸。

(2)钢筋焊接：

①焊机必须接地，导线和焊钳接导处绝缘必须可靠；

②焊接变压器不得超负荷运行，变压器升温不得超过60℃；

③点焊、对焊时，必须开放冷却水，焊机出水温度不得超过40℃，排水量应符合要求，天冷时应放尽焊机内存水，以免冻塞；

④对焊机闪光区域，必须设铁皮隔挡，焊接时禁止其他人员停留在闪光区范围内，以防火花烫伤，焊机工作范围内严禁堆放易燃物品，以免引起火灾；

⑤室内电弧焊时，应有排气装置，焊工操作地点相互之间设挡板，以防弧光刺伤眼睛。

3. 混凝土施工安全技术

(1)垂直运输设备的规定：

①垂直运输设备：应有完善可靠的安全保护装置(如起重量及提升高度的限制、制动、防滑、信号等装置及紧急开关等)，严禁使用安全保护装置不完善的垂直运输设备。

②垂直运输设备安装完毕后，应按出厂说明要求进行无负荷、静负荷、动负荷试验及安全保护装置的可靠性试验。

③对垂直运输设备应建立定期检修和保养责任制。

④操作垂直运输设备的司机必须通过专业培训。考核合格后持证上岗，严禁无证人员操作垂直运输设备。

⑤操作垂直运输设备，在有下列情况之一时，不得操作设备：

a. 司机与起重机之间视线不清、夜间照明不足，而又无可靠的信号和自动停车、限位等安全装置；

b. 设备的传动机构、制动机构、安全保护装载有故障，问题不清，动作不灵；

c. 电气设备无接地或接地不良、电气线路有漏电；

d. 超负荷或超定员；

e. 无明确统一信号和操作规程。

(2)混凝土机械：

①混凝土搅拌机的安全规定：

a. 进料时，严禁将头或手伸入料斗与机架之间察看或探摸进料情况，运转中不得用手或工具等物伸入搅拌筒内扒料出料；

b. 料斗升起时，严禁在其下方工作或穿行，料坑底部要设料斗枕垫，清理料坑时必须将料斗用链条扣牢；

c. 向搅拌筒内加料应在运转中进行，添加新料必须先将搅拌机内原有的混凝土全部卸出来才能进行，不得中途停机或在满载荷时启动搅拌机，反转出料者除外；

d. 作业中，如发生故障不能继续运转，应立即切断电源，将筒内的混凝土清除干净，然后进行检修。

②混凝土泵送设备作业的安全事项：

a. 支腿应全部伸出并支固，未支固前不得启动布料杆，布料杆升离支架后方可回转，布料杆伸出时应按顺序进行，严禁用布料杆起吊或拖拉物件；

b. 当布料杆处于全伸状态时，严禁移动车身，作业中需要移动时，应将上段布料杆折叠固定，移动速度不超过10km/h，布料杆不得使用超过规定直径的配管，装接的软管应系防脱安全绳带；

c. 应随时监视各种仪表和指示灯，发现不正常应及时调整或处理；如出现输送管道堵塞时，应进行逆向运转使混凝土返回料斗，必要时应拆管排除堵塞；

d. 泵送工作应连续作业，必须暂停时应每隔5～10min(冬季3～5min)泵送一次，若停止较长时间后泵送时，应逆向运转1～2个行程，然后顺向泵送。泵送时料斗内应保持一定量的混凝土，不得吸空；

e. 应保持储满清水，发现水质浑浊并有较多砂粒时应及时检查处理；

f. 泵送系统受压力时，不得开启任何输送管道和液压管道。液压系统的安全阀不得任意调整，蓄能器只能充入氮气。

③混凝土振捣器的使用规定：

a. 使用前，应检查各部件是否连接牢固，旋转方向是否正确；

b. 振捣器不得放在初凝的混凝土上或地板、脚手架、道路和干硬的地面上进行试振。维修或作业间断时，应切断电源；

c. 插入式振捣器软轴的弯曲半径不得小于500mm，并不多于两个弯，操作时振动棒应自然垂直地沉入混凝土，不得用力硬插、斜推或使钢筋夹住棒头，也不得全部插入混凝土中。

d. 振动棒应保持清洁，不得有混凝土粘结在电动机外壳上妨碍散热；

e. 作业转移时，电动机的导线应保持有足够的长度和松度，严禁用电源线拖拉振捣器；

f. 用绳拉平板振捣器时，绳应干燥绝缘，移动或转向时不得用脚踢电动机；

g. 振捣器与平板应保持紧固，电源线必须固定在平板上，电器开关应装在手把上；

h. 在一个构件上同时使用几台附着式振捣器工作时，所有振捣器的频率必须相同；

i. 操作人员必须穿戴绝缘手套；

j. 作业后，必须做好清洗、保养工作，振捣器要放在干燥处。

4. 安全措施

(1)基础施工时，应先检查基坑、槽帮土质、边坡坡度，如发现裂缝、滑移等情况，应及时加固，堆放材料应离开坑边 1m 以上，深基坑上下应设梯子或坡道，不得踩踏模板或支撑上下。

(2)操纵振动器的操作人员必须穿胶鞋，接电要安全可靠，并设专门保护性接地导线，避免火线跑电发生危险。如出现故障，应立即切断电源修理；使用电线如已有磨损，应及时更换。

(3)施工人员应戴安全帽、穿软底鞋；工具应放入工具袋内；向基坑内运混凝土，传递物件，不得抛掷。

(4)雨、雪、冰冻天施工，架子上应有防滑措施，并在施工前清扫冰、霜、积雪后才能上架子；五级以上大风应停止作业。

(5)现场机械设备及电动工具应设置漏电保护器，每机应单独设置，不得共用，以保证用电安全；夜间施工，应装设足够的照明。

(六)环境保护要求

(1)基础施工时，应选用符合噪声排放标准要求的设备，作业时，应避开休息时间以减少对周围社区和单位的噪声影响；钢材及钢模板的装卸应轻放，尽量采用吊车作业，应符合噪声排放标准要求。

(2)基础所用机械设备应选用节能型的，以节约油料消耗，尾气排放要符合标准；避免废油溢漏，对废油及油抹布、油手套按规定处理；合理选用配套设备，节约电能消耗。

(3)基础施工设计要合理，尽量减少使用钢材、木材和水泥数量，节约钢材和木材消耗。

(4)水泥、砂石和建筑垃圾等材料运输时应按要求进行覆盖，避免产生扬尘；翻斗车卸料避免产生粉尘；装车严禁太满、超载，避免遗撒、损坏及污染路面等现象发生。

(5)作业现场路面干燥时应采取洒水措施，装卸时应轻放或喷水，现场水泥、砂石临时堆放时应进行覆盖，避免产生粉尘及扬尘。

(6)混凝土和砂浆搅拌机械及机具清洗时应节约用水，现场应设置沉淀池，污水必须经沉淀达标后，方可排入市政管网。

(7)施工时应尽量减少混凝土和砂浆的遗撒、浪费，对落地混凝土和砂浆应及时回收利用；对建筑垃圾处理应按要求，运至指定地点，不得随意抛弃或填埋。

(七)成品保护要求

(1)模板拆除应在混凝土强度能保证其表面及棱角不同受损坏时，方可进行。

(2)在已浇筑的混凝土强度达到 1.2MPa 以上后，方可在其上行人或进行下道工序施工。

(3)在施工过程中，对暖卫、电气、暗管以及所立的门口等进行妥善保护，不得碰撞。

(4)基础内预留孔洞，预埋螺栓、铁件，应按设计要求设置，不得后凿混凝土。

(5)如基础埋深超过相邻建(构)筑物基础，应有妥善的保护措施。

项目五　筏板基础施工

一、筏板基础形式与构造

筏板基础又称筏片、筏形基础，由底板、梁等整体构成。筏板基础又分为平板式和梁板式两类，在外形和构造上像倒置的钢筋混凝土无梁楼盖和肋形楼盖。梁板式又有两种形式：一种是梁在板的底下埋入土内，一种是梁在板的上面。平板式基础一般用于荷载不大、柱网较均匀且间距较小的情况。梁板式基础用于荷载较大的情况，这种基础整体性好，抗弯强度大，可充分利用地基承载力，调整上部结构的不均匀沉降。适用于土质软弱不均匀而上部荷载又较大的情况，在多层和高层建筑中被广泛采用。

筏板基础布置应大致对称，尽量使整个基底的形心与上部结构的荷载合力点相重合，以减少基础所受的偏心力矩。

筏板基础的混凝土强度等级不应低于 C30，当有防水要求时，抗渗等级不低于 P6。筏板基础厚度不得小于 200mm，一般取 200 ~ 400mm，但平板式基础有时厚度可达 1m 以上。梁板式基础梁按计算确定，高出(或低于)底板顶(底)面一般不小于 300mm，梁宽不小于 250mm。筏板悬挑墙外的长度，从轴线起算横向不宜大于 1500mm，纵向不宜大于 1000mm，边端厚度不小于 200mm。

筏板配筋由计算确定，按双向配筋，钢筋强度等级宜为 HPB325。板厚小于 300mm 时，构造要求可配置单层钢筋；板厚大于或等于 300mm 时，应配置双层钢筋。受力钢筋直径不宜小于 12mm，间距为 100 ~ 200mm；分布钢筋直径一般不宜小于 8 ~ 10mm，间距为 200 ~ 300mm。钢筋保护层厚度不宜小于 35mm。底板配筋除符合计算要求外，纵横方向支承钢筋尚应分别有 0.15%、0.10% 配筋率通过。跨中钢筋按实际配筋率全部连通。在筏板基础周边附近的基底及四角反力较大，配筋应予加强。

当高层建筑筏板基础下天然地基承载力或沉降变形不能满足要求时，可在筏板基础下加设各种桩(预制桩、钢管桩、灌注桩等)组合成桩筏复合基础。桩顶嵌入筏基底板内的长度，对于大直径桩不宜小于 100mm；对于中、小直径桩不宜小于 50mm。桩的纵向钢筋锚入筏基底板内的长度不宜小于 $35d$(d 为钢筋直径)。

二、筏板基础施工

(一)模板制作与支设

1. 作业条件

由于筏板基础通常承受很大的侧压力，要求模板有较高的强度和刚度，基础内埋设管线多，钢筋密，施工配合复杂，因此施工中要制定详细的施工方案，以保证基础各部位外形尺寸正确，不因模板变形、漏浆，而造成基础裂缝、渗漏。

模板制作要根据结构施工图纸中的基础施工图和施工现场的具体条件进行详细的配板设计，将基础各部位的各侧面展开绘成平面图，按运输条件和施工的方便，定出各种模板(标准的、非标准的、特殊的)每一块制作的尺寸，逐块绘制配板大样图，供施工现场使用。配板设计包括模板平面图、固定铁件详图、特殊部位的连接处理大样图。在图上应注明每段模板的尺寸、数量、所在部位、标高以及各种模板的规格、型号、数量，各种孔道的留置位置，并附有模板一览表和需用材料表，作为现场安装的依据，以便按图备料、制作、安装。

2. 模板支设

筏板基础的模板主要为底板四周和梁的侧模板。模板一般采用组合钢模板，用钢管脚手架固定。在支模前，应组织地基验槽，然后将混凝土垫层浇筑完成，以便于弹板、梁、柱的位置边线和抄平，以此作为模板支设的依据。

梁板式筏板基础的梁在底板上时，当底板与梁一起浇筑混凝土时，底板与梁侧模应同时支好，此时梁侧模需用钢支承架支承；当浇筑底板后浇筑梁时，应先支底板侧模，安装梁钢筋骨架，待板混凝土浇筑完后，再在板上放线支设梁侧模。当筏板基础的梁在底板下部时，通常采取梁板同时浇筑混凝土，梁的侧模无法拆除，一般梁侧模采取在垫层上两侧砌半砖代替组合钢模板与垫层形成一个砖底模。

(二)钢筋制作与安装

高层建筑基础的钢筋量大，规格多，分布密，上下层钢筋架空设置，高差较大，安装较为复杂，需用大量劳力，因此施工中应编制较详细的施工方案，合理安排施工程序。一般多采取在施工现场设钢筋加工厂，用机械进行集中加工成型，用塔吊吊入基坑内绑扎、焊接或进行机械连接。

1. 作业条件

筏板基础内的配筋除了满足强度要求外，还应满足温度收缩、地基不均匀沉降等变形的需要，因此多采用网状配置，用直径 12 ~ 32mm 的钢筋制成，位于底部及顶部的钢筋网直径较大，直径应为 16 ~ 32mm，间距较密，而位于侧面的钢筋网直径较小，直径应为 12 ~ 16mm，间距较大。

钢筋加工前，应熟悉图纸资料，配料应根据设计图纸，图纸中未表达或表达不清楚的部位，则按实际情况或放样进行配料，做出详细的成型表，并结合配料情况绘制一些设计图中未能详细表示的部位的配筋详图，作为加工与绑扎的依据。

钢筋加工前，应仔细核对出厂合格证，按编号配料，分类加工制作，并将加工好的成品编号，在钢筋上挂纸牌以便于查找。对每一类型钢筋进场的先后次序和摆放位置，应事先通盘规划。制作好的钢筋应按安装顺序、编号，分区、分类整齐堆放，先绑扎的放在上面，后绑扎的放在下面，由专人管理、指挥，确保安装顺利进行。

2. 钢筋安装

(1)安装时，钢筋要逐根清点，配塔吊成捆吊运，根据钢筋绑扎用料的先后，将成捆的钢筋用塔吊沿基坑两侧吊入基坑安装部位，再用人工按照总平面图及侧面展开图上的编号位置，按顺序水平分散摊铺绑扎。

(2)为使绑扎后的钢筋整齐划一，间距、尺寸正确，可采取在垫层或模板上画线，或采用5m长限位卡尺(或钢筋梳子)绑扎，先在钢筋两端用卡尺的槽口卡牢钢筋，待钢筋绑牢固后，取去卡尺，即成要求间距的网片。

(3)采用M20砂浆制成不同厚度的预制垫块，在钢筋底部放置垫块，以控制钢筋的保护层，避免下挠，保证平整；对墙(立)壁钢筋则设角钢线杆控制。

(4)基础底板上层的水平钢筋网常悬空搁置，高差大，且单根钢筋重量较大，一般多直接绑扎。当高度不大(1m以内)时，可按常规用钢筋马支承固定层次和位置。当高度在1m以上，用钢筋马支承，稳定性较差，操作不安全，且难以保持上层钢筋网在同一水平上，此时可采用型钢焊制的支架或混凝土支柱或利用基础的钢管脚手架，在适当的标高焊上型钢横担，或利用桩头钢筋用废短钢筋接头组成骨架来支承上层钢筋网片的重量和上部操作平台的施工荷载。支架立柱之间，适当设置斜向支撑以保持稳定，立柱固定在垫层上或底层钢筋网片上。靠基础边沿钢筋则固定在特设的焊接钢筋构架上，为确保钢筋保护层尺寸，在底板钢筋两端加焊短钢筋头，顶在两侧模板上，以防止变形。

(5)钢筋安装工作采取人工进行。在安装过程中，必须注意安装程序和方法与前后工序的配合，特别是与模板支设、预埋水电管线等工序的配合，绘出平面及立面安装图，一般底板钢筋在侧模支设前安装。外侧钢筋在外墙模板安好后安装，基础内侧钢筋则在内模支设前安装，或穿插进行，如先支内模，则钢筋安装极为困难。对埋设在基础内的各种管道，必须在钢筋安装前进行安装，如安装好钢筋之后再安装各种管道，将十分困难。

(6)为提高机械化程度，节约劳力，加快速度，钢筋规格较粗，制作外形简单的部位，如基础底板、墙和大梁，在起重设备条件具备的情况下，可在基础近旁先绑扎成大块钢筋网或立体钢筋骨架，用塔吊一次整体吊入基坑内进行整体安装，使工作面由基坑内扩展到基坑外，可大大减少深坑内钢筋的运输绑扎工作量和劳动强度，使钢筋绑扎不占或少占绝对工期，加快安装速度。钢筋网片的大小，视起重机的起重能力及起重机的回转半径而定。当钢筋网片刚度不够时，可在部分连接处焊固，适当部位焊接或增设临时加固加强钢筋，以避免弯曲变形。加固用的型钢或钢筋，在吊装完毕后，可割下再用。安装时，在底板立壁上预先安好混凝土垫块，以保持规定的保护层。钢筋接头以采用对焊连接，个别采用搭接绑扎。

(7)对基础受荷载大的部位，有时在顶部设二三层钢筋网片，上下层网片孔格要求对齐，施工时，如需在面层钢筋上开孔，切断钢筋网片，以便放入串筒、漏斗或泵送浇灌管道和操作人员上下，其位置应选择在钢筋网受力的次要部位，浇筑混凝土至上层钢筋底部，再由专人负责修复，其搭接长度应不少于$35d$(d为钢筋直径)。

(8)钢筋安装完后，应将底板及钢筋上杂物、泥渣清理干净，做好自检记录，交专检复查，最后做必要的修整，办好交接手续，方可进行下一道工序混凝土的浇筑。

(三)大体积混凝土施工

大体积混凝土施工过程中，由于混凝土中水泥的水化作用是放热反应，大体积混凝土又有一定的保温性能，因此混凝土内部升温幅度较表面要大得多，而在温度达到峰值后的降温过程中，内部又比表面慢得多。这些过程中，混凝土的各部分由于热胀冷缩(温度变形)以其相互约束及外界约束的作用而在混凝土内产生的应力(温度应力)是非常复杂的。只要温度应力超过混凝土的所能承受的极限值，混凝土就会开裂。

1. 裂缝产生的原因和形式

(1)裂缝原因。大体积混凝土出现裂缝的原因主要是：第一，由外荷载的直接应力引起的裂缝；第二，由结构的次应力引起的裂缝；第三，由变形变化引起的裂缝，即由温度、收缩、不均匀沉降、膨胀等变形变化产生应力而引起的裂缝。大体积混凝土开裂主要是第三类原因。

①由于水化热产生开裂。混凝土浇筑时就有一定的入模温度，凝结硬化过程中，水泥的水化作用放出大量水化热，使混凝土内部和表面有较大温差，在混凝土表面附近存在较大的温度梯度，产生较大的拉应力，而此时混凝土的抗拉强度很低，因而引起混凝土开裂。

②由于混凝土收缩开裂。混凝土在降温阶段因逐渐散热而产生收缩，在混凝土凝结硬化过程中，由于混凝土拌和水的不断消耗(水化和蒸发)，以及胶质体的胶凝作用，促使混凝土产生硬化收缩。

③由于约束产生裂缝。大体积混凝土由于温度变化产生变形，当变形超过混凝土的极限拉伸值时，结构便出现裂缝。

④外界气温变化导致混凝土开裂。混凝土的内部温度是浇筑温度、水化热的绝热温升和结构散热降温等各种温度的叠加之和。外界气温越高，混凝土的浇筑温度也越高；如外界温度下降，会增加混凝土的降温幅度，特别在外界气温骤降时，会增加外层混凝土与内部混凝土的温度梯度，这对大体积混凝土极为不利。

温度应力是由温差引起的变形造成的。温差越大，温度应力也越大。

大体积混凝土不易散热，其内部温度有时高达80°以上，而且延续时间较长，为此，研究合理温度控制措施，以防止大体积混凝土内外温差悬殊引起大的温度应力，显得十分重要。

(2)裂缝形式。大体积混凝土内出现的裂缝，按其深度一般可分为表面裂缝、深层裂缝和贯穿裂缝。贯穿裂缝切断了结构断面，破坏结构整体性、稳定性和耐久性等，危害严重。深层裂缝部分切断了结构断面，也有一定危害性。表面裂缝虽然不属于结构性裂缝，但在混凝土收缩时，由于表面裂缝处断面削弱且易产生应力集中，能促使裂缝进一步开展。

国内外有关规范对裂缝宽度都有相应的规定，一般都是根据结构工作条件和钢筋种类而定。我国的混凝土结构设计规范(GB 50010—2002)，对混凝土结构的最大允许裂缝宽度也有明确规定：一类环境(室内正常环境)下为0.3mm；二类环境下为0.2mm。

一般来说，由于温度收缩应力引起的初始裂缝，不影响结构的瞬时承载能力，而对耐久性和防水性产生影响。对不影响结构承载能力的裂缝，为防止钢筋锈蚀、混凝土碳化、疏松剥落等，应对裂缝加以封闭或补强处理。

对于基础、地下或半地下结构，裂缝主要影响其防渗性能。当裂缝宽度只有0.1～

0.2mm时，虽然早期有轻微渗水，经过一段时间后一般裂缝可以自愈。裂缝宽度如超过0.2～0.3mm，其渗水量与裂缝宽度的三次方成正比，渗水量随着裂缝宽度的增大而增加很快，为此，对于这种裂缝必须进行化学灌浆处理。

2. 防止大体积混凝土温度裂缝的技术措施

根据大量的工程实践经验，当混凝土内部和表面温差控制在一定的范围时，混凝土不致产生表面裂缝。在我国，一般按25℃执行。为防止产生温度裂缝，应着重在控制混凝土温升、延缓混凝土降温速率、减少混凝土收缩、提高混凝土极限拉伸值、改善约束和完善构造设计等方面采取措施。另外，在大体积混凝土结构施工过程中的温度监测也十分重要，它可使有关人员及时了解混凝土结构内部温度变化情况，必要时，可临时采取事先考虑的有效措施，以防止混凝土结构产生温度裂缝。

(1)控制混凝土温升。大体积混凝土结构在降温阶段，由于降温和水分蒸发等原因产生收缩，再加上存在外约不能自由变形而产生温度应力。因此，控制水泥水化热引起的温升，即减小了降温温差，这对降低温度应力、防止产生温度裂缝起到了釜底抽薪的作用。

①选用中低热的水泥品种。混凝土升温的热源是水泥水化热，选用中低热的水泥品种，可减少水化热，使混凝土减少升温，因此，大体积混凝土结构多选用矿渣硅酸盐水泥。

②利用混凝土的后期强度。试验数据证明，每立方米的混凝土水泥用量每增减10kg，水泥水化热将使混凝土的温度相应升降1度。因此，为控制混凝土温升，降低温度应力，减少产生温度裂缝的可能性，可根据结构实际承受荷载情况，对结构的刚度和强度进行复算并取得设计和质量检查部门的认可后，可采用f45、f60或f90替代f28作为混凝土设计强度，这样可使每立方米混凝土的水泥用量减少40～70kg/m^3，混凝土的水化热温升相应减少4～7度。

由于筏板基础承受的设计荷载，要在较长时间之后才施加其上，所以只要能保证混凝土的强度，28d之后继续增长，且再预计的时间(45d、60d或90d)能达到或超过设计强度即可。利用混凝土后期强度，要专门进行混凝土配合比设计，并通过试验证明28d之后混凝土强度能继续增长。

③掺加减水剂木质素磺酸钙。木质素磺酸钙属阴离子表面活性剂，对水泥颗粒有明显的分散效应，并能使水的表面张力降低而引起加气作用。因此，在混凝土中掺入水泥重量0.25%的木质素磺酸钙减水剂，不仅能使混凝土和易性有明显的改善，同时又减少了10%左右的拌和水，节约10%左右的水泥，从而降低了水化热，大大减少了在大体积混凝土施工过程中出现温度裂缝的可能性。

④掺加粉煤灰外掺料。试验资料表明，在混凝土内掺入一定数量的粉煤灰，由于粉煤灰具有一定活性，不但可代替部分水泥，而且粉煤灰颗粒呈球形，具有"滚珠效应"而起润滑作用，能改善混凝土的流动性，可增加泵送混凝土要求的0.315mm以下细粒的含量，改善混凝土可泵性，降低混凝土的水化热。另外，根据大体积混凝土的强度特性，初期处于高温条件下，强度增长较快、较高，但后期强度就增长缓慢，这是由于高温条件下水化作用迅速，随着混凝土的龄期增长，水化作用慢慢停止的缘故。掺

加粉煤灰后，可改善混凝土的后期强度，但其早期抗拉强度及早期极限拉伸值均有少量降低。因此，对早期抗裂要求较高的工程，粉煤灰掺入量应少一些，否则表面易出现细微裂缝。

⑤粗细骨料选择。为了达到预定的要求，同时又要发挥水泥最有效的作用，粗骨料有一个最佳的最大粒径。对于大体积混凝土，粗骨料的规格往往与结构物的配筋间距、模板形状以及混凝土浇筑工艺等因素有关。宜优先采用以自然连续级配的粗骨料配制混凝土。因为连续级配粗骨料配制的混凝土具有较好的和易性、较少的用水量和水泥用量以及较高的抗压强度。在石子规格上可根据施工条件，尽量选用粒径较大、级配良好的石子。因为增大骨料粒径，可减少用水量，而使混凝土的收缩和泌水随之减少。同时，可减少水泥用量，从而使水泥的水化热减小，最终降低了混凝土的温升。当然，骨料粒径增大后，容易引起混凝土的离析，因此，必须优化级配设计，施工时加强搅拌、浇筑和振捣等工作。根据有关试验结果表明，采用5～40mm石子比采用5～25mm石子每立方米混凝土可减少用水量15kg左右，在相同水灰比的情况下，水泥用量可减少20kg左右。粗骨料颗粒的形状对混凝土的和易性和用水量也有较大的影响。因此，粗骨料中的针、片状颗粒按重量计应不大于15%。细骨料以采用中、粗砂为宜。在满足可泵性的前提下，应尽可能使砂率降低，因为砂率过大将对混凝土的强度产生不利影响。另外，砂、石的含泥量必须严格控制。根据国内经验，砂、石的含泥量超过规定不仅会增加混凝土的收缩，还会引起混凝土抗拉强度的降低，对混凝土的抗裂是十分不利的。因此，在大体积混凝土施工中，建议将石子的含泥量控制在小于1%，砂的含泥量控制在小于2%。

⑥控制混凝土的出机温度和浇筑温度。混凝土的原材料中石子的比热较小，但其在每立方米混凝土中所占的重量较大；水的比热最大，但它的重量在每立方米混凝土中只占一小部分。因此，对混凝土出机温度影响最大的是石子及水的温度，其最有效的办法就是降低石子的温度。在气温较高时，为防止太阳的直射，可在砂、石堆场搭设简易遮阳装置，必要时，向骨料喷射水雾或使用前用冷水冲洗骨料。混凝土从搅拌机出料后，经搅拌运输车运输、卸料、泵送、浇捣、振捣、平仓等工序后的混凝土温度称为浇筑温度。如果混凝土浇筑温度过高，会引起较大的干缩以及给混凝土的浇筑带来不利影响，建议最高浇筑温度控制在40°以下为宜，因此合理选择浇筑时间、完善浇筑工艺以及加强养护工作非常重要。

(2)延缓混凝土降温速率。大体积混凝土浇筑后，为了减少升温阶段内外温差，防止产生表面裂缝，应给予适当的潮湿养护条件，防止混凝土表面脱水产生干缩裂缝，使水泥顺利进行水化，提高混凝土的极限拉伸值，以及使混凝土的水化热降温速率延缓减小结构计算温差，防止产生过大的温度应力和产生温度裂缝，对混凝土进行保湿和保温养护是很重要的。

此外，在大体积混凝土结构拆模后，宜尽快回填土，用土体保温，避免气温骤变时产生有害影响，也可延缓降温速率，避免产生裂缝。我国有些大体积混凝土结构工程就因为拆模后未回填土而长期暴露在外，结果引起裂缝。

(3)减少混凝土收缩、提高混凝土的极限拉伸值。混凝土的收缩值和极限拉伸值，除与水泥用量、骨料品种和级配、水灰比、骨料含泥量等有关外，还与施工工艺和施工质量密切有关。对浇筑后的混凝土进行二次振捣，能排除混凝土因泌水而在粗骨料、水平钢筋下部生产的水分和空隙，提高混凝土与钢筋的握裹力，防止因混凝土沉落而出现的裂缝，减小内部微裂，增加混凝土密实度，使混凝土的抗压强度提高10%～20%，从而提高抗裂性。混凝土的二次振捣的恰当时间是指混凝土经振捣后恢复到塑性状态的时间，一般称为振动界限。在最后确定二次振捣时间时，既要考虑技术上的合理，又要满足分层浇筑、循环周期的安排，在操作时间上要留有余地，避免由于这些失误而造成"冷接头"等质量问题。此外，改进混凝土的搅拌工艺也很重要。为了进一步提高混凝土质量，可采用二次投料的砂浆裹石或净浆裹石搅拌新工艺，这样可有效地防止水分向石子与水泥砂浆界面的集中，使硬化后的界面过渡层的结构致密，粘结加强，从而可使混凝土强度提高10%左右，也提高了混凝土的抗拉强度和极限拉伸值。当混凝土强度基本相同时，可减少7%左右水泥用量。

(4)改善边界约束和构造设计。

①设置滑动层。在基础垫层与大体积混凝土之间设置滑动层(如涂刷沥青一道、干铺油毡一层等)，以减小温度应力。

②设置缓冲层。在大体积混凝土的高低底板处以及地梁、低槽等位置设置缓冲层，以缓解地基土对混凝土的压力。

③避免应力集中。在孔洞周围、变断面转角、转角等部位由于温度变化和混凝土收缩，会产生应力集中而导致裂缝。为此，可在孔洞四周增配斜向钢筋、钢筋网片；在变断面出避免断面突变，可做局部处理，使断面逐渐过渡，同时增配抗裂钢筋，这对防止裂缝是有益的。

④合理配筋。对于大体积混凝土，沿混凝土表面配置钢筋，可提高面层抗表面降温的影响和收缩。当混凝土的底板厚度超过200mm时，可采取增配构造钢筋，使构造筋起到温度筋的作用，能有效地提高混凝土抗裂性能。受力钢筋能满足变形构造要求时，可不再增加温度筋。构造筋如不能起到抗约束作用，应增配温度筋。

⑤合理地分段浇筑。当大体积混凝土结构的尺寸过大时，通过计算，证明整体一次浇筑会产生较大温度应力，有可能产生温度裂缝时，则可与设计单位协商，采用合理的分段浇筑，即增设"后浇带"进行浇筑。用"后浇带"分段施工时，其计算是将降低温差和收缩应力分为两部分，在第一部分内结构被分成若干段，使之能有效减小温度和收缩应力；在施工后期再将这若干段浇筑成整体，继续承受第二次温差和收缩的影响。"后浇带"的间距，在正常情况下为20～30m，保留时间一般不宜少于40d，其宽度可取70～100cm，其混凝土强度等级比原结构提高5～10/mm^2，湿养护不少于15d。

⑥设置应力缓和沟。在结构的表面，每隔一定距离(一般约为结构厚度的1/5)设一条沟，设置应力缓和沟后，以缓冲基础收缩时的侧向压力。

3. 施工监测

在大体积混凝土的凝结硬化过程中，应随时摸清大体积混凝土不同深度处温度场升或降的变化规律，及时监测混凝土内部的温度情况，对于有的放矢地采取相应的技术措施、确保混凝土不产生过大的温度应力，具有非常重要的作用。对于监测混凝土内部的温度，可在混凝土内不同部位埋设铜热传感器，用混凝土温度测定记录仪进行施工全过程的跟踪和监测。混凝土温度测定记录仪是以测定电阻变化来显示温度的仪器。记录仪连接着打印系统，为监测各测点温度场的分布情况，除需要按设计要求布置一定数量的传感器外，还要确保埋入混凝土中的每个传感器具有较高的可靠性。因此，必须对传感器进行封装，封装的工序一般包括初筛、热老化处理、绝缘试验、馈线焊接和密封。初筛、热老化处理和绝缘试验的目的是确保铜热传感器的可靠性、准确性和密封性，剔除不合格的传感器，限定混凝土碱性腐蚀对测试工作的影响。馈线焊接和密封是保证传感器正常工作必不可少的关键工序，将馈线与传感器接线头焊接后，再用环氧树脂密封后就可供现场布置了。将铜热传感器用绝缘胶布绑扎于预定测点位置处的钢筋上，如预定位置处无钢筋，可另外设置钢筋。由于钢筋的导热系数大，传感器直接接触钢筋会使该部位的温度值失真，所以，要用绝缘胶布绑扎，待各铜热传感器绑扎完毕后，应将馈线收成一束，固定在横向钢筋下沿引出，以避免在浇筑混凝土时馈线受到损伤。

待馈线与测定记录仪接好后，应再次对传感器进行试测检查，试测完全合格后，混凝土测试的准备工作即将结束。混凝土温度测定记录仪不仅可显示读数，而且还可自动记录各测点的温度，能及时绘制出混凝土内部温度变化曲线，随时对照理论计算值，可有的放矢地采取相应的技术措施。这样，在施工过程中，可以做到对大体积混凝土内部的温度变化进行跟踪监测，实现信息化施工，确保工程质量。

4. 施工注意事项

(1)大体积混凝土的拌制与运输。应尽可能在现场设集中搅拌站或采用商品混凝土，严格控制混凝土浇筑时的坍落度。

(2)混凝土的浇筑方案。在施工技术方案中必须明确浇筑混凝土是一次整浇还是分段分层浇筑，并相应配置好运输机具、浇筑设备和劳动力。大体积混凝土的浇筑方案可以有以下几种：

①全面分层：在第一层混凝土浇筑完毕后，再回头浇筑第二层(此时第一层混凝土尚未初凝)，逐层浇筑直至全部完毕，这种方式适于平面尺寸不大的结构。

施工时，宜从短边方向开始沿长边方向进行，必要时，也可分成两段向中央相向浇筑。为保证结构的整体性，要求次层混凝土在前层混凝土初凝前浇筑完毕。如结构的平面尺寸为$A(m^2)$，分层浇筑厚度为$h(m)$，混凝土供应量为$Q(m^3)$，混凝土从卸料到初凝的时间为t小时，则浇筑中应满足：$A \cdot h \leqslant Q \cdot t$，该式可以作为判断是否采用本浇筑方案的依据。

②分段分层：分为几个施工段，各段施工从底层开始浇筑，底层浇筑一定距离后回头浇筑第二层并依次浇筑以上各层。应注意的是，后一段底层混凝土施工时前一段底层混凝土应未初凝，这种方式适于厚度不大的结构。如结构厚度为$H(m)$，宽度为$B(m)$，分段浇筑长度为l，则浇筑中应满足：$l \leqslant Q \cdot t/B(H-h)$，该式也可以作为判断是否采用本浇筑方案的依据。

③斜面分层：混凝土浇筑由底到顶一次浇完。浇筑中应注意向前推进时斜面坡度不应大于1/3以及保证混凝土振捣密实。这种方式适用于长度大大超过宽度的结构。

④做好混凝土的表面处理与养护工作。大体积混凝土浇筑完毕后，应在混凝土初凝后和终凝前的适当时间进行二次振捣或表面抹压，排除表面的泌水，消除最先出现的表面裂缝。非冬期施工时，应按照施工技术方案进行覆盖保温或采取蓄水养护(尤其在夏季施工时)；冬期施工时，也应及时进行覆盖保温。此外，还要严格控制好养护的延续时间。

项目六　基础平面表示法识图

为了规范使用建筑结构施工图平面整体设计方法，保证平法设计绘制的结构施工图实现全国统一，确保设计、施工质量，中国建筑标准设计研究院特制定了《混凝土结构施工图平面整体表示方法制图规则和构造详图(独立基础、条形基础、筏形基础及桩基承台)》(11G101-3)，整合了04G101图集中的筏板基础(分为梁板式和平板式)、08G101-5图集中的地下室结构的基础部分以及06G101-6图集中的独立基础、条形基础和桩基承台的平法制图规则和标准构造详图的内容。

本项目要求学生由自备《混凝土结构施工图平面整体表示方法制图规则和构造详图(独立基础、条形基础、筏形基础及桩基承台)》(11G101-3)，进行自主学习。

实训任务　××办公楼工程基础识图及钢筋下料单计算

一、工程资料

本工程为框架结构，无地下室，地上四层。

(一)自然条件

(1)抗震设防烈度为七度，抗震等级为三级。

(2)场地的工程地质条件：本工程专为办公楼使用设计，无地勘报告。基础按独立基础设计，采用天然地基，地基采用卵石层为基础持力层，承载力特征值为160kPa。

(二)主要结构材料

基础采用柱下钢筋混凝土独立基础，混凝土强度等级为：垫层C10，柱下独立基础C30，钢筋均采用HPB300和HRB335级钢筋。基础宽度大于2.5m时，钢筋长度取宽度的0.9倍。

(三)基础结构施工图(图5-28、图5-29)

二、任务要求

每组请认真阅读下面给出本工程结构设计总说明和基础结构施工图，完成以下任务：

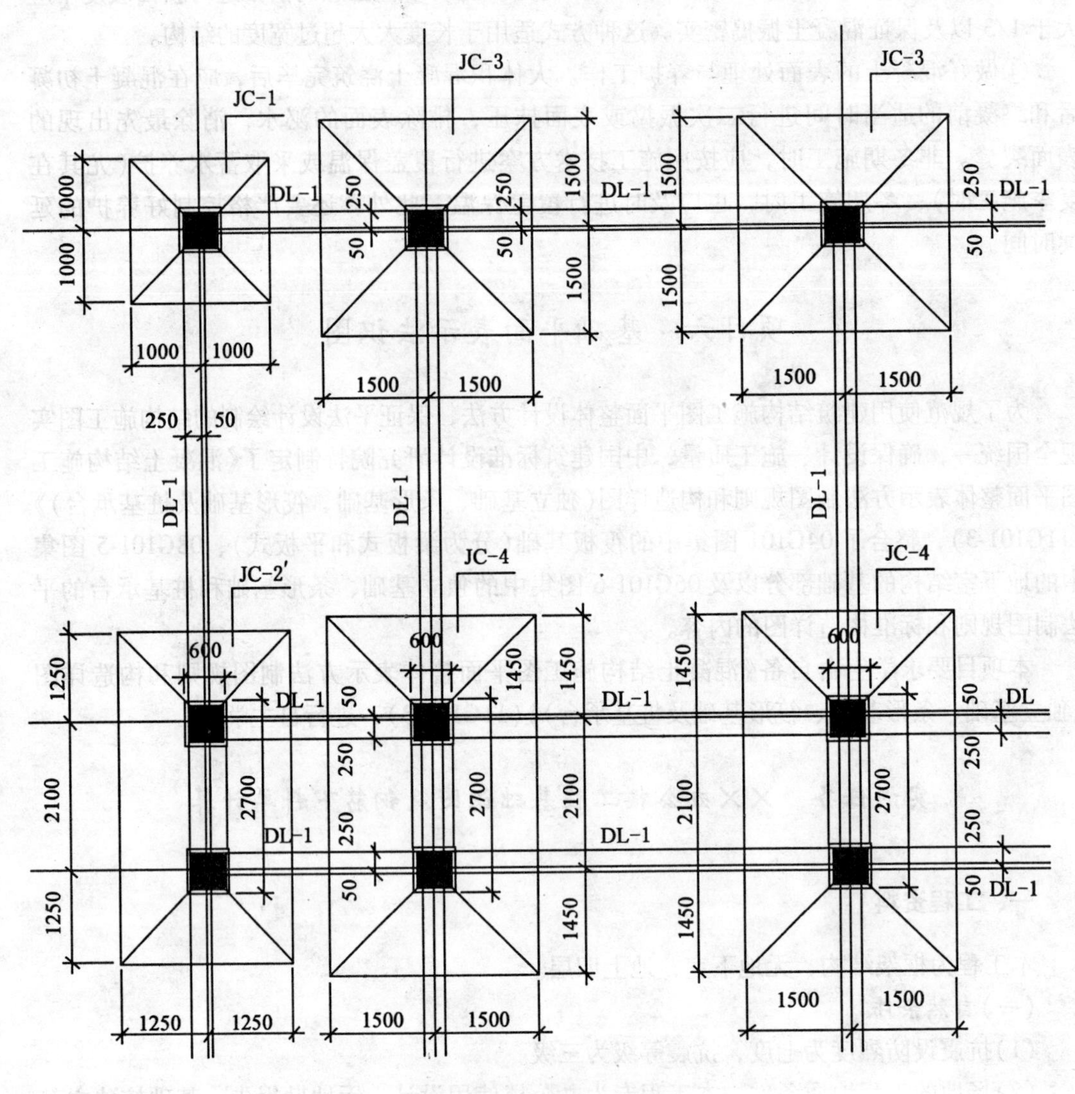

图 5-28 基础平面布置图

(1)结合已经学习的混凝土结构施工图（11G101-3），对基础结构施工图认真进行识图。

(2)每组选择3个不同类型的独立基础，对钢筋进行下料计算。

三、实施方案

(1)学生分成5组，每组7~8人。

(2)学生用A4的打印纸做出独立基础钢筋下料单。

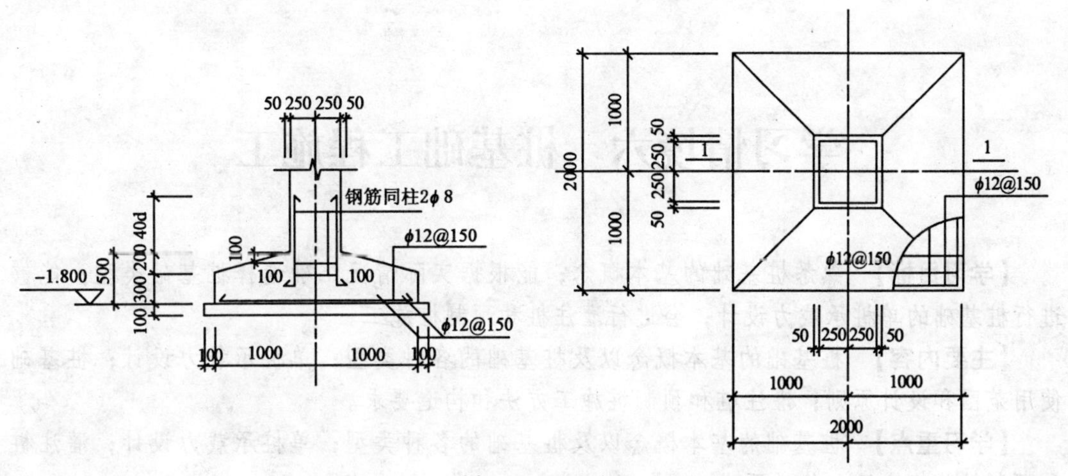

(a) JC-1 基础详图

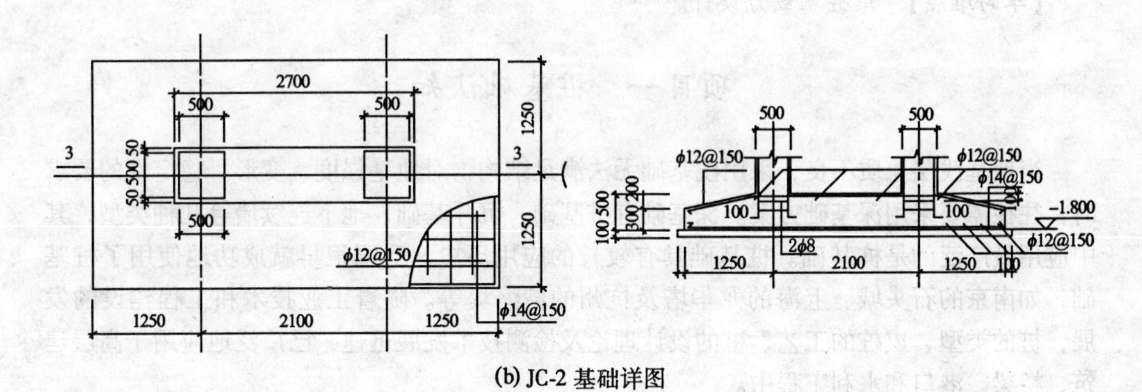

(b) JC-2 基础详图

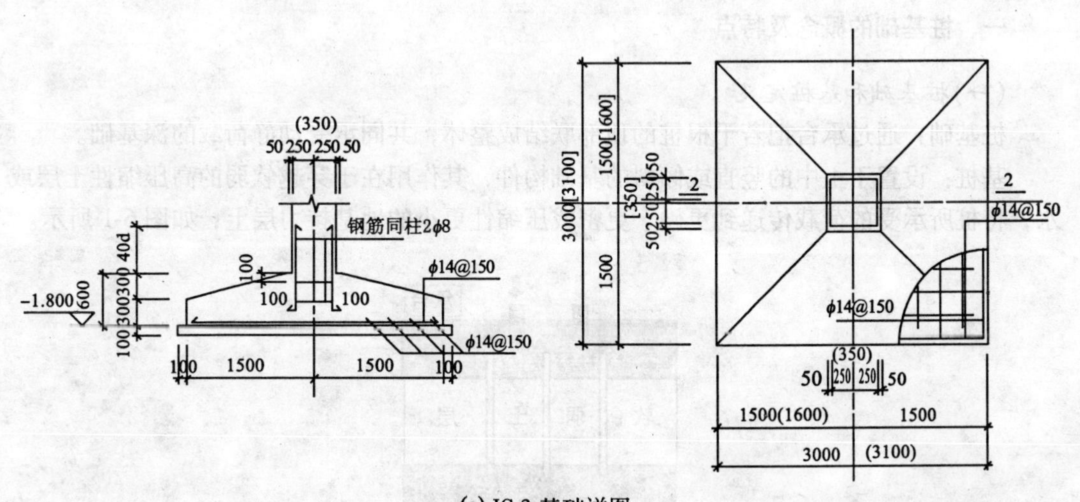

(c) JC-3 基础详图

图 5-29　基础结构详图

学习情境六　桩基础工程施工

【学习目标】 熟悉桩基础的基本概念；能根据实际情况正确选择桩基础类型；能够进行桩基础的单桩承载力设计；会进行灌注桩和预制桩施工。

【主要内容】 桩基础的基本概念以及桩基础的各种类型；单桩承载力设计；桩基础使用范围和设计原则；灌注桩和预制桩施工方法和构造要求。

【学习重点】 桩基础的基本概念以及桩基础的各种类型；单桩承载力设计；灌注桩和预制桩施工方法和构造要求。

【学习难点】 单桩承载力设计。

项目一　桩基础认知

当地基浅层土质不良，采用浅基础无法满足结构物对地基强度、变形、稳定性的要求时，往往需要采用深基础方案。深基础有桩基础、沉井基础、地下连续墙等几种类型，其中应用最广泛的是桩基础。桩基础具有较长的应用历史，我国很早就成功地使用了桩基础，如南京的石头城、上海的龙华塔及杭州的湾海堤等。随着工业技术和工程建设的发展，桩的类型、成桩的工艺、桩的设计理论及检测技术发展迅速，已广泛地应用于高层建筑、桥梁、港口和水利工程中。

一、桩基础的概念及特点

(一)桩基础和基桩定义

桩基础：通过承台把若干根桩的顶部联结成整体，共同承受动静荷载的深基础。

基桩：设置于土中的竖直或倾斜的基础构件，其作用在于穿越软弱的高压缩性土层或水，将桩所承受的荷载传递到更硬、更密或压缩性更小的地基持力层上，如图6-1所示。

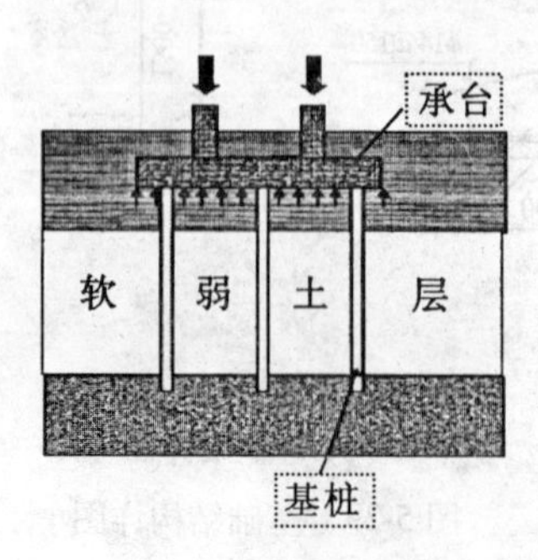

图6-1　桩基组成

(二)桩基础特点

(1)承载力高、稳定性好、沉降量小；

(2)深基础施工需要专门的设备，如打桩机、挖槽机、泥浆搅拌设备等；

(3)深基础的技术较为复杂，必须由专业技术人员负责施工技术和质量检查；

(4)与其他深基础比较，施工造价低。

(三)桩基础的适用范围和设计原则

1. 桩基础适用范围

(1)当地基软弱、地下水位高且建筑物荷载大，采用天然地基，地基承载力不足时，需采用桩基础。

(2)当地基承载力满足要求，但采用天然地基时沉降量过大，或当建筑物沉降要求严格、建筑等级较高时，需采用桩基础。

(3)高层或高耸建筑物需采用桩基础，可防止在水平力作用下发生倾覆。

(4)建筑物内、外有大量堆载会造成地基过量变形而产生不均匀沉降，或为防止对邻近建筑物产生相互影响的新建建筑物，需采用桩基础。

(5)设有大吨位的重级工作制吊车的重型单层工业厂房可采用桩基础。

(6)对地基沉降及沉降速率有严格要求的精密设备基础可采用桩基础。

(7)地震区、建筑物场地的地基土中有液化土层时，可采用桩基础。

(8)浅土层中软弱层较厚，或为杂填土或局部有暗滨、溶洞、古河道、古井等不良地质现象时，可采用桩基础。

2. 桩基础设计原则

《建筑桩基技术规范》(JGJ94—2008)规定：建筑桩基设计与建筑结构设计一样，应采用以概率理论为基础的极限状态设计方法，以可靠度指标来度量桩基的可靠度，采用分项系数的表达式进行计算。桩基的极限状态分为两类：

(1)承载能力极限状态：对应于桩基达到最大承载能力导致整体失稳或发生不适于继续承载的变形。

(2)正常使用极限状态：对应于桩基达到建筑正常使用所规定的变形值或达到耐久性要求的某项极限。

根据桩基破坏造成建筑物的破坏后果(危及人的生命、造成经济浪费、产生社会影响)的严重性，桩基设计师应按表6-1确定相应的安全等级。

表6-1　**建筑桩基安全等级**

安全等级	破坏后果	建筑物类型
一级	很严重	重要的工业与民用建筑物，对装机变形有特殊要求的工业建筑物
二级	严重	一般的工业与民用建筑物
三级	不严重	次要的建筑物

(四)桩基础的类型

1. 按桩的承台与地面相对位置的高低分类

桩基础可分为低承台桩基和高承台桩基两种。低承台桩基的承台底面位于地面以下(图6-2),高承台桩基的承台底面高出地面以上(图6-3)。在工业与民用建筑中,几乎都使用低承台桩基础,而且大量采用竖直桩,斜桩则较少用。但在桥梁、港湾和海洋构筑物等工程中,常使用高承台桩基础,且多用斜桩,以承受较大的水平荷载。

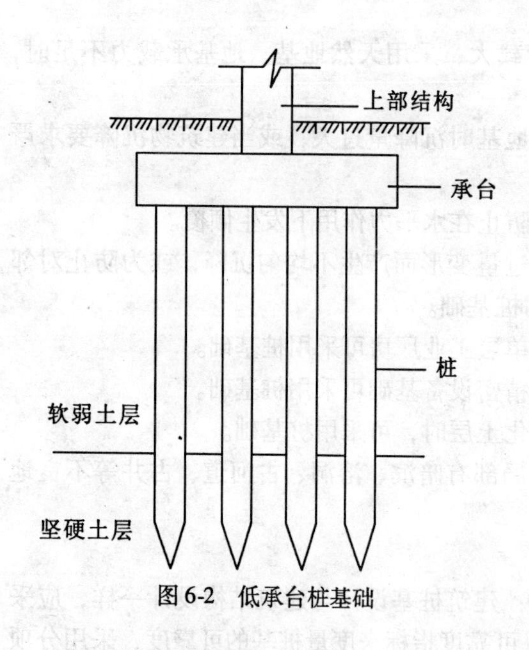

图6-2 低承台桩基础

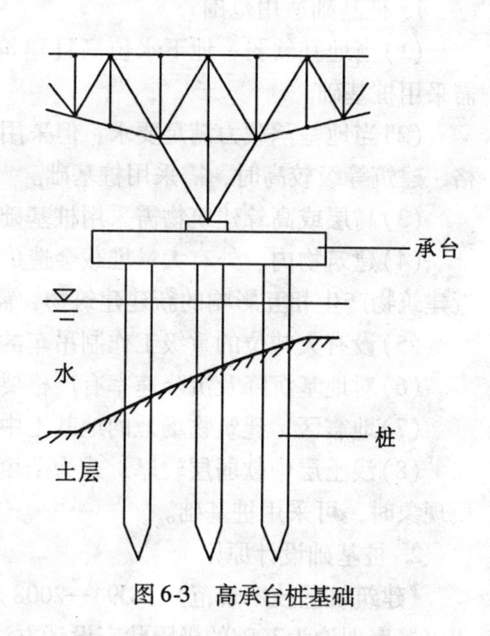

图6-3 高承台桩基础

2. 按桩的承载性状分类

(1)摩擦桩。

①摩擦桩:在极限承载力状态下,桩顶荷载由桩侧阻力承受,即纯摩擦桩,桩端阻力可忽略不计,如长径比很大,桩顶荷载通过桩侧阻力传递给桩周土,桩端阻力很小;桩端下无较坚实的持力层,如图6-4(a)所示。

②端承摩擦桩:在极限承载力状态下,桩顶荷载主要由桩侧阻力承受,桩端阻力占少量比例,如图6-4(b)所示。

(2)端承桩。

①端承桩:在极限承载力状态下,桩顶荷载由桩端阻力承受。较短的桩,桩端进入微风化或中等风化岩石时,为典型的端承桩,此时桩侧阻力忽略不计。端承桩就是桩顶极限荷载绝大部分由桩端阻力承担,而桩侧阻力可以忽略不计的桩。这种桩其长径比较小($l/d<10$),桩端设置在密实砂类、碎石类土层中或位于中等风化微风化及新鲜基岩顶面,如图6-4(c)所示。

②摩擦端承桩:在极限承载力状态下,桩顶荷载主要由桩端阻力承受,桩侧摩擦力占的比例较小,但不能忽略不计,如图6-4(d)所示。

例如,预制桩截面400mm×400mm,桩长5.0m,桩周土为流塑状态黏性土,桩端土为密实粗砂,则此桩为摩擦端承桩,桩侧摩擦力约占单桩承载力的20%。

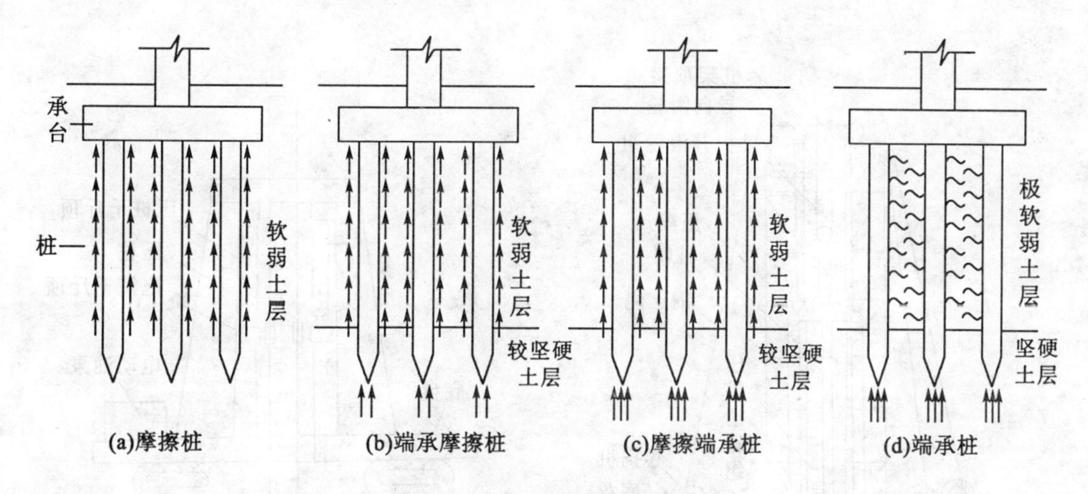

图 6-4 按桩的承载性能分类

3. 按桩的使用功能分类

(1)竖向抗压桩：大多数建筑桩基础为抗压桩。

(2)竖向抗拔桩：如高压输电塔的桩基础，因偏心荷载很大，桩基可能受上拔力，成为抗拔桩。

(3)水平受荷桩：如深基坑护坡桩，承受水平方向土压力作用，为水平受荷桩。

(4)复合受荷桩：桩承受的竖向荷载与水平荷载均较大，如上海宝钢运输矿石的长江栈桥的桩基础。

4. 按桩的施工方法分类

(1)预制桩：在施工前预先制作成型，再用各种机械设备把它沉入地基至设计标高的桩，称为预制桩。预制桩可以是木桩、钢桩或钢筋混凝土预制桩等(图 6-5)。沉桩方法有气锤打入(图 6-6)、振动沉桩、静压桩(图 6-7)等。

图 6-5 钢筋混凝土预制桩

图 6-6 气锤打桩

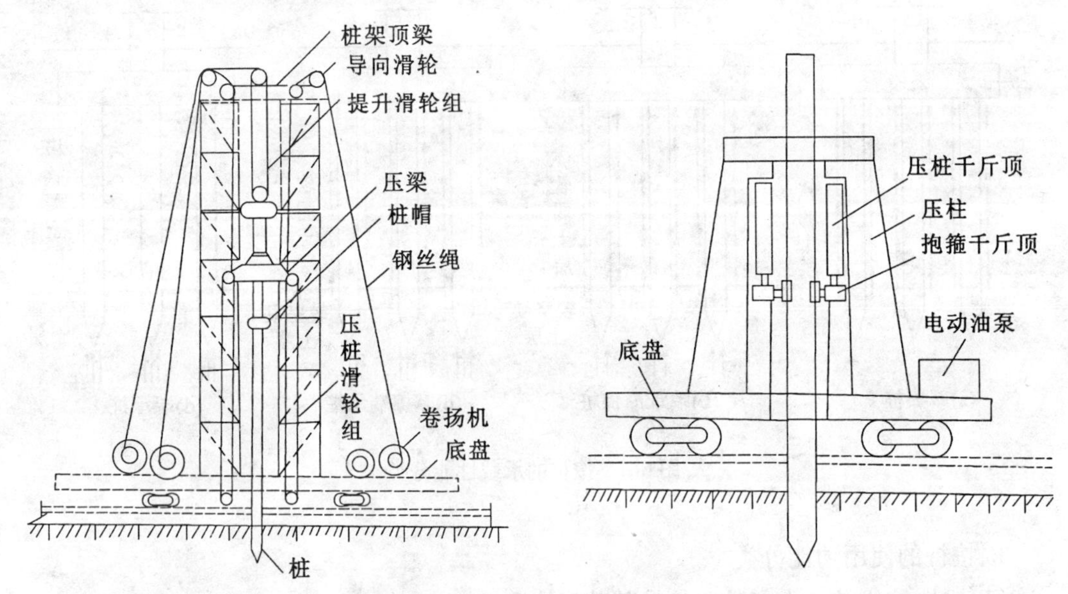

图 6-7 静力压预制桩

(2)灌注桩：在建筑工地现场通过机械钻孔、钢管挤土或人力挖掘等手段在地基土中形成桩孔，并在其内放置钢筋笼、灌注混凝土而做成的桩。依照成孔方法不同，灌注桩成孔顺序可分为钻(冲)孔灌注桩(图 6-8)、沉管灌注桩(图 6-9)和挖孔灌注桩(图 6-10)等几大类。

①钻(冲)孔灌注桩：这种桩的施工如图 6-8 所示。

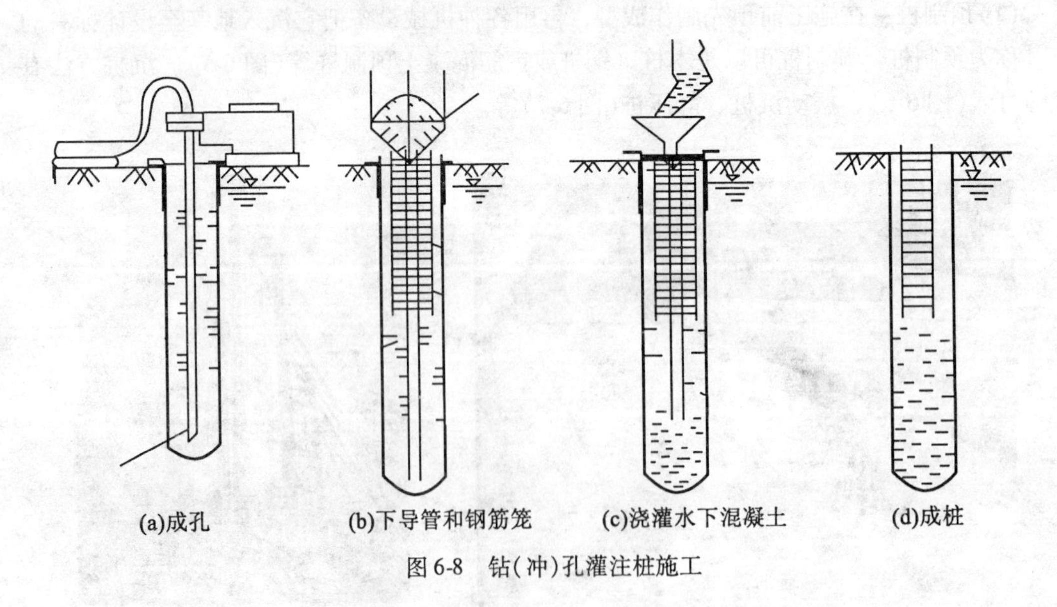

图 6-8 钻(冲)孔灌注桩施工

②沉管灌注桩：这种桩的施工如图 6-9 所示。

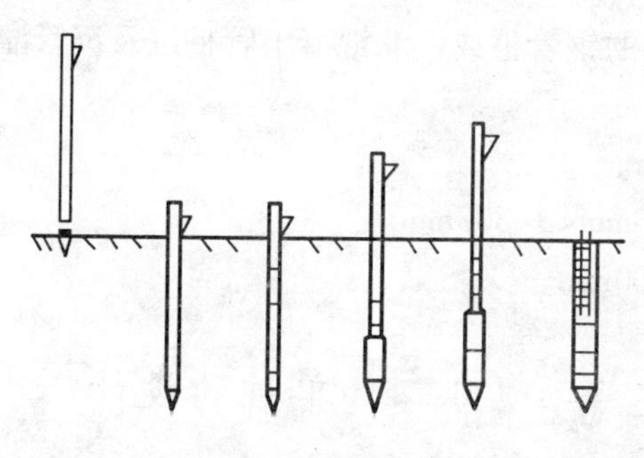

图 6-9　沉管灌注桩施工

③人工挖孔灌注桩：这种桩的施工如图 6-10 所示。

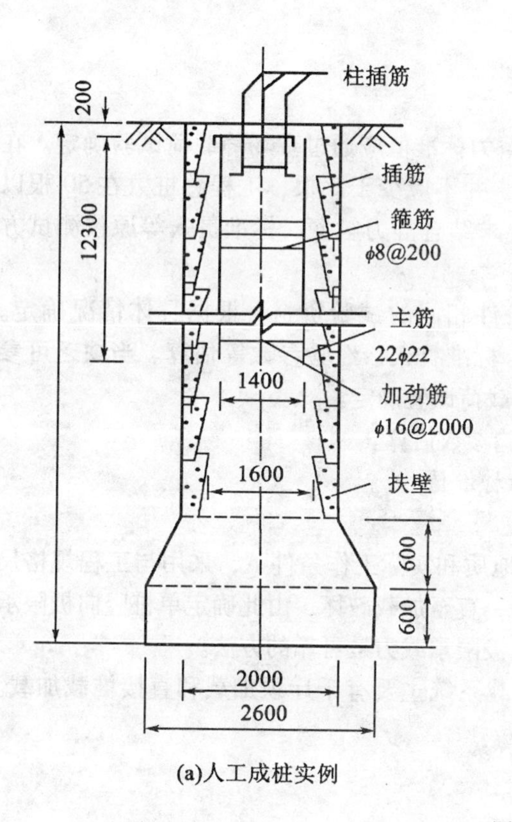

(a)人工成桩实例

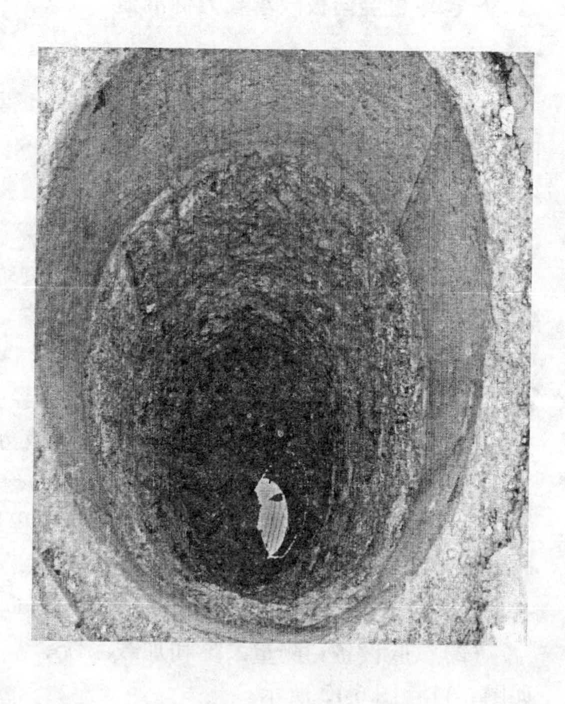

(b)人工挖孔灌注

图 6-10

5. 按成桩方法和成桩过程的挤土效应分类

(1)非挤土桩：成桩过程对桩周围的土无挤压作用的桩，主要有钻(冲)孔桩、挖孔桩。

(2)部分挤土桩(少量挤土桩)：成桩过程对周围土产生部分挤压作用的桩，主要有"工"字形或"H"形钢桩、钢板桩、开口钢管桩、开口钢筋混凝土管。

(3)挤土桩：成桩过程中，桩孔中的土未取出，全部挤压到桩的四周的桩，主要有木桩、钢筋混凝土桩、闭口的钢管桩或钢筋混凝土管桩以及沉管灌注桩。

6. 按桩径大小分类

(1)小桩：$d \leqslant 250$mm。.

(2)中等直径桩：250mm<d<800mm。

(3)大直径桩：$d \geqslant 800$mm。

项目二　单桩的设计

我国确定桩的承载力的依据有两种：《建筑地基基础设计规范》(GB50007—2002)和《建筑桩基技术规范》(JGJ94—2008)。桩的承载力包括单桩竖向承载力、群桩竖向承载力和桩的水平承载力。下面依据《建筑桩基技术规范》(JGJ94—2008)进行介绍。

一、单桩竖向极限承载力标准值

(一)对各级建筑物的规定

(1)对于一级建筑桩基，单桩竖向极限承载力标准值应通过现场静载荷试验确定。在同一条件下的试桩数量不宜少于总桩数的1%，并不应少于3根，工程总桩数在50根以内时不应少于2根。《建筑桩基技术规范》还要求结合静力触探、标准贯入等原位测试方法综合确定。

(2)对于二级建筑桩基，也可参照地质条件相同的试验资料，根据具体情况确定。《建筑桩基技术规范》规定，应根据静力触探，标准贯入、经验参数等估算。当缺乏可参照的试桩资料或地质条件复杂时，应由现场静载荷试验确定。

(3)对于三级建筑桩基，可利用承载力经验参数估算。

(二)按静载试验确定单桩竖向极限承载力标准值

1. 轴向受压静载试验

(1)试验目的：在建筑工程现场实际工程地质和实际工作条件下，采用与工程规格尺寸完全相同的试桩，进行竖向抗压静载荷试验，直至加载破坏，由此确定单桩竖向极限承载力作为桩基设计的依据。这是确定单桩竖向极限承载力最可靠的方法。

(2)试验设备：测量系统和加载系统，加载系统主要有千斤顶加载和直接堆载加载。如图6-11、图6-12所示。

(3)试验方法及要点：

①加载方式：慢速维持荷载法，即逐级加载；

②加载原则：每级荷载为预估极限荷载1/15～1/10；

③桩顶沉降观测：每级加载后间隔一定时间测量一次沉降；

④沉降相对稳定标准：沉降不超过0.1mm/h时，认为沉降稳定，进行下一级加载；

⑤终止加载条件：

a. 当荷载沉降曲线上有可判断极限承载力的陡降段；

b. 某级荷载作用下，桩的沉降量为前一级荷载作用下沉降量的5倍；

c. 某级荷载作用下，桩的沉降量为前一级荷载作用下沉降量的2倍，且经24小时尚未稳定；

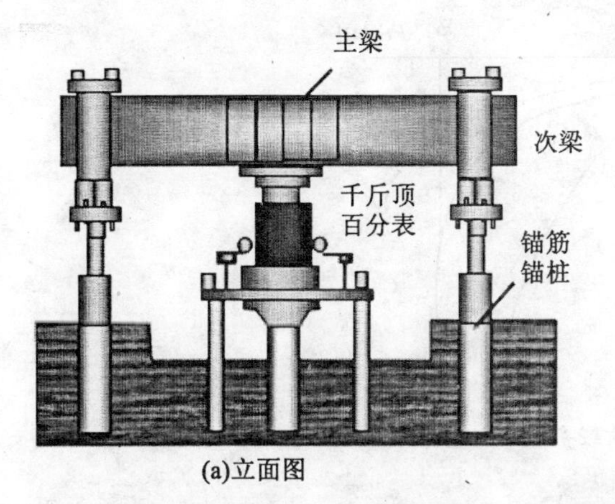

(a)立面图

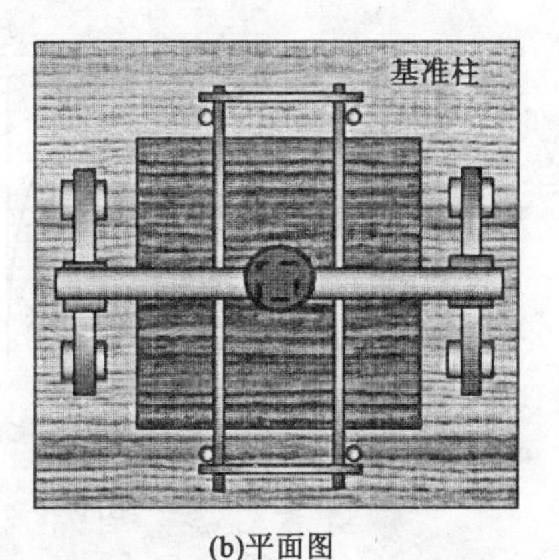

(b)平面图

图 6-11　千斤顶加载装置示意图

图 6-12　某工程桩试验

d. 已达到锚桩最大抗拔力或压重平台的最大重量；

e. 桩底支撑在坚硬岩土层上，桩的沉降量很小时，最大加载量已达到设计荷载的 2 倍；

f. 卸载与卸载沉降观测：每级卸载值为加载值的 2 倍。

2. 单桩竖向极限承载力实测值

(1) P-s 曲线有明显的陡降段，取陡降段起点相应的荷载值，如图 6-13 所示。

(2) 桩径或桩宽在 550mm 以下的预制桩，在某级荷载 P_i 作用下，其沉降增量与相应荷载增量的比值大于 0.1mm/kN 时，取前一级荷载 P_{i-1} 值为极限荷载 P_u。

(3) 当 P-s 曲线为缓变型，无陡降段时，根据桩顶沉降量确定极限承载力：

一般桩可取 $s=40\sim60$mm 对应的荷载；

大直径桩可取 $s=(0.03\sim0.06)D$ 对应的荷载值；

对于细长桩($L/D>80$)，可取 $s=60\sim80$mm 对应荷载。

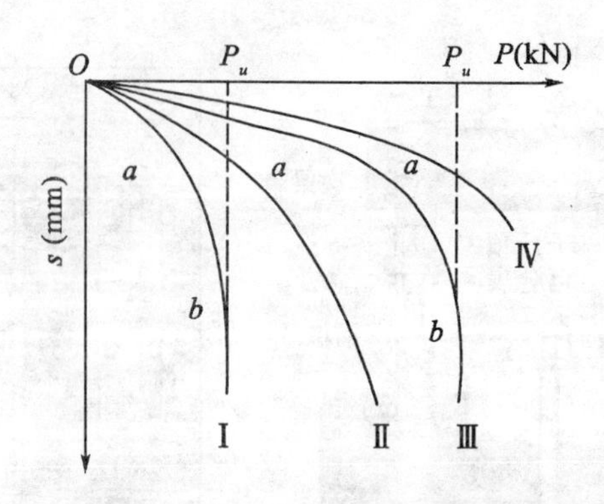

图 6-13　荷载-沉降(P-s)曲线

根据沉降随时间变化特征确定极限承载力：取 s–lg$t$ 曲线尾部出现明显向下弯曲的前一级荷载值。

3. 单桩竖向极限承载力标准值 Q_{uk}

(1)计算 n 根试桩实测极限承载力平均值 Q_{um}；

(2)计算每根试桩的极限承载力实测值 Q_{ui} 与平均值 Q_{um} 之比 α_i($\alpha_i = Q_{ui}/Q_{um}$)下标 i 根据 Q_{ui} 值按由小到大的顺序确定。

(3)计算 α_i 的标准差 S_n：

$$S_n = \sqrt{\sum_{i=1}^{n} (\alpha_i - 1)^2/(n-1)}$$

(4)Q_{uk} 的计算：当 α_i 的标准差 $S_n \leqslant 0.15$ 时，$Q_{uk} = Q_{um}$；当 $S_n > 0.15$ 时，$Q_{uk} = \lambda Q_{um}$。

式中：Q_{uk}——单桩竖向极限承载力标准值；

Q_{um}——单桩竖向极限承载力实测值；

λ——单桩竖向极限承载力标准值折减系数。

(三)按土的物理指标与承载力参数之间的关系确定单桩竖向极限承载力标准值(物理指标法)

(1)根据土的物理指标与承载力参数之间的经验关系，确定单桩竖向极限承载力标准值。

$$Q_{uk} = Q_{sk} + Q_{pk} = u \sum q_{sik} l_i + q_{pk} A_p \tag{6-1}$$

式中：Q_{sk}——单桩总极限侧阻力标准值；

Q_{pk}——单桩总极限端阻力标准值；

u——桩身的周边长度；

q_{sik}——桩侧第 i 层土的极限侧阻力标准值；可以查《建筑桩基技术规范》；

q_{pk}——极限端阻力标准值，可以查《建筑桩基技术规范》。

(2)根据土的物理指标与承载力参数之间的经验关系，确定大直径桩($d \geqslant 800$mm)单桩竖向极限承载力标准值。

$$Q_{uk} = Q_{sk} + Q_{pk} = u \sum \psi_{si} q_{sik} l_i + \psi_p q_{pk} A_p \tag{6-2}$$

式中：ψ_{si}，ψ_p——大直径桩侧阻、端阻尺寸效应系数，可以查《建筑桩基技术规范》。

对于砼护壁的大直径挖孔桩，计算单桩竖向承载力时，设计桩径取护壁外直径。

二、单桩竖向承载力特征值

(1)对于桩数小于 3 的桩基，基桩的竖向承载力设计值为

$$R=\frac{Q_{sk}}{\gamma_s}+\frac{Q_{p_k}}{\gamma_p} \tag{6-3}$$

(2)根据静载试验确定单桩竖向承载力标准值时，基桩的竖向承载力设计值为

$$R=\frac{Q_{uk}}{\gamma_{sp}} \tag{6-4}$$

式中：γ_s——桩侧阻抗力分项系数；

γ_p——桩端阻抗力分项系数；

γ_{sp}——桩侧端阻综合阻抗力分项系数；可以查表 6-2。

表 6-2　**桩基竖向承载力抗力分项系数**

桩型与工艺	$\gamma_s=\gamma_p=\gamma_{sp}$		γ_c
	静载试验法	经验参数法	
预制桩、钢管桩	1.60	1.65	1.70
大直径灌注桩(清底干净)	1.60	1.65	1.65
泥浆护壁钻(冲)孔灌注桩	1.62	1.67	1.65
作业钻孔灌注桩(d<0.8m)	1.65	1.70	1.65
沉管灌注桩	1.70	1.75	1.70

【**例 1**】某工程采用预应力管桩基础，桩径 0.55m，桩长 16m，桩端持力层为泥质岩，其中一根工程桩进行静载荷试验，其竖向荷载和桩顶沉降数据见表 6-3 和图 6-14，试分析该桩单桩极限承载力值，并计算单轴承载力特征值。

表 6-3　**静载荷试验数据**

Q(kN)		0	400	800	1200	1600	2000	2400	2800	3200	3400	3600	3800	4000	4200	4400
s (mm)	加	0	0.94	2.48	4.20	6.38	7.87	12.69	18.60	27.28	30.97	33.07	35.49	38.23	41.06	44.78
	卸	24	29.50	—	32.40	—	38.20	—	40.00	—	—	44.20	—	—	44.40	—

【**解**】从 Q–s 曲线看出，无陡降段，属缓变型，可根据沉降量确定极限承载力，桩长 16m，可取 s=40mm 所对应的荷载为单桩极限承载力。$Q_u=4150$kN，单桩承载力特征值 $R_a=4150/2=2075$(kN)。

【**例 2**】某工程采用截面 0.4m×0.4m 预制桩，桩长 20m，抽取 4 根桩进行单桩静载荷试验，其单桩极限承载力分别为 850kN，900kN，1000kN 和 1100kN，试确定单桩极限承载力标准值(《建筑地基基础设计规范(2002)》。

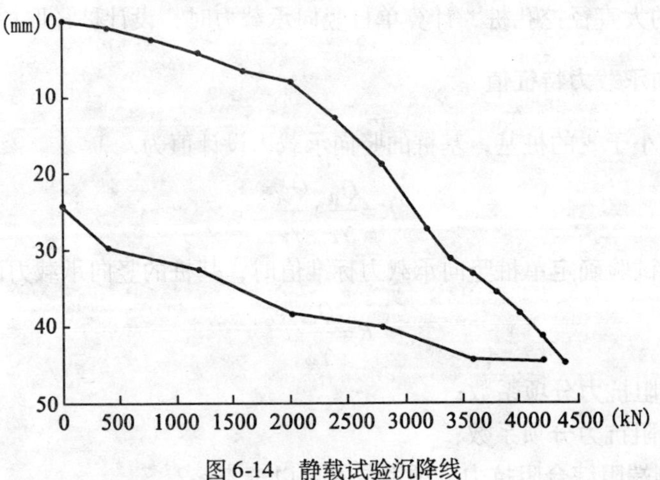

图 6-14 静载试验沉降线

【解】4 根桩实测极限承载力平均值：$Q_{um}=(850+900+1000+1100)/4=962.5(\text{kN})$；$Q_{um}=962.5\text{kN}$ 的极差 $1100-850=250\text{kN}<30\% Q_{um}=288.8\text{kN}$，所以其单桩极限承载力标准值为 $Q_{uk}=962.5\text{kN}$。

三、单桩抗拔承载力

1. 单桩抗拔承载力标准值

（1）一级建筑物应通过现场单桩抗拔静载荷试验确定；

（2）二、三级建筑物可用当地经验或按下式计算：

$$U_k = \sum \lambda_i q_{sik} u_i l_i \tag{6-5}$$

式中：U_k——基桩抗拔极限承载力标准值。

2. 单桩抗拔承载力设计值

（1）经验公式：

$$T_d = \frac{1}{K} u_p \sum \lambda_i q_{si} l_i + 0.9W \tag{6-6}$$

式中：K——安全系数，取 2～3；

q_{si}——桩周土摩擦力标准值，可查《建筑桩基技术规范》。

λ_i——抗拔与抗压极限侧阻力之比；

W——桩身有效自重，扣除水的浮力。

（2）《建筑桩基技术规范》公式：

$$\gamma_0 N \leqslant \frac{U_k}{\gamma_s} + G_p \tag{6-7}$$

式中：γ_0——桩基重要性系数，一、二、三级分别取 1.1、1.0、0.9；对于柱下单桩，按提高一级考虑；对于柱下单桩的一级建筑桩基取 1.2；

N——基桩抗拔力设计值；

U_k——基桩抗拔力标准值；

γ_s——桩侧阻力分项系数，一般按勘察报告提供。

四、单桩水平承载力

单桩的水平承载力取决于桩的材料强度、截面刚度、入土深度、桩侧土质条件、桩顶水平位移允许值和桩顶嵌固情况等因素。对于受水平荷载较大的一级建筑桩基，单桩水平承载力设计值应通过单桩静力水平荷载试验确定。实际工程中，通过设置斜桩来承受水平荷载，如对于上海宝钢在长江中深水栈桥桩基承受长江风浪水平荷载，采用斜桩来解决。

五、桩身材料验算

除按上述方法确定单桩承载力外，还应对桩身材料进行强度或抗裂度验算。

桩身材料强度验算：

$$\gamma_0 N \leqslant \phi(\psi_c f_c A + f'_y A'_s) \tag{6-8}$$

式中：f_c——砼轴心抗压强度设计值，按砼强度等级取；

A——桩的横截面积；

f'_y——钢筋抗压强度设计值；

A'_s——桩的全部纵向钢筋横截面积，按桩的纵向受力主筋计算；

ψ_c——基桩施工工艺系数，砼预制桩 $\phi_c=1.0$，干作业非挤土灌注桩 $\psi_c=0.9$ 等。

对于预制桩，还应进行运输、起吊和锤击等过程中的强度验算。

项目三　灌注桩基础工程施工

一、人工挖孔灌注桩

(一)人工挖孔灌注桩构造要求

人工挖孔灌注桩是用人工挖土成孔，灌注混凝土成桩；挖孔扩底灌注桩，是在挖孔灌注桩的基础上，扩大桩底尺寸而成，这类桩由于其受力性能可靠，不需大型机具设备，施工操作工艺简单，在各地应用较为普遍，已成为高层建筑大直径灌注桩施工的一种主要工艺形式，其特点是：单桩承载力高，结构传力明确，沉降量小，可一柱一桩，不需承台，不需凿桩头；可作为支承、抗滑、锚拉、挡土等；可直接检查桩直径、垂直度和持力土层情况，桩质量可靠；施工机具设备较简单，都为工地常规机具，施工工艺操作简便、占场地小；施工无震动、无噪声、无环境污染，对周围建筑物无影响；可多桩同时进行，施工速度快，节省设备费用，降低工程造价；桩成孔工艺存在劳动强度较大，单桩施工速度较慢，安全性较差等问题，但可通过采取技术措施克服；适用于桩直径 800mm 以上，无地下水或地下水较少的黏土、粉质黏土，含少量的砂、砂卵石、礓结石的黏土层采用，特别适于黄土层使用，深度一般为 20m 左右；可用于高层建筑、公用建筑、水工结构(如作为支承、抗滑、挡土、锚拉桩等)。对有流砂、地下水位较高、涌水量大的冲积地带及近代沉积的含水量高的淤泥、淤泥质土层不宜采用。

挖孔桩直径 d 为 800 ~ 2000mm，最大直径可达 3500mm；桩埋置深度(桩长)一般在 20m 左右，最深可达 40m。当要求增大承载力，底部扩底时，扩底直径一般为 1.3 ~

3.0d，最大可达4.5d，扩底直径大小按$\frac{d_1-d}{2p}$：$h=1:4$，$h_1 \geqslant \frac{d_1-d}{4}$进行控制。一般采用一柱一桩，如采用一柱两桩时，两桩中心距应不小于3d，两桩扩大头净距不小于1m，在不同一标高时，应不小于0.5m。桩底宜挖成锅底形，锅底中心比四周低200mm，根据试验，它比平底桩可提高承载力20%以上。桩底应支承在可靠的持力层上，支承桩大多采用构造配筋，配筋率以0.4%为宜，配筋长度一般为1/2桩长，且不小于10m；用做抗滑、锚固、挡土桩的配筋，按全长或2/3桩长配置，由计算确定。箍筋采用螺栓箍或封闭单箍，并不小于ϕ8@200，在桩顶1m范围内间距加密一倍，以提高桩的抗剪强度。当钢筋笼长度超过4m时，为加强其刚度和整体性，可每隔2m设一道ϕ16~20mm焊接加强筋。钢筋笼长超过10m时，需分段拼接，拼接处应用焊接。桩混凝土强度等级不应低于C20(图6-15)。

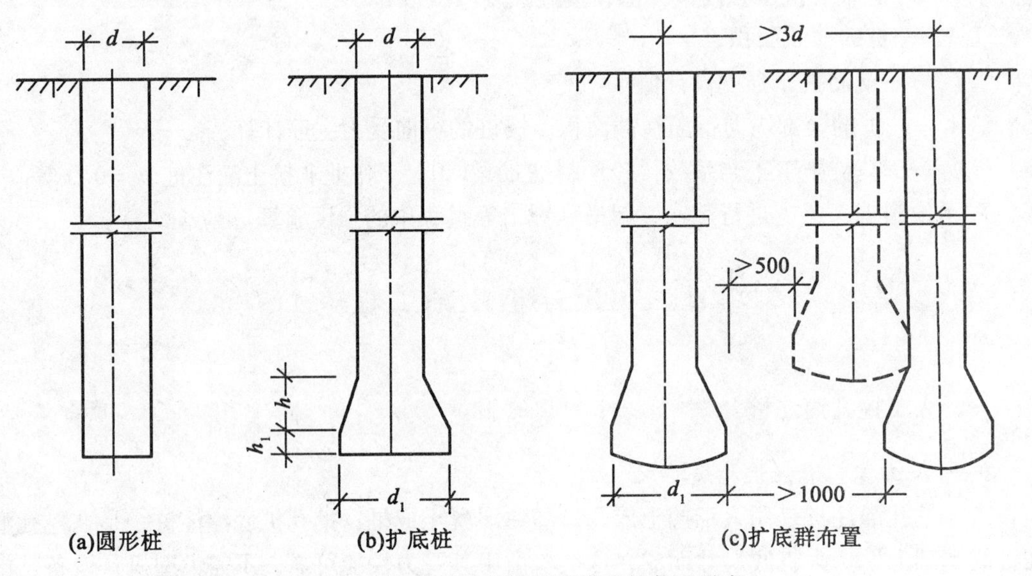

图6-15 人工挖孔和挖孔扩底灌注桩截面形式

(二)人工挖孔灌注桩施工

1. 技术准备：

(1)人工挖孔桩施工应具备下列资料：

① 建筑场地工程地质资料和必要的水文地质资料；

②桩基工程图纸(包括同一单位工程所有的桩基础)及图纸会审纪要；

③建筑场地和邻近区域内的地下管线(管道、电缆)、地下构筑物、危房、精密仪器车间等的调查资料；

④主要施工机械及其设备的技术性能资料；

⑤水泥、砂、石、钢筋等原材料及其制品的质检报告；

⑥有关荷载、施工工艺的试验参考资料。

⑦编制人工挖孔桩专项施工组织设计(或专项施工方案)。

(2)在地下水位比较高的区域，应先采用人工降水的方法将水位降低至桩底以下0.5m左右以后再开挖，严禁人工水下挖土。

(3)开挖前，应对施工管理人员和操作工人进行全面的技术交底和安全交底。操作前，对吊具全面进行安全可靠的检查和试验，确保施工过程的安全。

(4)做好施工现场“三通一平”准备工作。根据桩基础平面布置图和建筑物测量控制网等资料，放出桩位和桩孔开挖线，报有关部门进行复查。

2. 人员准备

(1)管理人员和特种作业人员须持证上岗；

(2)特殊工种的作业人员必须经过专业的培训，持证上岗；

(3)操作工人应掌握相应操作技术，应熟知技术交底、安全交底的内容。

3. 主要机具

(1)卷扬机、定滑轮组、导向滑轮组、电动葫芦、桶、爬梯等，用于施工人员上下和材料与弃土的垂直运输。

(2)镐、锹、风镐等，用于挖土的工具。

(3)鼓风机、送风管等，用于向桩孔内送入新鲜空气。

(4)潜水泵，用于抽出桩孔内的积水。

(5)防水照明灯、对讲机、电铃、安全活动盖板等。

(6)混凝土搅拌机、振捣棒、混凝土串桶(导管)，用于混凝土施工。

4. 作业条件

(1)施工场地内影响施工的障碍物均已排除或处理完毕，三通一平已完成，各项临时设施，如照明、通风、通信、混凝土搅拌设备、安全设施等已准备就绪。

(2)测量控制网已建立，桩位放线工作已完成，并已经过检查验收合格。

(三)施工工艺及操作要点

1. 挖孔灌注桩的施工程序

施工程序为：场地整平→放线、定桩位→挖第一节桩孔土方→支模浇灌第一节混凝土护壁→在护壁上第二次投测标高及桩位十字轴线→安装活动井盖、垂直运输架、起重电动葫芦或卷扬机、活底吊土桶、排水、通风、照明设施等→第二节桩身挖土→清理桩孔四壁、校核桩孔垂直度和直径→拆上节模板，支第二节模板，浇灌第二节混凝土护壁→重复第二节挖土、支模、浇灌混凝土护壁工序，循环作业直至设计深度→检查持力层后进行扩底→清理虚土、排除积水、检查尺寸和持力层→吊放钢筋笼就位→灌筑桩身混凝土(当桩孔不设支护和不扩底时，则无此两道工序)。

2. 操作要点

(1)为防止坍孔和保证操作安全，直径1.2m以上桩孔多设混凝土支护，每节高0.9～1.0m，厚8～15cm，或加配适量直径6～9mm光圆钢筋，混凝土用C20或C25；直径1.2m以下桩孔，井口1/4砖或1/2砖护圈高1.2m，下部遇不良土壤时，用半砖护砌。

(2)护壁施工采取一节组合式钢模板拼装而成，拆上节支下节，循环周转使用，模板用U形卡连接，上下设两半圆组成的钢圈顶紧，不另设支撑；混凝土用吊桶运输人工浇筑，上部留100mm高作浇灌口，拆模后用砌砖或混凝土堵塞，混凝土强度达1MPa即可拆模。

(3)挖孔由人工自上而下逐用锤、钎破碎。挖土次序为先挖中间部分、后挖周边，允许尺寸误差为30mm，扩底部分采取先挖桩身圆柱体，再按扩底尺寸从上到下削土修成扩底形。为防止扩底时扩大头处的土方坍塌，宜采取间隔挖土措施，留4~6个土肋条作为支撑，待浇筑混凝土前再挖除。弃土装入活底吊桶内，垂直运输，在孔上口安支架、工字轨道、电葫芦或三木搭，用1~2t慢速卷扬机提升(图6-16)，吊至地面上后，用机动翻斗车或手推车运出。人工挖孔桩底部如为基岩，一般应伸入岩面150~200mm，底面应平整不带泥砂，当底面有溶沟、溶槽、溶洞、裂隙、夹缝等存在时，可填灌混凝土使密实。

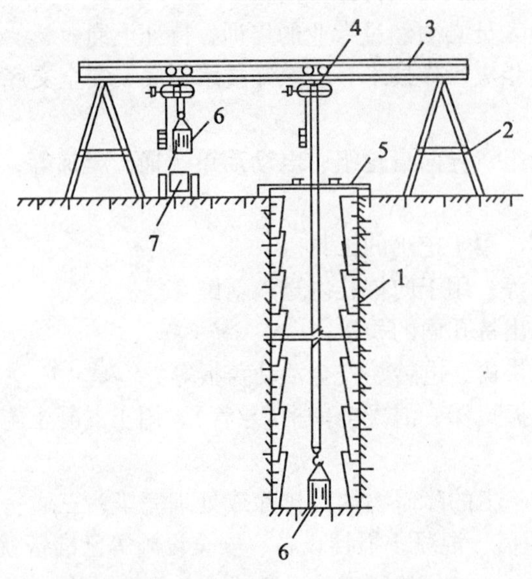

1—混凝土护壁；2—钢支架；3—刚横梁；4—电葫芦；
5—安全盖板；6—活底吊桶；7—机动翻斗车或手推车

图6-16 挖孔灌注桩成孔设备及工艺

(4)桩中线控制是在第一节混凝土护壁上设十字控制点，每一节设横杆吊大线锤作为中心线，用水平尺杆找圆周。

(5)直径1.2m内的桩钢筋笼制作，与一般灌注桩方法相同；对直径和长度大的钢筋笼，一般在主筋内侧每隔2.5m加设一道直径为25~30mm的加强箍，每隔一箍在箍内设一“井”字加强支撑，与主筋焊接牢固组成骨架，为便于吊运，一般分两节制作，钢筋笼的主筋为通长钢筋，其接头采用对焊，主筋与箍筋间隔点焊固定，控制平整度误差不大于50mm，钢筋笼四侧主筋上每隔5m设置耳环，控制保护层为70mm，钢筋笼外形尺寸比孔小11~12cm。钢筋笼就位用小型吊运机具(图6-17(a))或履带式起重机进行(图6-17(b))；上下节主筋采用帮条双面焊接，整个钢筋笼用槽钢悬挂在井壁上借自重保持垂直度正确。

(6)混凝土用粒径小于50mm石子，水泥用强度等级32.5普通或矿渣水泥，坍落度4~8cm，用机械拌制。混凝土用翻斗汽车、机动车或手推车向桩孔内灌筑。混凝土下料采用串桶，深桩孔用混凝土溜管；如地下水大(孔中水位上升速度大于6mm/min)应采用混凝土导管水中灌注混凝土工艺。混凝土要垂直灌入桩孔中，并应连续分层灌筑，每层厚

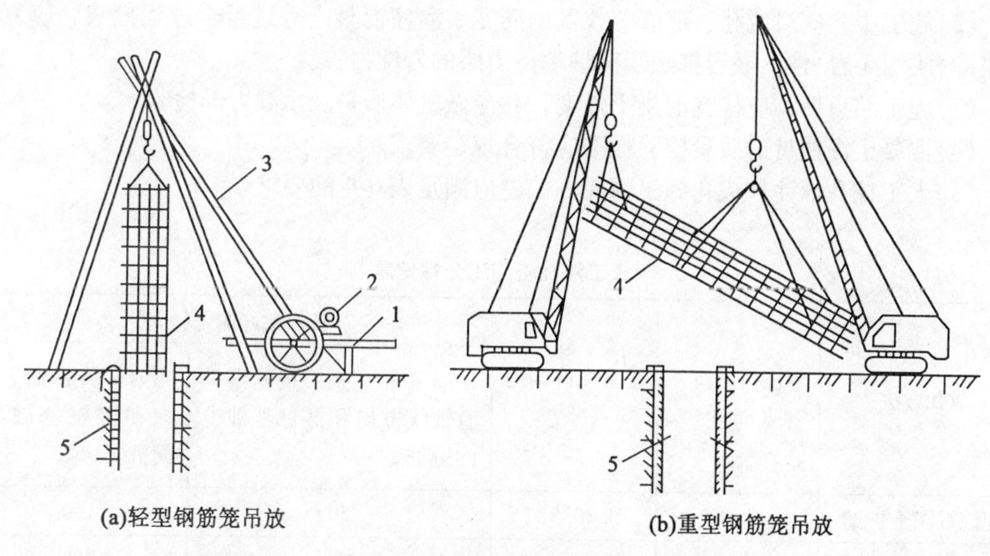

1—架子；2—小型慢速卷扬机；3—三木搭；4—钢筋笼；5—桩孔

图6-17　钢筋笼吊放

不超过1.5m。小直径桩孔，6m以下利用混凝土的大坍落度和下冲力使密实；6m以内分层捣实。大直径桩应分层捣实或用卷扬机吊导管上下插捣。对直径小、深度大的桩，可在混凝土中掺水泥用量0.25%木钙减水剂，使混凝土坍落度增至13~18cm，利用混凝土大坍落度下沉力使之密实，但在桩上部有钢筋部位仍应用振捣器振捣密实。

(7)桩混凝土的养护：当桩顶标高比自然场地标高低时，在混凝土浇筑12h后进行湿水养护，当桩顶标高比场地标高高时，混凝土浇筑12h后应覆盖草袋，并湿水养护，养护时间不少于7d。

(四)地下水及流砂处理

桩挖孔时，如地下水丰富、渗水或涌水量较大时，可根据情况分别采取以下措施：

(1)少量渗水，可在桩孔内挖小集水坑，随挖土随用吊桶，将泥水一起吊出；

(2)大量渗水，可在桩孔内先挖较深集水井，设小型潜水泵将地下水排出桩孔外，随挖土随加深集水井；

(3)涌水量很大时，如桩较密集，可将一桩超前开挖，使附近地下水汇集于此桩孔内，用1~2台潜水泵将地下水抽出，使起到深井降水作用，将附近桩孔地下水位降低；

(4)渗水量较大，井底地下水难以排干时，底部泥渣可用压缩空气清孔方法清孔。

当挖孔遇流砂层时，一般可在井孔内设高1~2m、厚4mm钢套护筒，直径略小于混凝土护壁内径，利用混凝土支护作支点，用小型油压千斤顶将钢护筒逐渐压入土中，阻挡流砂，钢套筒可一个接一个下沉，压入一段，开挖一段桩孔，直至穿过流砂层0.5~1.0m，再转入正常挖土和设混凝土支护。浇筑混凝土时，至该段，随浇混凝土随将钢护筒(上设吊环)吊出，或不吊出。

(五)质量标准

(1)施工前，应对水泥、砂、石子(如现场搅拌)、钢材等原材料进行检查，对施工组织设计中制定的施工顺序、监测手段(包括仪器、方法)也应检查。

(2)施工中，应对成孔、清渣、放置钢筋笼、灌注混凝土等进行全过程检查，应复验孔底持力层土(岩)性。嵌岩桩必须有桩端持力层的岩性报告。

(3)施工结束后，应检查混凝土强度，并应做桩体质量及承载力的检验。

(4)混凝土灌注桩的质量检验标准应符合规定要求。

(5)人工挖孔灌注桩成孔施工的允许偏差应满足表6-4的要求。

表6-4 人工挖孔桩施工允许偏差

成孔方法	桩径偏差(mm)	垂直允许偏差(%)	桩位允许偏差(mm)	
			1~3根桩、条形桩基沿垂直轴线方向和群桩基础中的边桩	条形桩基沿轴线方向和群桩基础中间桩
现浇混泥土护壁	+50	<0. 5	50	150
长钢套护壁	+20	<1	100	200

(6)钢筋笼除符合设计要求外，还应符合下列规定：

①钢筋笼制作允许偏差见表6-5。

表6-5 钢筋笼制作允许偏差

项次	项目	允许偏差(mm)
1	主筋间距	±10
2	箍筋间距或螺旋筋间距	±20
3	钢筋笼直径	±10
4	钢筋笼长度	±100

②分段制作的钢筋笼，其接头宜采用焊接并应遵守《混凝土结构工程施工及验收规范》(GB50204)。

③主筋净距必须大于混凝土粗集料粒径3倍以上。

(7)检查成孔质量合格后应尽快浇注混凝土。桩身混凝土必须留试件，每浇注50m^3必须有1组试件，小于50m^3的桩，每根桩必须有1组试件。

(8)人工挖孔桩的孔径(不含护壁)不得小于0. 8m，当桩净距小于2倍桩径且小于2. 5m时，应采用间隔开挖。排桩跳挖的最小施工净距不得小于4. 5m，孔深不宜大于40m。

(9)桩顶标高至少应比设计标高高0. 5m。

(10)为核对地质资料、检验设备、工艺以及技术要求是否适宜，桩施工前，宜进行试孔，并应复验孔底持力层土(岩)性，嵌岩桩必须有桩端持力层的岩性报告。

(11)工程桩应进行承载力检验。对于地基基础设计等级为甲级或地质条件复杂，成桩质量可靠性低的灌注桩，应采用静载荷试验的方法进行检验，检验桩数不应少于总数的1%，且不应少于3根，当总数少于50根时，不应少于2根。

(12)桩身质量应进行检验。对设计等级为甲级或地质条件复杂，成桩质量可靠性低的灌注桩，抽检数量不应少于总数的30%，且不应少于20根；其他桩基工程的抽检数量不应少于总数的20%，且不应少于10根。对地下水位以上且终孔后经过核验的灌注桩，检验数量不应少于总桩数的10%，且不得少于10根。每根柱子承台下不得少于1根。

(13)人工挖孔桩混凝土护壁的厚度不宜小于100mm，混凝土强度等级不得低于桩身混凝土强度等级。采用多节护壁时，上下节护壁间宜用钢筋拉结。上下节护壁的搭接长度不得小于50mm。

(六)成品保护

(1)已挖好的桩孔必须采取可靠措施盖好，防止人员、物品落入。

(2)安放钢筋骨架时，不要碰坏孔壁。

(3)浇注桩身混凝土时，应注意清孔及防止积水，桩身混凝土宜一次连续浇注完毕，不留施工缝。

(七)安全环境保护措施

1. 安全措施

(1)孔内必须设置应急软爬梯；供人员上下井使用的电葫芦、吊笼等应安全可靠，并配自动卡紧保险装置，不得使用麻绳和尼龙绳吊挂或脚踏井壁凸缘上下；电葫芦宜用按钮式开关，使用前必须检验其安全起吊能力。

(2)每日开工前必须检测井下的有毒有害气体，并应有足够的安全防护措施。桩孔开挖深度超过10m时，应有专门向井下送风的设备，风量不宜少于25L/s。

(3)孔口四周必须设置护栏，一般加0.8m高围栏围护。

(4)挖出的土石方应及时运离孔口，不得堆放在孔口四周1m范围内，机动车辆的通行不得对井壁的安全造成影响。

(5)施工现场的一切电源、电路的安装和拆除必须有持证电工操作；电器必须严格接地、接零和使用漏电保护器；各孔用点必须分闸，严禁一闸多用；孔上电缆必须架空2.0m以上，严禁拖地和埋压土中，孔内电缆、电线必须有防磨损、防潮、防断等保护措施；照明应采用安全矿灯或12V以下的安全灯，并遵守《施工现场临时用电安全技术规范》(JGJ46—88)的规定。

(6)施工人员进入孔内必须戴安全帽。

(7)孔内有人时，孔上必须有人监督防护。

(8)护壁要高出地面150~200mm，挖出的土方不得堆在孔四周1.0m范围内，以防滚入孔内。

(9)孔上电缆必须架空2.0m以上，严禁拖地和埋压土中；孔下照明要用安全矿灯或12V以下的安全电压，电缆、电线必须有防磨损、防潮、防断等保护措施，并遵守《施工现场临时用电安全技术规范》(JGJ46—88)的规定。

2. 环境保护措施

(1)砂、石、水泥应统一堆放，并应有防尘措施。

(2)现场污水应经过滤后排入指定地点。

(3)使用机械设备时，要尽量减少噪音、废气等污染；施工场地的噪音应符合《建筑施工场地噪音限制》(GB12523—1990)的规定。

3. 工程资料

(1)钢筋的产品合格证、出厂检验报告，钢筋复验报告；

(2)水泥出厂合格证、复验报告；

(3)砂、石检验报告；

(4)混凝土的实验室配合比表；

(5)灌注桩的施工记录；

(6)混凝土试块28d抗压强度试验报告；

(7)钢筋焊接接头检验报告；

(8)桩位测量放线图、桩位竣工平面图；

(9)钢筋及桩孔隐蔽验收记录表；

(10)设计变更通知单或工程核定单。

二、振动(冲击)沉灌桩

沉管灌注桩是以锤击或振动方式将一定直径的钢管沉入土中形成桩孔，然后放入钢筋笼，最后浇筑混凝土并拔出钢管所成的桩。由于有锤击和振动两种沉管方式，因此，又可分为锤击沉管灌注桩和振动沉管灌注桩。

沉管灌注桩适用于填土、黏性土、粉土、淤泥质土、砂土、碎(砾)石土及风化岩层；在厚度较大、灵敏度较高的淤泥和流塑状态的黏性土等软弱土层中采用时，需经工艺试验成功后方可实施。

在黏性土较厚及微膨胀地区使用时，应先预钻孔，孔径约比桩径小50～100mm，深度宜为黏性土厚度或微膨胀厚度的2/3，施工时应随钻随打。

(一)施工准备

1. 技术准备

(1)学习和熟悉拟建场地岩土工程勘察报告、桩基工程施工图及图纸会审纪要。

(2)了解建筑场地和邻近区域内的地下管线(管道、电缆)、地下构筑物、危房、精密仪器车间等情况。

(3)了解主要施工机械及配套设备的技术性能。

(4)编制施工方案及进行技术交底。

2. 材料准备

(1)钢筋、水泥、砂、石、水、外加剂等原材料经质量检验合格。

(2)混凝土拌和所需原材料全部进场，采用预拌混凝土时混凝土性能和供应能符合要求。

(3)钢筋骨架加工所需原材料已全部进场，并具备成批加工能力。

(4)配置泥浆用的黏土或膨润土已进场，泥浆池和排浆槽等地面设施已完成。

3. 主要机具

(1)成孔设备，包括振动(冲击)打桩机、落锤打桩机。

(2)钢筋加工、安装设备。

4. 作业条件

(1)施工平台应坚实稳固，并具备机械、人员操作空间。

(2)施工用水、用电接至施工场区，并满足机械及成孔要求。

(3)混凝土搅拌站、混凝土运输、混凝土浇筑机械试运转完毕；钢筋进场检验合格，钢筋笼已制作完毕；钢筋骨架安放设备满足要求。

钢筋笼制作应符合下列要求：

①钢筋加工前，应对所采用的钢筋进行外观检查，钢筋表面应洁净，无损伤、油渍、漆污和铁锈等，带有颗粒状或片状铁锈的钢筋严禁使用。

②钢筋加工前，应先行调直，使钢筋无局部曲折。

③钢筋笼的制作除应符合设计要求外，还应符合下列规定：分段制作的钢筋笼其分段长度应根据吊装条件和总长度计算确定，应确保钢筋笼在运输、起吊时不变形；相邻两段钢筋笼的接头需按设计要求错开，设计无明确要求时，可50%间隔错开，错开距离≥35d(d为主筋直径)，其接头宜采用焊接并应遵守《混凝土结构工程施工质量验收规范》(GB50204—2002)；主筋净距应大于混凝土粗骨料粒径3倍以上；加劲箍宜设在主筋外侧，主筋一般不设弯钩，根据施工工艺要求所设弯钩不得向内圆伸露，以免妨碍导管工作。

钢筋笼的内径应比导管接头处外径大100mm以上。

钢筋笼的制作偏差见表6-6。

表6-6　**钢筋笼的制作允许偏差**

项次	项目	允许偏差(mm)
1	主筋间距	±10
2	箍筋间距或螺旋筋螺距	±20
3	钢筋笼直径	±10
4	钢筋笼长度	±50

④应在钢筋笼外侧设置控制保护层厚度的垫块，可采用与桩身混凝土等强度的混凝土垫块或用钢筋焊在竖向主筋上，其间距竖向为2m，横向圆周不得少于4处，并均匀布置。钢筋笼顶端应设置吊环。

⑤大口径钢筋笼制作完成后，应在内部加强箍上设置十字撑或三角撑，确保钢筋骨架在存放、移动、吊装过程中不变形。

(4)测量控制网(高程、坐标点)已建立，桩位放线工作完成，并经复测验收合格。

(二)材料控制要点

(1)水泥常采用普通硅酸盐水泥。水泥强度等级不宜低于32.5级，水泥性能应符合现行国家有关标准的规定。水泥进场时应具有出厂合格证，同时应按《水泥取样方法》(GB12573—2008)进行抽样检验，合格后方可使用。

(2)粗骨料宜优先选用卵石，如采用碎石宜适当增加混凝土配合比的含砂率。粗骨料的最大粒径：对水下浇筑的混凝土，不应大于导管内径的1/6～1/8和钢筋最小净距的1/4，且应小于40mm；对非水下浇筑混凝土，不宜大于50mm，并不得大于钢筋最小净距的1/3；对素混凝土桩，不得大于桩径的1/4，并不宜大于70mm。

(3)细骨料应采用级配良好的中砂。

(4)水质应符合国家现行标准的规定。

(三)施工工艺与施工要点

1. 振动(冲击)沉管灌注桩

(1)工艺流程：放线、定桩位→桩机就位→沉管→吊放钢筋笼→浇筑混凝土→边振动边拔桩管→成桩。

(2)施工要点：

①打桩前，应通过轴线控制点，逐个定出桩位，打设钢筋标桩，并用白灰画上一个圆心与标桩重合、直径与桩管相等的圆圈，以方便插入桩管对中，保持桩位正确。

②桩机就位。桩架就位后应平整、稳固，确保在工作时不发生倾斜、移动，桩架和桩管的垂直度偏差不得超过1%。桩管应垂直套入预埋的桩尖上，桩管与桩尖的轴线应一致。预埋设的桩尖位置应与设计位置相符，其埋入深度以其台肩高出地面20mm为宜。

③沉管。开动振动箱，桩管即在强迫振动下迅速沉入土中。在沉管过程中，若地下水有可能进入桩管内，应在桩管内灌入1m左右的封底混凝土。桩进入持力层后，应严格控制最后30s的电流、电压值，其值按单桩设计承载力的要求，由有关人员根据试桩和当地经验确定。若最后30s的电流、电压值已达到要求，而桩尖标高与设计要求相差甚大时，应延续沉管时间直至最后30s的桩管贯入度符合试桩的值为准。沉管施工时，宜采用跳打法。

④吊放钢筋笼，将钢筋笼装入桩管内。

⑤浇筑混凝土。沉桩达到要求后，检查管内无泥水、桩尖未破坏，方可浇筑混凝土。混凝土浇筑高度应超过桩顶设计标高0.5m，以便凿去浮浆后确保桩顶设计标高及混凝土的质量。

⑥边振动边拔桩管。

单打法：桩管内灌入一定量混凝土后，先振动5～10s，再开始拔桩管，应边振边拔，每拔0.5～1.0m停拔，停拔振动5～10s，如此反复，直至桩管全部拔出。在一般土层内，拔管速度宜为1.2～1.5m/min；在软弱土层中，宜控制在0.6～0.8m/min。

复打法：混凝土的充盈系数不得小于1.0；对于混凝土充盈系数小于1.0的桩，宜全长复打，对可能有断桩和缩颈桩，应采用局部复打。成桩后的桩身混凝土顶面标高应不低于设计标高500mm。全长复打桩的入土深度宜接近原桩长，局部复打应超过断桩或缩颈区1m以上。复打前，第一次浇筑混凝土应达到自然地面。复打施工应在第一次浇筑的混凝土初凝之前完成，应随拔管时清除黏在管壁上和散落在地面上的泥土，同时前后两次沉管的轴线应重合。

反插法：桩管内灌入一定量混凝土后，先振动再拔管，每提升0.5～1.0m，再把桩管下沉0.3～0.5m，在拔管过程中分段添加混凝土，使管内混凝土面始终不低于地表面，或高于地下水位1.0～1.5m以上，拔管速度应小于0.5m/min。在桩尖的1.5m范围内，宜多次反插以扩大端部截面。穿过淤泥夹层时，应当放慢拔管速度，并减少拔管高度和反插深度，在流动性淤泥内不宜使用反插法。

2. 锤击沉管灌注桩

(1)工艺流程：放线、定桩位→桩机就位→沉管→吊放钢筋笼→浇筑混凝土→边锤击边拔管→成桩。

(2)施工要点：

①测量定位、放桩位线及桩机就位同振动(冲击)沉管灌注桩。

②沉管。在沉管过程中，若地下水有可能进入桩管内，应在桩管内灌入1m左右的封底混凝土后，桩管方能进入地下水位。沉管全过程应有专职记录员做好施工记录；每根桩的施工记录应包括每米的锤击数和最后一米的锤击数；对摩擦桩，以控制桩达到设计标高为主，以贯入度为参考；对端承桩，应准确测量最后三阵(每阵十锤)的贯入度及落锤高度。

③插入钢筋笼。钢筋笼通常在沉管达到设计标高后从管内插入，如为短钢筋笼，则应在混凝土浇筑至钢筋笼底标高时，再从管内插入。

④浇筑混凝土。沉管至设计标高后，应立即浇筑混凝土，尽量减少间隔时间；浇筑混凝土前，应检查桩管内有无吞桩尖或进泥、进水；混凝土应连续灌注至设计标高。

⑤拔管。拔管速度应均匀，对一般土可控制在不大于1m/min；在软弱土层中的软硬土层交界处宜控制在0.3～0.8m/min。采用倒打拔管时，自由落锤轻击(小落距锤击)的打击次数不得少于40次/min；在管底拔至桩顶设计标高之前，倒打和轻击不得中断。

(四)质量控制要点

(1)施工前，应对水泥、砂、石子(如现场搅拌)、钢材等原材料进行检查，对施工方案中制定的施工顺序、监测手段(包括仪器、方法)也应检查。

(2)施工中，应对成孔、清渣、放置钢筋笼、浇筑混凝土等进行全过程检查。

(3)发现有断桩、缩颈桩、吊脚桩，应及时会同有关人员协商处理。

(4)嵌岩桩应有桩端持力层的岩性报告。

(5)施工结束后，应检查混凝土强度，并应做桩体质量及承载力检验。

(五)成品保护措施

(1)钢筋笼制作、运输和安装过程中，应采取防止变形措施。放入桩孔时，应绑好保护层垫块或垫板。钢筋笼吊入桩孔时，应防止碰撞孔壁。

(2)安装和移动钻机、运输钢筋笼以及浇筑混凝土时，均应注意保护好现场的轴线控制桩和水准基准点。

(3)在开挖基础土方时，应注意保护好桩头，防止挖土机械碰撞桩头，造成断桩或倾斜；桩头预留的钢筋应妥善保护，不得任意弯折或压断。

(4)凿除桩头浮浆及多余桩段至桩顶设计标高，应用錾子及手锤，确保桩头完好。

(5)冬期施工时，桩顶混凝土未达到受冻临界强度前应采取适当的保温措施，以防止受冻。

(六)安全、环保措施

(1)在冲击成孔和各种工艺沉管灌注桩施工前，应认真查清邻近建(构)筑物情况，采取有效的防震安全措施，以避免成孔施工时损坏邻近建(构)筑物。

(2)非施工人员不得进入施工现场。

(3)成孔机械应安放平稳，防止成孔作业时突然倾倒，造成人员伤亡或机器设备损坏，施工人员应戴安全帽。

(4)下班时应断开电源。

(5)随时检查电缆，如有破损应立即处理，以免造成漏电事故。

(6)钻孔桩成孔后，在未浇筑混凝土之前，应用盖板封严，以免掉土或发生人身安全事故。

(7)混凝土浇筑时，装、拆导管人员应注意防止扳手、螺丝掉入桩孔内；拆卸导管时，其上空不得进行其他作业，导管提升后继续浇筑混凝土前，应检查其是否垫稳或挂牢。

(8)有振动和噪声的施工机械作业应合理安排作业时间，防止噪声扰民。

(9)现场泥浆应有组织地排放至泥浆池或沉淀池内，泥浆外运时应使用封闭罐车，运到指定地点排放，以免造成环境污染。

项目四　预制桩基础工程施工

一、先张法预应力管桩基础施工

预应力混凝土管桩(以下简称预应力管桩或管桩)可分为先张法预应力管桩和后张法预应力管桩。先张法预应力管桩是采用先张法预应力工艺和离心成型法制成的一种空心圆筒体细长混凝土预制构件，主要由圆筒形桩身、端头板和钢套箍等组成。后张法预应力管桩也称为大直径预应力管桩，桩身采用离心—辊压—振动复合工艺成型，每节管的横截面上均匀设置20个直径为30mm的通长预留孔，使用前将一节一节的管连起来。每个预留孔内穿入一股高强钢绞线(>ϕ5mm)。张拉后再对孔道进行灌浆，使之成为一根长桩，最长的可达60~70m，这样长的管桩只能用在海洋、港口、码头等工程中；陆地上通常用的是先张法预应力管桩(图6-18)。

图6-18　先张法预应力管桩

管桩按混凝土强度等级分为预应力混凝土管桩和预应力高强混凝土管桩。预应力混凝土管桩代号为PC，预应力高强混凝土管桩代号为PHC。管桩按外径分为300mm、350mm、

400mm、450mm、500mm、550mm、600mm、800mm 和 1000ram 等规格，实际生产的管径以 300mm、400mm、500mm、550mm 和 600mm 为主。

先张法预应力管桩的适用范围：管桩宜以坚硬的黏性土、中密或密实卵石层、中风化岩层作为桩端持力层。不适用于下列场地：土层中夹有难以清除的孤石、障碍物；管桩难以贯穿的岩面上无适合做桩端持力层的土层，或持力层较薄且持力层的上覆土层较为松软；管桩难以贯穿的岩面埋藏较浅且倾斜较大的土层。管桩的单桩承载力从 700kN 到 2000kN，既适用于多层建筑，也适用于一般的高层建筑。在同一建筑物基础中，还可根据柱的荷载的大小采用不用直径的管桩，既解决了设计布桩问题，也可充分发挥每根桩的最大承载能力，并使桩基沉降均匀。

(一)沉桩方法

预制桩进入到土层中有锤击沉桩法(打入法)、静力压桩法、振动沉桩法、水冲沉桩法等多种施工方法。

1. 锤击沉桩法

锤击沉桩法是利用桩锤的冲击力将桩沉入土中。这种方法施工噪音、振动较大，适用于黏性土、中密或密实卵石层。

2. 静力压桩法

静力压桩法是利用静力压桩机直接将桩压入土中的一种沉桩工艺。由于静力压桩法是以静力(由自重和配重产生)作用于桩顶，因此在压桩过程中没有噪音和振动。静力压桩法适用于软土地基。静力压桩施工中桩一般是分节压入切应连续进行，在距地 1m 左右进行接桩。

3. 振动沉桩法

振动沉桩法是将振动桩机刚性固定在桩头上，振动沉桩机产生垂直方向的振动力，桩也沿着竖直方向上下振动，桩身与土层之间的摩擦力减少，在自重和机械力的作用下沉入土中。

振动沉桩施工主要适用于砂石土、黄土、软土和亚黏土，在含水砂层中效果更佳。振动沉桩施工应连续进行。

4. 水冲沉桩法

水冲沉桩法是利用高压水冲刷桩尖下的土层，以减少桩身与土层之间的摩擦力和下沉时的阻力，使桩在自重作用或锤击下沉入土中。

水冲沉桩法施工适用于砂土、砾石或其他较坚硬土层，对施工重型桩很有效。但必须考虑大量的水进入土中是否会对原有基础产生影响。

应根据土质条件、施工现场条件、施工单位的设备技术条件等情况选择沉桩方法，以下主要对锤击沉桩法施工进行介绍。

(二)施工准备

1. 技术准备

(1)熟悉施工图纸和地质勘查报告，了解各土层的物理力学指标。

(2)了解邻近建筑物及构筑物的位置、距离、结构和基础情况等；了解沉桩区域附近的地下管线(煤气管、给排水管、电缆线)等的距离、埋置桩度、使用年限、管径大小、结构情况等。

(3)编制施工组织设计及进行技术交底。桩基础工程施工前，应根据工程特点、规模、复杂程度、现场条件等，编制整个桩基础分部工程的施工组织设计。在施工前，应对施工班组进行技术交底和安全交底。

2. 主要材料准备

主要材料有预应力管桩、焊条。预应力管桩一般在专业生产厂家制作。施工前，根据设计图纸、岩土工程勘察报告等资料确定管桩规格、数量、桩长，并通知管桩制作单位运输到场。

“上层建筑”工程桩的总数为96根，其中，直径为300mm的桩为10根，每根桩长暂定为10m，大约共计960m。

3. 主要设备准备

(1)桩锤和桩架。桩锤对桩施加冲击力，将桩打入土中。桩锤按目前工程中使用的频繁程度，依次为柴油锤、蒸汽锤、落锤及液压锤、振动锤；桩架将桩吊到打桩位置，支持桩身和桩锤，并在打桩过程中引导桩的方向，保证桩锤沿着所要求的方向冲击。桩架按移动方式可分为履带式、滚筒式、轨道式、步履式。

打桩机进场前应根据设计桩长、规格、岩土工程勘察报告、单桩承载力等因素确定打桩设备及锤重。“上层建筑”工程采用滚筒式桩架、35号柴油锤。

打桩设备确定后，对设备进行试运转和安全检查，合格后由大型拖车运至施工现场，组装就位。

(2)送桩器。当桩顶标高较低，需送桩入土时，应采用钢制送桩器放于桩头上，锤击送桩器将桩送入土中。

4. 作业条件准备

(1)在打桩机进场前，做好场内外施工道路铺设，并保证道路足够的宽度及密实度，保证打桩机顺利进场及管桩运输到位，清除现场妨碍施工的高空及地下的障碍物，平整施工场地，做好施工坡道，便于打桩机平稳进入基坑内。

(2)由总包单位按照总平面图及建筑物基础轴线图将建筑物定位轴线测放出来，经复核无误后，现场移交给基础施工分包单位，并由分包单位(桩基础施工单位)自行复核，复核无误后，办理相应轴线交接手续。

(3)分包单位(桩基础施工单位)根据设计图纸，确定桩基础轴线，并将桩的轴线位置测放到基坑地面上，桩基础轴线测放偏差控制在顺轴线方向20mm，垂直轴线方向10mm，桩打桩现场应设置数量不少于2个的控制桩，要测设出基础轴线和每个桩位，用小木桩或短钢筋打好定位桩，并用白灰做出标志。

(4)已对施工人员进行了技术交底、安全交底。

(5)已排除桩基施工范围内的高空、地面和地下障碍物。场地已经平整压实，能保证打桩机械在场内正常运行。雨季已做好排水措施、边坡支护。

(6)打桩场地附近建(构)筑物有防震要求时，已采取防震措施。

(7)已选择和确定桩机设备的进出路线和沉桩顺序。

(8)检查打桩机械及起重工具，铺设水、电管线，进行设备架立组装。在桩架上设置标尺或在桩侧面画上标尺，以便能观测桩身入土桩度。

(9)检查桩的质量，将需用的桩按平面布置图堆放在打桩机附近。

(10)已准备好桩基工程沉桩记录和隐蔽工程验收记录表格，并安排好记录和质量控制监督人员等。

(11)施工前应作数量不少于2根桩的打桩工艺试验，通过试桩可以了解桩的沉入时间、最后贯入度、持力层的强度、桩的承载力、确定停打原则等，发现施工过程中可能发生的问题和意外，并检验所选施工工艺、打桩设备能否完成打桩任务。

5. 材料质量控制要点

(1)桩的规格、型号、质量必须符合设计要求、规范及标准图的规定，并有出厂合格证明；强度达到100%，并有混凝土强度试验报告及钢筋复验合格报告。

(2)桩的表面平整、密实、无裂缝。

(3)焊条应具有合格证明。

6. 桩的起吊、运输和堆放

(1)起吊。混凝土预制桩其强度达到设计规定的强度后方可起吊。重叠生产的桩在起吊前应用撬棍或其他工具将桩拨动使其脱开，严禁使用千斤顶顶升桩尖。起吊应平稳，并采取适当的保护措施。

(2)运输。运输时，桩身的混凝土强度应达到设计强度的100%。可以用平板车进行运输，运输中应保持平稳。

(3)堆放。桩的堆放场地应平整坚实，不得产生不均匀沉陷。垫木位置应与吊点位置相同，并保持在同一平面上。各层垫木应上下对齐。桩的堆放应按打桩的要求分规格依次进行，堆放层数不宜超过4层。

(三)施工工艺

1. 工艺流程

工艺流程为：测量放线、定桩位→打桩机就位→桩机调整→桩就位、桩尖对准桩位，扶正桩身，桩尖焊接→安好衬垫，套上桩帽，放下桩锤→桩垂直度检验、调直→锤击沉桩→焊接接桩(如需要)再锤击沉桩→送桩(如需要)→打至持力层→收锤→拔送桩器，填桩孔→桩机移位。

2. 施工要点

(1)管桩施工顺序。大量的桩打入土中，自然对土体有挤密作用，可能会造成先打入的桩偏移变位或因垂直挤拔而形成浮桩，而后打入的桩也可能因土的挤密而难以达到设计标高或造成土的隆起。因此，在打桩前，根据桩的密集程度、桩的规格以及桩架的移动方便等确定正确的打桩顺序是必要的。

一般地，当桩的中心距小于或等于4倍桩径或边长时(即桩比较密集)，且距建(构)筑物较远，施工场地较开阔时，可采用由中间向两侧对称施打或自中央向四周施打的顺序；若桩较密集且一侧靠近建筑物时，宜从毗邻建筑物一侧开始向另一方向施打；当桩的数量多时，也可以分区段施打；还可以有逐排打设、由两侧向中央打设等顺序。

另外，先桩后浅、先长后短、先大后小也是在确定打桩顺序时应考虑的。根据高层建筑塔楼(高层)与裙房(低层)的关系，宜先高后低。

“上层建筑”工程的打桩顺序为：采用从基坑一边向另一边施打。

(2)锤击沉桩前应通过轴线控制点，逐个定出桩位，并设钢筋(或竹签)标桩，并用白灰画上一个圆心与标桩重合、直径与管桩相等的圆圈，以方便插桩对中，保持桩位正确。

(3)锤击法沉桩时，应选择适宜的桩帽和衬垫。桩帽内径宜大于桩径10～20mm，其桩度为300～400mm，并应有排气孔。锤和桩帽之间的锤垫可用竖向硬木，厚度150～200mm。

桩帽和桩顶之间要嵌入富有弹性和韧性的衬垫，如足够厚度的纸垫、胶合板及橡胶制品等，以减小桩头的破损，衬垫锤击后的厚度宜为120～150mm。当衬垫被打硬或烧焦时，应及时更换。

(4)管桩就位前，应在桩身上画出单位长度标记，以便观察桩的入土桩度及记录每米沉桩击数。吊桩就位一般用单点吊装法将管桩吊直，使桩尖插在白灰圈内，桩头部插入锤下面的桩帽套内就位，并对中调直，使桩身、桩帽、桩锤三者的中心线重合，保持桩身垂直。桩垂直度观测还包括打桩架导杆的垂直度，可用两台经纬仪在离打桩架15m以外呈正交方向进行观测，也可在正交方向上设置两个吊线锤进行观察校正。

(5)锤击沉桩时宜重锤低击，开始落距应较小，待入土一定桩度且桩身稳定后，再按要求落距进行，但用落锤或汽锤打桩时，最大落距不宜大于1m。一根桩原则上应一次打入，中途不得认为停锤，确需停锤，应尽量缩短停锤时间。打桩过程中应观察桩锤回弹情况。当遇孤石或穿过砂卵石层等硬夹层时，桩锤落距应适当放低。

(6)如遇下列情况应暂停锤击，并及时与有关单位研究处理：

①贯入度剧变；

②桩身突然发生倾斜、位移或有严重回弹；

③桩顶或桩身出现严重裂缝或破碎。

(7)接桩均采用钢端板焊接法，桩身顶端距地面1m左右时就可接桩。接桩前，先将下段桩顶清除干净，加上定位板，然后把上段桩吊放在下段桩端板上，依靠定位板将上下桩段接直。接头处如有空隙，应采用楔形铁片全部填实焊牢。接头处坡口焊接时，应分层对称进行，以减小焊接应力和变形。焊缝应连续饱满，焊后应清除焊渣。

接桩宜在桩尖穿过较硬土层后进行，接桩时上下段桩的中心线偏差不宜大于5mm，节点弯曲矢高不得大于桩段长度的0.1%。焊好后的焊接接头应自然冷却，然后才继续沉桩；自然冷却时间不宜少于8min，严禁用水冷或焊好即沉桩。

(8)为将管桩打到设计标高，如需送桩时采用送桩器。用送桩器送桩时，送桩器应与桩身位于同一垂线上。送桩器用钢板制作，长4～6m。设计送桩器的原则是：打入阻力不能太大，送桩桩度不宜超过2m，容易拔出，能将冲击力有效地传递到桩上，并能重复使用。

桩停止锤击应符合如下要求：

①桩端位于一般土层时(摩擦桩)，以控制桩端设计标高为主，贯入度可作为参考；

②桩端达到坚硬、硬塑的黏土、中密以上的粉土、碎石类土、砂土、风化岩时(端承桩)，以贯入度控制为主，桩端标高可作为参考；

③贯入度已达到而桩端设计标高未达到时，应连续锤击3阵，按每阵10击的贯入度不大于设计规定的数值加以确认，必要时，施工控制贯入度应通过试验与有关单位会商确定；

④“上层建筑”工程为桩基础端承桩，桩尖应进入中密卵石层800mm，打桩的控制贯入度为30mm/10击。

(9)为避免或减小沉桩挤土效应和对邻近建筑物、地下管线等的影响，施打大面积密集群桩时，宜采取下列辅助措施：

①预钻孔沉桩，孔径约比桩径小50~100mm，桩度视桩距和土的密实度、渗透度而定，桩度宜为桩长的1/2~2/3，施工时应随钻随打；

②开挖地面防震沟可消除部分地面震动，可与其他措施结合使用，沟宽0.5~0.8m，桩度按土质情况以边坡能自立为准；

③沉桩过程中应加强邻近建筑物，地下管线等的观测、监护。

(10)预应力管桩桩头处理。土方开挖至设计标高露出管桩后，如需截桩，应先截桩，再清理干净管桩内的所有杂物，将钢板悬吊于孔内作底模，桩度不少于600mm，按要求绑扎好钢筋后，用不低于C40的混凝土浇筑。混凝土内应掺入膨胀剂。预应力管桩锚筋应与基础底板钢筋焊牢。

(四)质量控制要点

(1)施工前，应检查进入现场的成品桩及接桩用电焊条等的产品质量。

(2)沉桩时，桩锤、桩帽和桩身的中心线应重合，要自始至终保持桩身垂直，且桩帽及垫层的设置应符合要求。

(3)接桩时，应确保焊接质量，重要工程应对电焊接头做10%的焊缝探伤检测。

(4)对摩擦桩应严格控制桩的设计标高，对端承桩应严格控制桩的最后三阵贯入度。

(5)施工结束后，应做承载力检验及桩身质量检测。目前承载力检测通常采用静载试验，桩身完整性检测通常采用小应变试验方法。

(五)成品保护措施

(1)管桩混凝土打到涉及强度标准值的100%后方能出厂。桩起吊时，应采取相应措施，保持平稳，保护桩身质量。

(2)水平运输时，应做到桩身平稳放置，避免大的震动，严禁在场地上以直接拖拉桩体方式代替装车运输。

(3)桩的堆放场地应平整、坚实，垫木与吊点应保持在同一横断面上，且各层垫木应上下对齐，叠放层数不宜超过四层。

(4)妥善保护桩基的定位轴线桩和水准基准点桩，不得受到碰撞和扰动而产生位移。

(5)在软土地基中沉桩完毕，承台基坑开挖应制定合理的开挖顺序和采取一定的技术措施，防止桩倾斜或位移。

(六)安全、环保措施

(1)沉桩前，应对邻近施工范围内的原有建筑物、地下管线等进行检查。

(2)打桩机行走道路必须平整、坚实，必要时，应铺设道渣，经压路机碾压密实。场地四周应挖排水沟以利于排水，保证移动桩机时安全。

(3)打桩前，应全面检查机械各个部件及润滑情况、钢丝绳是否完好，发现问题及时解决；检查后，要进行试运转，严禁带病作业。打桩机械设备应有专人操作，并经常检查机架部分有无脱焊和螺栓松动，注意机械的运转情况，加强机械的维护保养，以保证机械正常使用。

(4)桩架应安放平稳、牢固。吊桩就位时，起吊要慢，并拉住溜绳，防止桩头冲击桩架，撞坏桩身。吊立后要加强检查，发现不安全情况，应及时处理。

(5)在打桩过程中，遇有地坪隆起或下陷时，应随时对机架及路轨调平或垫平。

(6)现场操作人员必须戴安全帽，高空作业人员必须佩戴安全带，高空检修桩机，不得向下乱丢物件。

(7)机械司机在打桩操作时，要精力集中，服从指挥信号，并应经常注意机械运转情况，发现异常情况立即检查处理，以防止机械倾斜、倾倒，或桩锤不工作，突然下落事故发生。

(8)打桩时，桩垫严禁用手拨正，不得在桩锤未打到桩顶就起锤或过早刹车，以免损坏桩机设备。

(9)夜间施工，必须有足够的照明设施；雷雨天、大风、大雾天应停止打桩作业。

(10)合理安排打桩作业时间，以免影响周围邻近居民的休息。

(七)质量标准

(1)桩位的放样允许偏差：群桩20mm，单排桩10mm。

(2)桩基工程的桩位验收，除设计规定外，应按下述要求进行：

①当桩顶设计标高与施工场地标高相同时，或桩基施工结束后，有可能对桩位进行检查时，桩基工程的验收应在施工结束后进行。

②当桩顶设计标高低于施工场地标高，送桩后无法对桩位进行检查时，对打入桩可在每根桩桩顶沉至场地标高时，进行中间验收；待全部桩施工结束后，承台或底板开挖至设计标高后，再做最终验收；对灌注桩可对护筒做中间验收。

(3)打(压)入桩(预制混凝土方桩、先张法预应力管桩、钢桩)的桩位偏差，必须符合规定，斜桩倾斜度的偏差不得大于倾斜角正切值的15%(倾斜角系桩的纵向中心线与铅垂线间的夹角)。

(4)工程桩应进行承载力检验。对于地基基础设计等级为甲级或地质条件复杂、成桩质量可靠性低的灌注桩，应采用静载荷试验的方法进行检验，检验总数不应少于总数的1%，不应少于3根，当桩总数少于50根时，不应少于2根。

(5)桩身质量应进行检验。对设计等级为甲级或地质条件复杂、成桩质量可靠性低的灌注桩。抽检数量不应少于总数的30%，且不应少于20根；其他桩基工程的抽检数量不应少于总数的20%，且不应少于10根；对混凝土预制桩及地下水位以上且终孔后经过核验的灌注桩，检验数量不应少于总桩数的10%，且不得少于10根。每个柱子承台下不得少于1根。

(6)对砂、石子、钢材、水泥等原材料的质量、检验项目、批量和检验方法，应符合国家现行标准的规定。

实训任务一　××工程预制管桩施工专项方案阅读和使用

一、工程资料

本实训任务工程资料见附录三。

二、任务要求

根据分组情况认真阅读《××市××小区6#楼静压预制管桩基础专项施工方案》，完成以下任务：

(1)学会编制预制管桩施工方案；

(2)学会查阅建筑全国及湖北地方管桩技术规范及相关资料。

三、实施方案

(1)学生分成5组，每组7~8人。

(2)以一个施工员的身份，对施工方案组织会审。

实训任务二　××综合楼人工挖孔桩施工方案编制

一、工程资料

××市××综合楼工程，工程地质资料见表6-7。

(1)根据详堪，本工程场地土类型为中硬场地土，场地类别为Ⅱ类。

表6-7　场地土分布

层序	岩土名称	主要力学指标	压缩模量	变性模量
2	粉质黏土	$f_{ak}=65kPa$	$E_s=2.8MPa$	—
3	粉质黏土	$f_{ak}=118kPa$	$E_s=5.7MPa$	—
4	粉质黏土	$f_{ak}=250kPa$	$E_s=10.2MPa$	—
5	强风化片麻石	$f_{ak}=400kPa$；$q_{pa}=1000kPa$	—	$E_0=44.0MPa$

(2)场地地下水类型主要为上层滞水及基岩裂隙水，地下水对砼结构、钢筋砼结构具有微腐蚀性。

(3)材料：

①砼护壁同桩身砼强度等级，桩身砼为商品砼，砼强度等级为C30。

②钢筋：Φ表示HRB300级钢，Φ表示HRB335级钢，Φ表示HRB400级钢。

③本工程桩端持力层选用强风化片麻石。所有桩有效桩长大于6m，桩端全截面进入持力层不少于1.0m。本工程采用人工挖孔桩，桩基础设计等级为乙级。

④结构施工图纸如图6-19及图6-20所示，人工挖孔桩明细表见表6-8。

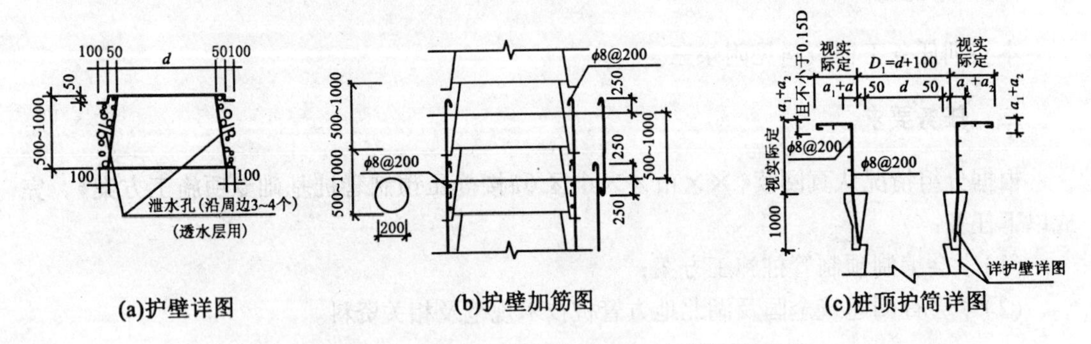

(a)护壁详图　　(b)护壁加筋图　　(c)桩顶护筒详图

图6-19　护壁施工图(护壁高度遇淤泥时酌情减小)

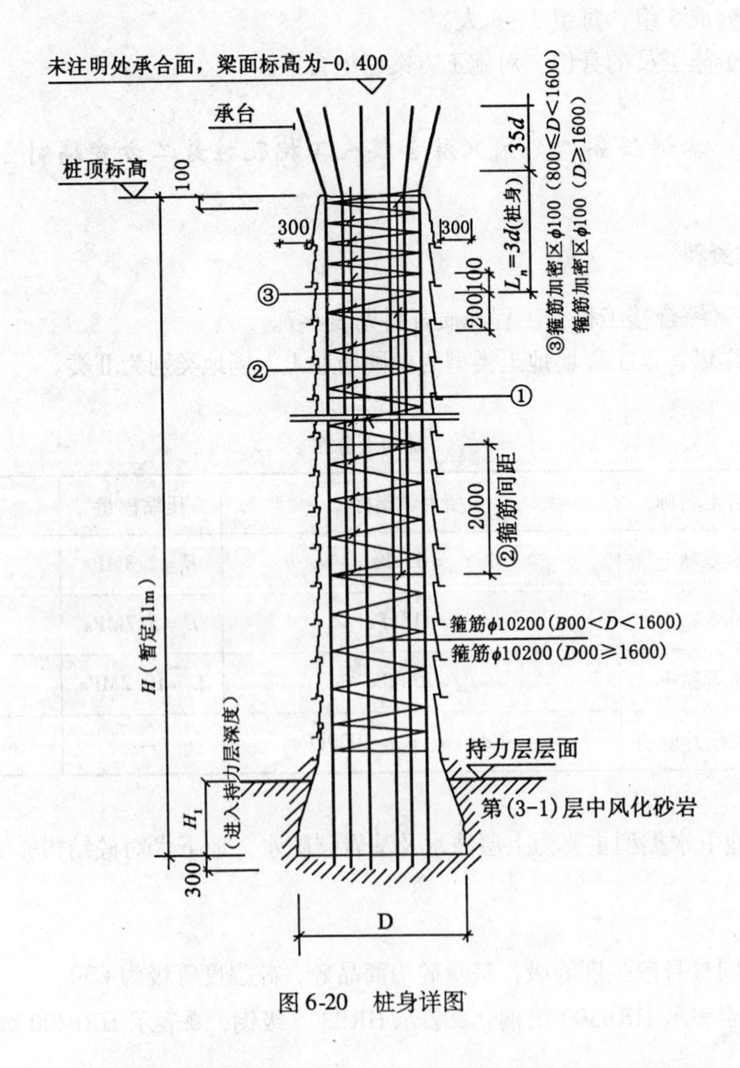

图6-20　桩身详图

表 6-8　人工挖孔桩明细表

人工挖孔桩编号	桩径			扩大头高度 h_1 (mm)	单桩竖向承载力特征值(kN)	混凝土强度等级	钢筋	桩长	持力层
	d(mm)	D(mm)	a(mm)						
2H1	1000	1200	100	300	980	C30	17ϕ12	根据实际情况定，但必须大于 6m	第⑤层片麻石为持力层
2H2	1000	1400	200	600	1270	C30	17ϕ12	根据实际情况定，但必须大于 6m	
2H3	1000	1600	300	900	1590	C30	17ϕ12	根据实际情况定，但必须大于 6m	
2H4	1000	1800	400	1200	1940	C30	17ϕ12	根据实际情况定，但必须大于 6m	
2H5	1000	2000	500	1500	2310	C30	17ϕ12	根据实际情况定，但必须大于 6m	
2H6	1100	2200	550	1650	2712	C30	21ϕ12	根据实际情况定，但必须大于 6m	
2H7	1100	2400	650	1650	3130	C30	21ϕ12	根据实际情况定，但必须大于 6m	
2H8	1100	2600	750	2250	3580	C30	21ϕ12	根据实际情况定，但必须大于 6m	
2H9	1300	2900	800	2400	4290	C30	28ϕ12	根据实际情况定，但必须大于 6m	

二、任务要求

根据分组情况，认真阅读施工图纸，编制人工挖孔桩桩基础施工方案。

三、实施方案

(1)学生分成 5 组，每组 7～8 人。

(2)用 A4 的打印纸完成该人工挖孔桩施工方案，装订成果上交。

附录一

××市××职业中等专业学校
岩土工程勘察报告

1 前 言

受××市××学校的委托，我院对其拟建的××市××职业中等专业学校场地进行了详勘阶段的岩土工程勘察。野外工作于2010年3月4日进行，于3月5日进入室内资料整理和土工试验工作阶段，3月9日提交正式勘察报告。

1.1 工程概况

拟建工程场地位于××市××学校院内。平面分布呈矩形，南北向展布，东西宽12.60m，南北长100m，高三层，具体的上部荷载不详，基础形式待定。

1.2 勘察目的与任务

本次勘察为详细勘察，目的是为施工图设计提供相关的岩土工程资料，主要任务是：

(1)查明建筑场地勘察深度范围内各土层的岩性、结构、厚度、分布情况及其工程地质性质。

(2)提供勘探深度内各土层的物理力学性质指标、原位测试成果、承载力特征值及其地基基础设计所需岩土的技术参数。

(3)查明场地内有无不良地质现象，以及发展趋势及危害程度，并提出评价及整治所需的技术参数和建议性方案等。

(4)查明场地浅层地下水类型、埋藏情况以及对基础施工的影响，判别地下水及土对砼及钢结构的腐蚀性，分析基坑开挖降水的可能性及对周围环境的影响，提供降低地下水位的有关资料及降水方案建议。

(5)对地基土的工程性质做出分析与评价，对基础类型及埋深提出初步建议。

(6)提供地基变形计算参数，估算沉降。

(7)划分场地土类型及建筑场地类别，提供抗震设计有关参数。

2　勘察方法及勘察工作量

2.1　勘察工作依据

本次勘察的主要技术依据为：

(1) 勘察合同；
(2) 委托方现场指定的拟建物平面位置；
(3)《岩土工程勘察规范》(GB50021—2001)；
(4)《建筑地基基础设计规范》(GB50007—2002)；
(5)《建筑抗震设计规范》(GB50011—2001)，2008 年版；
(6)《建筑工程抗震设防分类标准》(GB50223—2004)；
(7)《土工试验方法标准》(GB/T50123—1999)；
(8)《建筑工程地质钻探技术标准》(JGJ87—92)；
(9)《原状土取样技术标准》(JGJ89—92)；
(10)其他相关规范、规程及标准。

2.2　岩土工程勘察等级

按照《岩土工程勘察规范》(GB50021—2001)规定，确定本工程重要性等级为三级，场地复杂程度等级为三级、地基复杂程度等级为二级，综合确定岩土工程勘察等级为乙级。

2.3　勘察工作量的布置

依据上述规范、规程要求，勘探点间距以满足地基复杂程度等级为二级、勘察阶段为详勘要求为原则，沿拟建物基础边线及角点，共布设各类勘探点 10 个(由于已有建筑物未拆除，个别勘探孔勘探位置稍有偏异)，一般性勘探孔深度 8.0m，控制性勘探孔深度 12.0m，勘探点间距 12.60 ~24.75m。

2.4　勘探点定位及高程

根据委托方现场指定的拟建建筑实地位置，我院采用经纬仪定向和钢尺测距，进行了勘探点的定位。

各勘探点高程采用相对高程，以场地东部三层教学楼室内地坪上一点为基准点，假设其高程为±0. 00m，各勘探点孔口高程均由该点引测而得，各勘探点孔口高程详见附表 1。

附表 1　　勘探点孔口高程一览表

勘探孔号	孔口标高(m)	勘探孔号	孔口标高(m)
1	-0.63	6	-0.50
2	-0.58	7	-0.45

续表

勘探孔号	孔口标高(m)	勘探孔号	孔口标高(m)
3	-0.47	8	-0.41
4	-0.46	9	-0.10
5	-0.02	10	-0.42

注：以下本文中所述高程均为相对高程。

2.5 勘察方法

采用钻探、取土试验和原位测试相结合的综合方法进行。

(1)钻探与取样。钻探采用DPP100-4HD型车装液压回转钻机，水位以上干作业螺旋钻进和水位以下泥浆护壁法相结合，原状土样用静压法和重锤少击法取样。

(2)原位测试。静力触探试验使用ZJYY-20A型双桥静力触探车液压连续贯入，LMC-D310型静探微机自动进行数据采集与资料处理。

标准贯入试验采用63.5kg自由落锤分层次试验。

(3)土工试验。对场地各土层采取原状土样，进行了常规物理力学性质试验、直剪快剪试验及压缩固结试验，对粉土进行了颗粒分析试验。

2.6 完成的勘察工作量

本次勘察共实际完成各类勘探孔10个，勘察总进尺96.0m。完成的工作量见附表2。

附表2 完成工作量一览表

项目		数量	项目		数量
测量定孔(个)		10	取样	原状样(件)	28
总进尺(m)		96.0	水位测量		3
静力触探孔	孔数(个)	5	标贯	孔数(个)	5
	进尺(m)	48.0		点次(个)	33
取土、标贯孔	孔数(个)	4	室内试验	物性试验(件)	28
	进尺(m)	40.0		直剪试验(件)	28
标贯孔	孔数(个)	1		常规压缩(件)	28
	进尺(m)	8.0		颗粒分析(件)	3

3 岩土工程条件

3.1 场地地形地貌

勘探场地范围内地形基本平坦，勘察期间实测各勘探孔孔口最大高差0.61m。

场地在地貌上属黄淮冲积平原地貌单元，勘探深度内的场地地层属第四系全新统河流相沉积。

3.2 区域气候资料

勘察区地处北纬 34 度，为华北平原之东南部，属暖温带季风气候区，半湿润半干旱大陆性气候，一般春旱秋雨，夏热冬寒，四季分明。夏季多东南风，冬季多西北风，年平均风速 3.4m/s，最大风速 20m/s。

根据××市(县)气象站(1957—2004 年)气象资料：

降水量：多年平均降水量为 836.3mm，年最小降水量为 235.4mm(1988 年)，年最大降水量为 1518.6mm(1963 年)，年内降水分配不均，多集中在 7、8、9 三个月份，占全年降水量的 56%左右，干旱年周期和丰水周期一般 5 年左右。

蒸发量：多年平均蒸发量为 1656.1mm，年最大蒸发量为 2087.0mm(1968 年)，年最小蒸发量为 1156.7mm(2003 年)。6 ~ 8 月份多年平均蒸发量为 678.6mm，占全年蒸发量的 39%左右；12 月份至次年 2 月份，多年平均蒸发量为 180.2mm，占全年蒸发量的 10%左右；多年平均蒸发量是降水量的 2 倍，年最长无雨期 150 天(1968 年)。

气温：多年平均气温 14.2℃，日最高气温 41.5℃(1972 年 6 月 11 日)，日最低气温 -23.4℃(1969 年 2 月 5 日)。

湿度：年平均湿度 71%左右。

3.3 场地水文地质条件

本场地浅层地下水补给主要为大气降水垂直入渗补给。排泄方式主要为蒸发和人工开采。本区降水量的大小直接控制了浅层地下水的水位埋深的变化，雨季水位抬升，旱季水位下降，一般情况下，区内浅层地下水低水位期出现在 5 ~ 6 月份，7 月份受大气降水的影响水位迅速上升，但降水渗入补给地下水的时间会出现滞后，高水位期出现在 7 月份下旬至 8 月份，水位年变幅约 2m。

经钻探揭露，场地勘探深度内的地层岩性主要为粉质黏土、粉土。勘察期间实测孔内场地浅层地下水位埋深 2.20 ~ 2.40m，属潜水，主要赋存于第①层粉质黏土裂隙及其下部各层粉质黏土层，受粉质黏土层内钙质结核影响，土层的渗透性较好，根据区域性抽水实验资料，单位涌水量为 2.90 ~ 6.47m^3/h · m，渗透系数为 53.66 ~ 193.92m/d，属中强富水层。

根据区域性水位观测资料，本工程抗浮设计水位标高可取 -1.00 m。

3.4 场地土质、地下水质腐蚀性评价及地基土的冻胀性

××省干燥指数小于 1.5，属于湿润区。根据《岩土工程勘察规范》(GB50021—2001)中 G.0.1 表的有关规定划分，本场地环境类型为Ⅲ类。

据已有场地附近水质资料，场地浅层地下水质类型为重碳酸钠镁型，中性，地下水质对混凝土结构无腐蚀性，对钢结构具有弱腐蚀性，对钢筋混凝土结构中的钢筋无腐蚀性。

据已有场地附近资料，场地土质对混凝土结构、钢结构及钢筋混凝土结构中的钢筋无腐蚀性。

场地土属于季节性冻土，根据区域资料分析，本区降霜和冰冻期 11 月份至翌年 3 月份，土壤最大冻深为 21cm，一般为 10cm 左右，为不冻胀土。对于不冻胀土的基础埋深，可不考虑冻深影响。

3.5 场地地层划分及其特征

场地地层为第四系全新统河流相沉积层，其岩性主要为粉质黏土、粉土等。根据钻探取芯、室内土工试验和原位测试成果综合分析，将勘探深度范围内的场地地层划分为 4 层，现自上而下依次叙述如下：

①粉质黏土(Q_4^{al})：场地内普遍分布；层底标高-4.10 ~ -3.30m，层厚 2.85 ~4.00m；以褐黄色为主，顶部夹有灰黑色薄层，色杂；可塑，中压缩性，含有少量圆粒状钙质结核(d<0.5cm)，土质稍光滑，摇振反应无，干强度中等，韧性中等。

该层顶部局部颗粒粗，相变为粉土。

②粉质黏土(Q_4^{al})：场地内普遍分布；层底标高-7.53 ~ -6.30m，层厚 2.20 ~ 4.00m；以灰黄色为主，顶部夹有灰黑色薄层，色杂；可塑，中压缩性，有黑色星点状锰质浸染斑点，含有少量圆粒状钙质结核(d<0.5cm)，钙质结核含量约占 10%；土质稍光滑，摇振反应无，干强度中等，韧性中等。

该层局部颗粒较粗，相变为粉土，单层厚度小于 0.50m。

③粉土(Q_4^{al})：场地内普遍分布；层底标高-8.13 ~ -7.25m，层厚 0.60 ~1.02m；浅黄色，质纯，湿，中密 ~ 密实，摇振反应中等，光泽无，干强度低，韧性低，中压缩性。

④粉质黏土(Q_4^{al})：未揭穿，最深揭露层底标高-12.63m，最大揭露层厚 4.99m；棕黄色，可塑，中压缩性；土质细腻，稍光滑，摇振反应无，干强度高，韧性高。

3.6 不良地质作用和现象

勘察期间，未发现场地内有滑坡、崩塌、沉陷等不良地质作用；未发现古墓、防空洞等对工程不利的埋藏物。

4 岩土工程指标统计

岩土参数的分析与选定按照《岩土工程勘察规范》(GB50021—2001)的第 14.2 条执行。

4.1 地基土物理力学性质指标

根据室内土工试验成果，经分析筛选，统计出各土层的物理力学性质指标范围值、平均值、标准差、变异系数。统计时剔除异常值。统计结果见物理力学性质指标统计表。

4.2 静力触探试验成果

本次勘察共完成静力触探孔 5 个，根据原位测试结果对勘探深度范围内的各层土进行了分层统计。统计时，采用厚度加权平均法进行了锥尖阻力及侧壁摩阻力平均值的统计计算。根据经验公式计算出每层土的地基土承载力特征值和压缩模量指标。静力触探试验成果见附表 3。

附表3 静力触探试验成果表

层序＼指标	锥尖阻力平均值 q_c(MPa)	锥尖阻力小均值 q_{cmin}(MPa)	比贯入阻力 Ps(MPa)	地基土承载力 f_{ak}(KPa)	压缩模量 E_s(MPa)	侧壁摩阻力平均值 f_s(kPa)	侧壁摩阻力小均值 f_{smin}(kPa)
①粉质黏土	1.359	1.135	1.249	118	5.88	45.3	40.6
②粉质黏土	4.329	3.152	3.467	169	7.47	108.9	89.7
③粉土	7.034	4.694	5.163	168	10.32	102.7	78.1
④粉质黏土	2.454	2.009	2.210	135	6.01	79.1	69.7

4.3 标准贯入试验成果

根据标准贯入原位测试成果进行分层统计，统计时剔除异常值，分别统计出标准贯入试验成果杆长修正前和修正后的平均值、标准值、标准差、变异系数及统计个数。标准贯入试验成果见附表4。

附表4 标准贯入试验成果一览表

层序＼指标		样本数 n	最大值 max	最小值 min	平均值 μ	标准差 σ	变异系数 δ	标准值 N
①粉质黏土	实测值	9	6.0	4.0	5.1	0.6	0.12	4.1
	修正值	9	6.0	4.0	5.1	0.6	0.12	4.1
②粉质黏土	实测值	13	8.0	5.0	6.7	1.0	0.15	5.1
	修正值	13	7.4	4.7	6.2	0.9	0.15	4.7
③粉土	实测值	4	13.0	7.0	10.8	2.6	0.24	6.5
	修正值	4	11.4	6.2	9.5	2.2	0.23	5.8
④粉质黏土	实测值	7	10.0	6.0	7.4	1.5	0.20	4.9
	修正值	7	8.3	4.8	6.2	1.3	0.21	4.1

4.4 各层土抗剪强度指标统计

根据GB50007—2002规范附录E的有关规定，分别对各层土的直剪抗剪强度指标 c_q、φ_q进行分层统计，统计结果见附表5。

附表5 各层土抗剪强度指标统计表

层序＼指标	项目	统计个数 n	最大值 max	最小值 min	平均值 μ	标准差 σ	变异系数 δ	标准值
①粉质黏土	c_q(kPa)	9	36.0	21.0	29.0	5.0	0.17	26.1
	φ_q(度)	9	26.6	17.9	21.8	2.9	0.13	20.0
②粉质黏土	c_q(kPa)	9	41.0	24.0	35.0	6.0	0.16	31.5
	φ_q(度)	9	24.5	15.4	20.8	3.7	0.18	18.5
③粉土	c_q(kPa)	3	11.0	9.0	10.0	1.0	0.11	8.6
	φ_q(度)	3	24.5	15.4	20.8	3.7	0.18	18.5
④粉质黏土	c_q(kPa)	7	38.0	20.0	30.0	6.0	0.19	25.6
	φ_q(度)	7	22.4	11.9	17.5	4.0	0.23	14.5

5 场地岩土工程分析与评价

5.1 工程环境评价

拟建场地地处居民区为未拆迁区，场地内有较多建筑物，工程环境条件尚可，适宜进行工程建设。

5.2 各层土承载力特征值

按GB50007—2002规范第5.2.3条规定，依据室内试验、标准贯入试验及静力触探试验成果，结合当地及我院经验，经综合评定，确定各层土承载力特征值f_{ak}(kPa)，见附表6。

附表6 地基土承载力特征值一览表

确定方法承载力特征值(kPa)层序	土工试验	标贯试验	静探试验	承载力特征值
①粉质黏土	115	125	118	120
②粉质黏土	140	139	169	140
③粉土	165	160	168	160
④粉质黏土	130	137	135	130

5.3 各层土压缩模量指标及压缩性评价

根据室内土工试验、标准贯入和静力触探试验分别确定地基土各土层100~200kPa压力段压缩模量指标，结合当地及我院经验，经综合评定，给出地基土各土层的压缩模量指

标 E_{s1-2}(MPa)及压缩性评价见附表7。

附表7 各层土100~200kPa压力段压缩模量及压缩性评价一览表

指标 层序	土工试验	标贯试验	静探试验	建议值	压缩性评价
①粉质黏土	5.59	7.10	5.88	5.59	中
②粉质黏土	6.75	5.65	7.47	6.75	中
③粉土	15.78	10.15	10.32	10.32	中
④粉质黏土	8.53	5.55	6.01	6.01	中

5.4 地震效应评价

5.4.1 区域地质构造背景

据我院地质资料，本区上部新生界河流相~河湖相沉积物(厚度200~400m)不整合覆盖于奥陶系灰岩之上。各类构造均为隐伏的基底构造，并且为非活动性构造，对本次勘察拟建工程的稳定性影响不大。

5.4.2 抗震设防烈度

根据《建筑抗震设计规范》(GB50011—2001)附录A所提供的我国主要城镇的抗震设防烈度，黄冈市抗震设防烈度为6度，地震分组为第二组，设计基本地震加速度为0.05g。

本次勘察的拟建物为教学楼，按《建筑工程抗震设防分类标准》(GB50223—2004)第6.0.8条规定，属丙类建筑，地震作用和抗震措施均应符合本地区抗震设防裂度的要求。

5.4.3 剪切波速测试成果及覆盖层厚度

根据我院已有场地附近剪切波速资料，剪切波速 v_s>500m/s的地层深度在50m以下，确定本场地覆盖层厚度大于50m。

5.4.4 场地土类型及建筑场地类别

依据场地土性质及场地土类型，可判别场地土属于中软土。按照《建筑抗震设计规范》(GB50011—2001，2008年版)第4.1.6条的有关规定，判定建筑场地类别为Ⅲ类，属可进行建设的一般场地。

5.5 场地稳定性与建筑适宜性评价

本场地基底地块较完整，根据区域资料，区内的断裂为隐伏的非活动断裂，且为基底断裂。根据《建筑抗震设计规范》(GB50011—2001，2008年版)第4.1.7条规定，本工程可不考虑发震断裂影响。场地内未发现其他影响工程稳定性的不良地质现象，属可进行建设的一般场地。综合评价场地稳定，适宜建筑。

6 地基基础方案论证

6.1 荷载估算

根据设计方提供的上部结构荷载情况，结合 GB50007—2002 规范，对拟建建筑物基底压力进行估算，以作为评价天然地基和桩基础的依据，工程荷载及基底压力估算见附表8。

附表8 荷载估算一览表

拟建建筑名称	地面以上层数	地下层数	结构形式	预估基础埋深(m)	单层荷载标准值(kN/m)	预估最大柱距(m)	基底平均压力标准值(kN/m)
教学楼	3	无	框架	1.00	16	8×8	(按照柱下条基设计) 380

6.2 地基基础方案论证

本次勘察的拟建教学楼高三层，勘察期间委托方未提供上部结构具体荷载，根据我院以往经验估算，采用条形基础时，估算的基础顶部每延米荷载约380kN。

拟建教学楼预估基础埋深1.00m。天然地基持力层为第①层粉质黏土。

第①层粉质黏土承载力特征值 $f_{ak}=120\text{kPa}$，经深度修正后的地基土承载力 $f_a=135\text{kPa}$。采用条形基础时，根据公式 $b \geqslant F_k/(f_a-\gamma_G d)$ 进行估算可知：不考虑偏心时，按轴心受压，可以估算出 $b>3.3\text{m}$ 时，$f_a>P_k$ 天然地基持力层能够满足上部结构荷载要求。

下卧层强度较高、厚度大，无需进行下卧层强度验算。

拟建教学楼可采用天然地基条形基础，第①层粉质黏土可作为其天然地基持力层。

7 基坑降水

勘察期间实测孔内场地浅层地下水位埋深2.20～2.40m，属潜水～微承压水，主要赋存于第①层粉质黏土裂隙及其下部各层粉土、粉质黏土层，受粉质黏土层内钙质结核影响，土层的渗透性较好。

拟建的三层教学楼无地下室，预估基础埋深1.00m，地下水对基坑开挖没有影响，但应避免雨季施工。

8 基坑开挖与支护

拟建教学楼预估基础埋深为1.00m，需开挖土层主要为第①层粉质黏土。根据直剪快剪试验所得出的土工试验成果，并结合建筑施工经验，给出基坑开挖所需的第①层粉质黏土。等效抗剪强度指标如下：$c=29.0\text{kPa}$，$\varphi=21.8°$，$\gamma=18.4\text{kN/m}^3$。坡顶无堆载情况下，采用边坡允许自立高度计算方法：

$$h=2c\tan(45°+\varphi/2)/\gamma$$

经计算，边坡允许自立高度4.60m。

9 结论及建议

(1)拟建建筑场地地形平坦，第四系全新统河流相。

(2)拟建工程，属三级工程，场地等级为三级，二级地基，岩土工程勘察等级为乙级。

(3)黄冈市抗震设防烈度为6度，设计地震分组为第二组，本场地土为中软土，建筑场地类别为Ⅲ类，属可进行建设的一般场地。

(4)拟建工程可采用天然地基条形基础，第①层粉质黏土可作为其天然地基持力层。

(5)勘察期间实测孔内场地浅层地下水位埋深2.20～2.40m，属潜水～微承压水。场地浅层地下水水质对混凝土结构无腐蚀性，对钢结构具有弱腐蚀性，对钢筋混凝土结构中的钢筋无腐蚀性。

(6)地下水对基槽开挖无影响，但应避免雨季施工。

(7)加强施工验槽，发现异常情况及时处理。

附录二

××市××开发区基坑支护施工方案

1 编制依据

(1)深基坑支护设计书;

(2)岩土工程勘察报告;

(3)湖北省深基坑工程技术规定(DB42/159—2004);

(4)建筑基坑支护技术规程(JGJ120—1999);

(5)建筑桩基技术规范(JGJ94—94);

(6)混凝土结构施工及验收规范(GB50204—2002);

(7)供水水文地质勘察规范(GBJ27—88);

(8)建筑地基处理技术规范(JGJ79—91);

(9)锚杆喷射砼支护技术规范(GB50086—2001)。

2 工程概况

2.1 支护设计概况

拟建的某工程位于××市××开发区,由某地产有限公司投资兴建。拟建住宅小区由5栋11层小高层(7、8、12、13、14号楼)、7栋18层高层住宅(1、2、3、4、5、6、15号楼)、4栋33层高层住宅(9、11、17、18号楼)、2栋30层高层住宅(11、16号楼)及3层会所、幼儿园等建筑物组成,在9、10、11号楼(西区)和16、17、18号楼(东区)一定范围内分别设有一层地下室。拟建建筑物总建筑面积约为22万m^2。11层、18层、33层、30层均为剪力墙结构,拟采用桩筏基础型式。

东区地下室设计标高±0.000=31.900m,地面标高为29.5~30.0m,地下室基坑底标高非主楼段为-6.3m、主楼段为-7.4m,基坑周边开挖深度为3.9~5.5m。

西区地下室设计标高±0.000=32.730m,地面标高为30.5~33.7m不等,基坑底标高非主楼段为-6.3m、主楼段为-7.4m,基坑周边开挖深度为4.1~8.4m不等。

根据基坑不同情况分别采用放坡卸载、喷锚网、土钉挂网喷面、微型压浆钢管桩相结合的支护方式(图1、图2)。

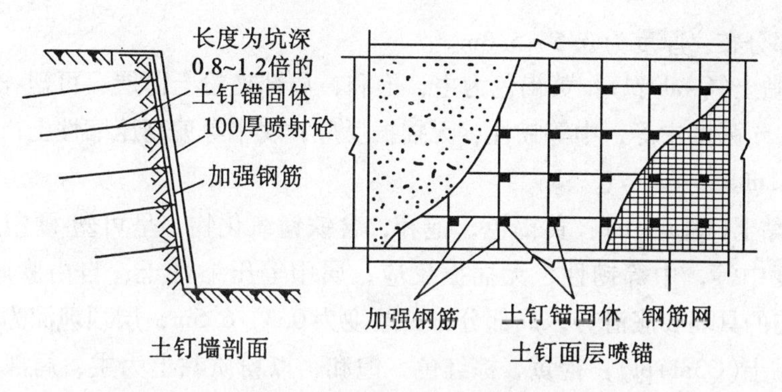

图1　土钉墙支护示意图

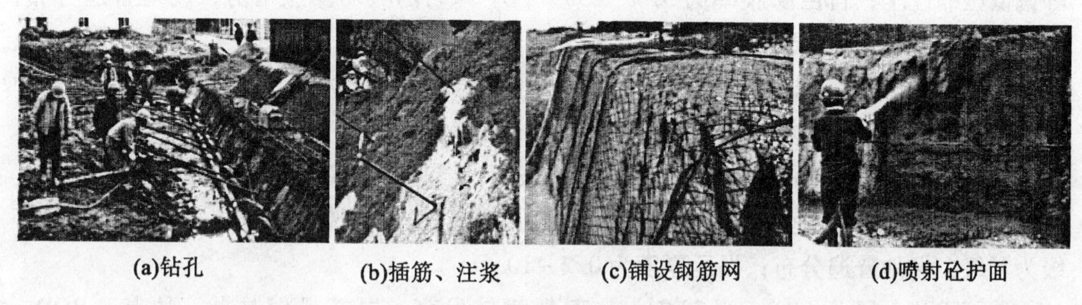

(a)钻孔　(b)插筋、注浆　(c)铺设钢筋网　(d)喷射砼护面

图2　现场土钉墙支护

2.2　场区周边环境

拟建场地周边环境较为简单。

西区基坑西侧距红线大部分在10m以上，局部不足6m；南侧西段紧邻公交车站用房(2层)，南侧东段为公交停车场用地，距围墙约8m；东侧约8m外为用地红线，外侧为地下通道，距立交桥约14m；北侧为本场地其他拟建楼，但东段距拟建楼不足8m；

东区基坑西侧距红线大部分在10m以上，外为地下通道，距立交桥约14m；南侧距红线不足6m；东侧距红线约10m；北侧为场地内用地。

2.3　场地工程地质条件

通过勘察，查明本场地土层主要为Q_3冲洪积黏土、粉质黏土，上部为厚度不等的填土及Q_4黏性土，局部分布有淤泥质粉质黏土，下伏志留系泥岩。在勘探深度范围内，场区岩土层可分为5大层，各层由新到老分述如下：

①$_1$杂填土(Qml)：杂色，褐红色，稍湿~饱和，上部为砼地坪，下部以碎石、砂等为主，含黏性土。松散状态，结构紊乱，不均匀；厚度为0.3~4.5m，场地普遍分布；堆填时间不一。

①$_2$素填土(Qml)：褐红色、黄褐色为主，饱和，以黏性土为主，夹有少量碎石，松散状态，不均匀，地下水位以下呈软-流塑状态。局部分布，厚度为0.2~6.5m；堆填时间不一。

②$_1$淤泥质粉质黏土(Q4l)：灰褐色、灰色、黄褐色，饱和；软塑-流塑状态；属高压

缩性土。局部分布，厚度为0.5～5.0m。

②$_2$粉质黏土(Q4al+pl)：黄褐色为主，饱和，局部夹粉土薄层；可塑-软塑状态为主；切面稍光滑，干强度中等，中等韧性，无摇振反应；属中等偏高压缩性土；局部分布，厚度为0.3～5.1m。

②$_3$粉质黏土(Q4al+pl)：黄褐色，饱和，含铁锰氧化物，呈可塑-硬塑状态；切面稍光滑，干强度中等，中等韧性，无摇振反应；属中等压缩性土；自由膨胀率为30%～49%，不均匀的具弱膨胀潜势；局部分布，厚度为0.3～6.5m，层顶埋深为0.3～7.8m。

③粉质黏土(Q3al+pl)：褐黄、棕红色，饱和，以粉质黏土为主，局部为黏土；含铁锰结核及灰白色高岭土；呈硬塑状态；切面光滑，干强度高，高韧性，无摇振反应；属中等偏低压缩性土；自由膨胀率为31%～50%，不均匀的具弱膨胀潜势；场地普遍分布；厚度为0.4～10.5m，层顶埋深为0.5～8.7m。

④残积土(Qel)：褐黄色，饱和，为泥岩残积土；切面稍光滑，干强度中等，韧性中等，无摇振反应；硬塑状态为主；属中等压缩性土；场地普遍分布；厚度为0.3～4.0m。

⑤$_1$ 泥岩强风化(S)：褐黄色，结构基本破坏，岩芯呈块状，岩芯采取率40%～50%。岩块天然湿度单轴抗压强度为0.42～0.93MPa；属极软岩，岩体极破碎，岩体基本质量等级为Ⅴ级；场地普遍分布；揭示厚度为0.2～10.5m。

⑤$_2$ 泥岩中风化(S)：褐黄色，节理裂隙较发育，岩芯呈短柱状、块状，RQD=56%～75%。岩块天然湿度单轴抗压强度为1.02～3.78MPa，沿裂隙破坏；属极软岩，岩体较破碎，岩体基本质量等级为Ⅴ级；场地普遍分布；揭示最大厚度为16.5m。

2.4 场地水文地质条件

根据勘察资料，本场地地下水的类型为上部滞水，上部滞水主要赋存于素填土及2层黏土层中，大气降水和地表水渗入是其主要补给来源。

3 工程特点

3.1 支护设计工程量

按某岩土公司提供的设计图纸以及现场实际要求，主要工程量如下：

(1)喷锚网(钢筋网部分)：5000m^2；

(2)土钉挂网喷射砼护面(钢板网部分)：5000m^2；

(3)微型压浆钢管桩：4000m。

3.2 工程特点及实施难点

(1)按现场实际情况，对应设计标高，其基坑实际开挖深度为4.3～8.4m不等。支护设计以放坡土钉挂网喷面、喷锚、钢管桩为主。对本基坑而言，土方开挖是关键，土方施工必须密切配合支护施工单位施工。

(2)该工程施工场地较为开阔，基坑北面分别布置临时建筑、道路及材料堆场，对施工安全影响较大。土方开挖采取水平分段、垂直分层的方法施工，开挖一段，支护一段。

(3)本工程场地地质条件主要由松散杂填土、老黏土组成，锚杆成孔困难。

(4)该基坑安全等级为二级。

4 施工组织管理

4.1 施工组织部署

(1)该工程施工组织以喷锚网支护施工为主。

(2)整个工程分锚杆施工、喷射砼施工、微型钢管桩施工和辅助施工，通过平衡协调及调度，紧密地组织成一体。

(3)整体施工，锚杆施工、喷射砼施工、钢管桩为主体，其余工艺可交叉作业。一切施工管理到人、材、物，首先满足主体施工，确保主工艺施工总进行计划的实施。

4.2 施工协调管理

4.2.1 与设计单位的协调

(1)进一步了解设计意图及工程要求，根据设计意图提出具体施工实施方案。

(2)会同业主及监理根据现场实际对设计提出建议，完善设计内容和设备选型。

(3)协调施工中需与设计人员协商解决的问题，解决不可预测因素引起的其他问题。

4.2.2 与监理公司及业主的协调

(1)在施工过程中，严格按照业主及监理公司批准的施工方案进行，对施工进度和施工质量的管理，在施工自检上，接受监理工程师的验收和检查。

(2)严格贯彻执行质量控制制度、质量检查制度，并以此对各施工工序严格控制，确保工程质量。

(3)对所有进入施工现场使用的成品、半成品、设备、材料、均应主动向业主及监理工程师提交合格证及质保书，并按监理工程师要求对使用材料进行送检。

4.2.3 与监测单位的协调

(1)会同业主及监理公司对监测方案提出合理建议。

(2)及时掌握监测成果，采用信息法施工，针对监测成果及时会同监理及业主分析，及时指导下一步施工。

4.3 组织管理体系

为了保证高效、优质、低耗地完成基坑支护工程的施工任务，我单位选配具有设计和施工资质的分包单位(某岩土有限公司)进行基坑支护的施工，选配具有高素质的项目经理和工程管理人员，组成项目经理部，对整个工程的施工进行组织、指挥、协调和控制。项目部主要人员组成见附表1。

附表1　　分包单位项目经理部主要人员组成

职务	姓名	职称	主要职责
项目经理	熊某	高级工程师	工程总指导、总监督，全面负责整个工程工作
项目工程师	李某	高级工程师	负责设计、技术、质量
生产副经理	於某	工程师	负责材料采购、现场调度、文明施工
质量员	谭某	工程师	质量检查、验收

5　施工平面布置及各项目需用计划

5.1　总体布置

(1)根据总平面布置要求，本基坑支护分包施工单位的生活及办公区由总包统一规划。

(2)在施工期间，根据土方需要，在浅坑地段设置基坑支护施工进入通道。

(3)现场材料加工区可根据施工需要就近设置。

5.2　现场平面布置原则

(1)锚杆施工，会同土方开挖，按设计要求分层进行，其水泥材料堆置于施工区边，邻近拌浆设备。

(2)喷锚网施工，钢筋加工置于场区周边，并会同土方开挖，按设计要求分层进行。

(3)钢管桩施工，在西区基坑南侧和西侧布置钢管桩，要求在基坑开挖前施工。

5.3　现场平面布置管理

根据总工期进度计划要求，支护施工和土方开挖交叉平行作业，其现场管理必须统筹安排、合理布置。

(1)对每一道工序的施工，结合其施工特点，对排水沟、材料堆场、加工设备行进路线等应合理布置，每一道工序的施工必须考虑下一道工序施工的布置，避免相互影响，浪费人力、物力。

(2)设专人对现场统一管理，合理布置、调度。

(3)对施工现场重要设施及危险区域张挂标志牌，避免出现事故或其他隐患。

5.4　主要材料物质计划(附表2)

附表2　　主要材料物质计划表

基坑工程主要材料表		
类型	型号	数量
钢材	$\phi 20$	75T
	$\phi 16$	60T
	$\phi 6.5$	30T
	钢管($\phi 114$)	65T
水泥	Po32.5	530T
砂石		$4200m^3$
钢板网		$6600m^2$

6　主要施工方法及施工顺序

6.1　施工顺序

根据本基坑支护设计要求，结合本工程施工特点，以及业主总工期进度计划要求，为提高工效、缩短工期，其基坑支护的施工顺序确定为：微型钢管桩施工→土方开挖→挂网喷面、喷锚施工→土方开挖→挂网喷面、喷锚施工→土方开挖→结构施工。

6.2　主要施工方法

6.2.1　微型钢管桩施工

微型钢管群桩施工工艺为：平整场地→标定桩位→钻机就位、成孔→放置钢管→注浆。

(1)平整工作面。清理施工现场，进行场地物体搬迁和平整，便于施工。

(2)成孔。可采用XY-1型工程钻机成孔，成孔视微型群桩设计的直径而定，不采用膨润土或其他悬浮泥浆做钻进护壁。

(3)放置钢管。微型钢管选用$\phi 114\times 2.8$钢管，间距为600mm。钢管底部3～5m处钻若干花眼，以保证注浆液向周围土体扩散。

(4)注浆。注浆液采用纯水泥浆，注浆压力控制在2～3MPa，水灰比为0.6，水泥采用32.5级普通硅酸盐水泥，水泥浆中加入水泥重量0.1%的三乙醇胺及0.2%的食盐，以改善可注性和增加结石体早期强度。为保证注浆液与周围土体紧密结合，在孔口处设里注浆塞。

6.2.2　锚杆施工

(1)施工工艺及设备。根据设计单位对锚杆参数的设计要求，本基坑锚杆采用了一次注浆锚杆。根据施工经验，结合场地实际情况，采用的施工流程如图3所示，施工设备安排计划见附表3。

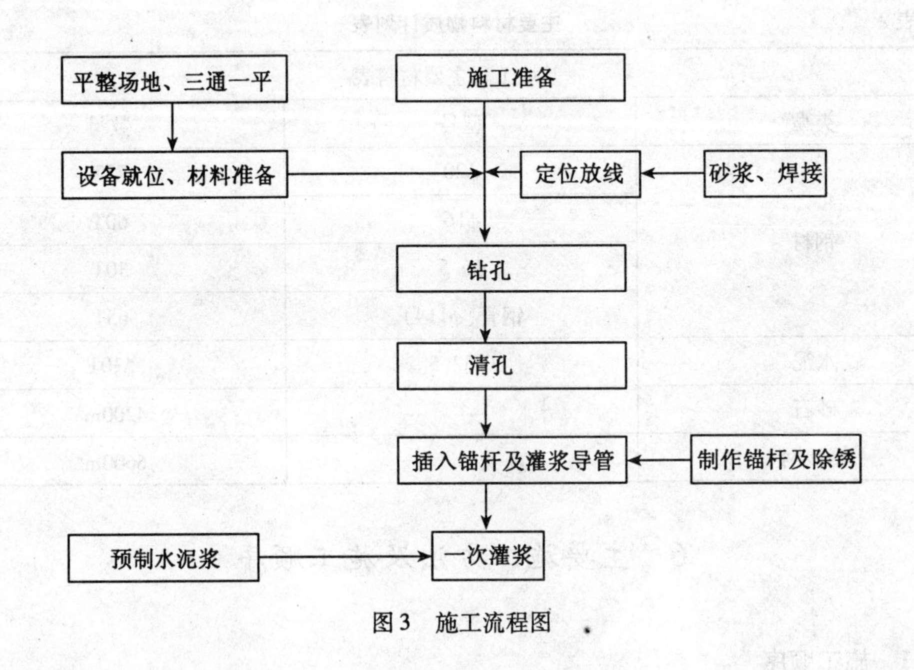

图3　施工流程图

附表3　　施工设备安排计划

序号	机械或设备名称	型号规格	单位	数量	备注
1	反铲挖掘机		台	1	
2	螺旋钻机		台	4	
3	冲击钻孔机		台	2	
4	注浆泵		台	1	
5	灰浆搅拌机		台	1	分包单位提供
6	混凝土喷射机	Z-5	台	1	
7	空压机	$9m^3/min$	台	1	
8	电焊机		台	2	
9	切割机		台	2	

(2)锚杆施工方法。

①钻孔。

a. 钻孔前，要根据地层特点和设备特性，选择合适的钻进工艺和技术参数。本工程采用全螺旋清水循环钻进工艺成孔，锚杆孔径为110mm。

b. 钻孔前，要根据设计要求定出孔位，并做好明显标记。同一排锚杆要拉线，确保在同一水平线上，孔位垂直方向误差控制在100mm。

c. 螺旋钻杆使用前，要仔细检查其是否堵塞，丝扣是否完好，严禁使用破损钻杆，以防断钻事故发生。

d. 采用清水循环钻进，严禁泥浆循环钻进。

e. 钻孔终孔深度要比设计深度大0.5~1.0m，以利于杆体顺利下入。

f. 采用全螺旋钻进，若孔壁坍塌，则利用套管护壁，以保证杆体顺利下放。

②锚杆体制作和安装。

锚杆体制作前，应对钢筋及其焊接进行抗拉试验，合格后方可应用。钢筋应平直、除油和除锈。

锚杆体采用ϕ20螺纹钢，搭焊长度为10d。钢筋架用ϕ6.5钢筋，沿杆体2.0m焊接一个。注浆管应比锚杆长1.0m左右，用皮筋固定在锚杆上，止浆密封袋固定于锚杆体的孔口部位上，送锚杆时，止浆袋应完全进入孔中，注浆压力应为0.4MPa左右。杆体每隔1.5m设置对中支架和导向钢筋头。

自由段采用涂油或缠塑料膜处理，保证和水泥固化体分离。

注浆管与杆体要理顺，不得互相缠绕。

杆体下放前，要仔细检查杆体质量，确保杆体组装满足设计要求。

安放杆体时，应防止杆体扭弯、弯曲以及杆体与注浆管相互缠绕，杆体下放要快速、连续。

杆体下放孔内深度应不小于钻杆长度的95%，杆体安放后不能随意敲击，不得悬挂重物。

③注浆。

注浆以前，要对Po32.5水泥进行抽检，合格后方可用于注浆。

水泥要有防水、防潮措施。

注浆之前，要仔细检查注浆管是否完好、注浆管是否畅通。

注浆材料采用水灰比为0.45~0.5的纯水泥浆。

注浆液应在搅拌机中搅拌均匀，随搅随用，浆液要在初凝前用完，严防杂物混入浆液。

孔口溢出浆液，方可停止注浆。采用一次常压注浆，注浆压力分别为0.5Mpa。注浆完后，采用清水冲洗注浆泵和注浆管路。

6.2.3　锚管

当填土层中不能成孔时，应将锚杆改用锚管。锚管采用ϕ48钢管，在锚管侧帮焊角钢，沿钢管四周开成梅花形小孔，浆液从管内通过小孔注入。锚管采用机械贯入土体后，对管口30cm范围内进行及时封闭。待封闭层施工24h后即进行压力注浆。注意，锚管贯入后应及时保护坡面，对坡面进行初喷。

锚管注浆：采用纯水泥浆，水灰比同锚杆浆液。同一排锚管应采用跳跃式注浆，单孔采用全孔一次注浆。注浆过程中当发现注浆压力突然降低、浆量突然增大时，应立即停注，检查是否跑浆、冒浆。每米注浆量不少于50kg。

6.2.4　土钉挂网

(1)施工工艺流程为：土方开挖→人工清坡→铺设钢板网→人工打土钉→喷射砼→坡面养护→开挖下一层。

(2)坡面形成后，铺设钢板网50mm×100mm，土钉为ϕ16螺纹钢筋长度1m，采用人工锤击法将土钉打进坡里面，间距为2m，呈梅花形布置，喷射砼C20厚40～60mm。

6.2.5 喷射砼面板及钢筋网

(1)施工工艺流程如图4所示。

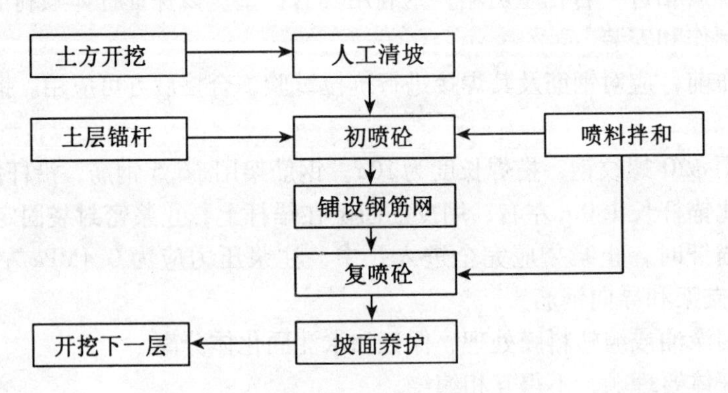

图4 挂钢筋网喷混凝土施工流程图

(2)施工要点：

①基坑开挖按设计要求分段分层进行，严禁超深度开挖，不宜超长度开挖。机械开挖后辅以人工修整坡面。

②坡面形成后初喷一次，将土面覆盖即可，待钢筋网及锚杆安置后进行第二次喷射混凝土面板，混凝土强度为C20，厚度为80～100mm，均采用两层喷射。混凝土配合比为水泥：砂：瓜米石=1：2：2.5，水泥采用强度为PO32.5MPa普通硅酸盐水泥，喷射时加入适量的早强剂，喷射由上至下进行。为保证喷射混凝土的厚度，则在坡面上垂直打入短钢筋作为控制标志。

钢筋网采用ϕ6.5钢筋制作，钢筋间距为250mm×250mm，加强筋采用ϕ16螺纹钢筋制作。网筋与网筋、网筋与加强筋、加强筋与锚杆芯之间用422电焊条点焊。上下网搭接、网筋之间搭接长度应大于300mm。锚杆隔排加固焊接。

③喷射完成后，应作好坡面砼的养护，采用喷水养护方式，一般养护时间为5天。

④材料质量要求如下：

a. 工程所用钢筋必须有出厂质量证明、物理力学性能检验单、焊接试验检验单，不合格的钢筋不得使用；

b. 水泥必须有出厂试验报告单、质量检验单，不得使用不合格水泥；

c. 石子粒径为20～40mm，砂为质地坚硬、洁净的中粗砂，保证砂、石的含泥量不超过规定的标准。

⑤喷射砼施工注意事项：

a. 喷射作业分段分片进行，同一段应自上而下进行喷射，射距应为0.8～1.5m。

b. 喷射混凝土的水灰比宜为0.4～0.45，砂率为45%～55%，水泥与砂石重量比为1：4～1：4.5。

c. 二次喷射砼前应清除面层上的浮浆和松散碎屑。

6.2.6　土方开挖施工

(1)土方开挖采用反铲开挖，开挖前由测量员测放基坑开挖线。

(2)土方开挖在基坑边应分层开挖，每层开挖深度应同设计锚杆竖向间距。根据设计方案，本基坑土方开挖分成2~7层，坡面采用人工修坡，严禁机械对已形成的坡面进行碰撞破坏，每次开挖宽度最小为6m，以保证锚杆施工要求。

(3)基坑周边开挖时，必须做到开挖一层，支护一层，开挖一段，支护一段，严禁超挖。开挖后，坡面要及时支护露过长。同一坡面上，上层支护体施工时间与下层十开挖时间间隔不得少于且不得暴露5d。

(4)为了防止反铲下坑开挖，基坑中部土层则采用一次性开挖完成。反铲及土方运输通道设置在基坑中部。

6.2.7　坡顶、坡底排水

为防止坡顶地表水体沿坑顶渗入基坑，在基坑坡顶线外2.0m处设置砖砌筑的排水沟一道，规格为200mm×200mm，坡度为0.5%，且用水泥砂浆封底、沟壁。坡底排水沟则采用砖砌筑，规格为200mm×300mm。

6.2.8　上层滞水处理

在上层滞水丰富的部位进行有效疏导，沿喷锚面设置泄水孔，5m左右安装一个，根据出水量情况应进行适当加密。

6.3　施工注意事项

(1)要保证基坑顺利开挖成功，除了高质量的支护设计外，还需要土方开挖施工组织严密。土方开挖队伍一定要与基坑支护队伍严密配合，协调施工；同时，还应根据环境监测所反馈的信息及时调整挖土顺序、挖土速度；土方开挖施工时，应分层开挖，基坑周边5m范围内每层开挖深度同锚杆竖向间距。

(2)基坑开挖后，基坑边严禁集中堆放施工用材等重物，均匀堆放时亦不得超过设计堆载值。

(3)基坑开挖过程中，土方应随挖随运，不得随意堆置于基坑周边；施工设备不得对支护结构产生碰撞。

(4)坑底四周设置排水沟，周边少量渗水通过沟底明沟汇聚后排出。

7　施工进度计划及人员安排

7.1　工期目标

根据总工期进度计划安排，结合现场实际情况和本工程施工特点，先进行西区地下室基坑支护钢管桩施工，然后进行基坑土方开挖，基坑支护做到开挖一层，支护一层，开挖一段，支护一段。

7.2　工期保证措施

(1)组建过硬、精干的项目班子和经验丰富的分包施工队伍。

(2)严格按施工进度计划指导施工，并由项目副经理统一安排施工进度，坚持每周例会制度，组织召开施工协调会，协调各部门之间的关系，为总工期控制目标的实现提供有力保证。

(3)严格推行项目法施工管理，发挥项目班子的积极性，对各班组明确责任制，充分调动项目部及施工人员的积极性，选用精干的施工人员进入现场施工，从组织上确保工程进度的实施。

(4)合理组织、精心施工、科学管理、有序安排。

(5)充分利用作业面，组织基础结构交叉作业，尽量缩短工艺的施工时间。

7.3 施工人员安排

因该基坑施工工序较多，每一道工序均安排专业施工队伍进场施工，因此其施工人员的分工安排显得尤为重要。

各工序均安排有专业负责人、施工员、质检员、测量员、工人等，施工人员安排见附表4。

附表4 施工人员安排

岗位	人数	主要职责
项目经理	1	负责工程施工全面工作
项目工程师	1	负责整个工程的质量、技术管理工作
项目副经理	1	负责生产技术、质量、安全、文明生产
技术员	2	负责现场技术、质量管理、整理技术资料
材料员	4	负责材料、配件供应、试验
技术工人	20	负责粉喷桩施工、锚杆施工、喷射砼施工等
电焊工	2	负责钢筋制安、焊接、锚具安装等
电工	1	负责生产、生活用电线路安装、检修等
安全员	1	负责安全生产管理
质检员	1	负责质量检查
资料员	1	负责现场往来文件、施工签证等的保管
后勤服务人员	1	负责后勤保障

8 质量保证体系及质量保证措施

8.1 质量方针和质量目标

质量方针：科学管理、技术创新、质量第一、优质服务。

质量目标：优良。

8.2 质量管理组织机构、质量体系及质量职责

8.2.1 项目经理(副经理)质量职责

(1)在上级的领导下，认真贯彻公司的质量方针和目标，组织制定具体措施，并确保

本项目部全体人员理解和贯彻执行。

(2)根据质量计划，结合工程的实际，建立健全组织机构，配齐所需资源，落实质量责任制，保证质量体系的有效运行。

(3)全面履行工程的质量管理职责，对工程重大、大质量事故负全面责任。

(4)主持工程的全面质量管理，参与、组织质量审核，组织落实纠正措施，并督促实施。

(5)深入工地调查研究，及时推广保证工程质量的先进施工方法，表彰奖励质量管理先进集体和个人。

(6)加强质量管理知识学习，支持质量检验人员的工作，主持召开 QC 小组成果发布会。

(7)坚持“质量第一”的思想，推进创优工程活动。

8.2.2　技术负责人质量职责

(1)在项目经理领导下，认真贯彻公司的质量计划和目标，组织制订本工程的质量保证措施。

(2)严格工程的施工技术和质量检验管理，并对本工程质量负直接责任。

(3)制订和实施项目工程质量计划，加强施工过程的控制，对因技术管理原因造成的重大质量事故负全责。

(4)监督检查采购物资的检验和试验及设备的控制，主持不合格品的评审和处理。

(5)推广应用统计技术，加强文件和资料的控制，建立质量记录。

(6)制订和实施纠正措施和预防措施，严把“图纸、测量、试验”关。

(7)主持编制项目实施性施工方案，明确技术保证和质量保证措施。

(8)组织推广和应用“四新”技术，主持关键工序和人员培训，编写有关成果报告和施工技术总结。

(9)做好与甲方、监理工程师的协调工作，接受监理工程师指令和监督。

8.3　质量体系主要要素控制

(1)物资采购质量控制；

(2)业主提供产品的控制；

(3)产品标识和可追溯性：

(4)施工过程控制：

(5)雨季施工应按雨季要求进行施工：

(6)不合格品的控制：

(7)纠正和预防措施：

(8)质量记录。

9　工期保证措施

(1)工程开工前，编制谨慎严密的网络计划，抓关键线路，严格按网络计划组织安排施工，编制计划充分考虑工现场可能对工期造成延误的各种因素，确定进度作业指标时留有余地，一旦发生延误迅速采取补救措施。

(2)根据总网络计划编制旬、日作业计划，并根据实施过程中的完成情况，及时与原计划进行对比，并采取措施修正调整。实行动态管理，对实际过程中出现的进度滞后应及时分析查找原因，做到“以日保旬，以旬保月”，确保总网络计划的实现。

(3)严格执行工地计划会制度，工地每天由施工管理部召开各作业班组进度计划会，项目副经理参加落实，每周由项目经理部组织召开周进度计划会，落实每周的计划完成情况及下达第二周的工作计划，重大问题及时上报解决。

(4)根据总体目标和施工进度、施工难度、环境等特点，充分利用以往工程的施工经验，提前预测有可能发生的工序间交叉配合不到位的现象，采取有效措施，抓住重点，优化资源配置，合理调配劳动力及机械设备。

(5)精心组织、周密安排，保证材料设备提前到位，避免施工待料，保证施工机具完好率，并设有经验的机修人员对机械设备进行维修保养，避免因机械设备材料原因造成窝工及工期延误。

(6)加强同相关方面的联系，谋求工程施工良好的外部环境，要增进同业主、监理工程师、设计单位的联系与汇报。要加强与交通、供电、供水、环保等部门以及工地邻近单位和居民的联系与协调，争取理解和支持，确保施工生产顺利进行。

10 安全保证措施

10.1 安全目标

在施工期间，消灭责任性因工重伤以上事故，杜绝火灾事故以及重大交通事故。

10.2 安全保证措施

(1)坚持“安全第一，预防为主”的方针，项目经理要把安全工作当做第一位工作来抓，加强全员安全意识教育，夯实安全基础，强化安全保证体系，落实安全生产责任制，严格执行安全规程，认真落实检查制度，建立安全奖罚，有效控制施工安全。

(2)建立健全能有效运行的安全管理体系，行使安全监察职能，项目部管理体系见附图。

(3)大力推行FTA、人体生理节律等安全系统工程管理和安全施工目标管理技术，加大施工现场防护设施和设备投入，确保安全生产建立在科学的管理、可靠的技术、足够的防护设施之上。

(4)应了解施工现场周围环境情况，开工前必须熟悉穿越施工范围的电力、电信、通信和架空高压电线走向及其架设高度，做到不明情况，不盲目施工，以免造成重大事故。

(5)做好安全防范工作，落实各项防洪、防雷、防暴雨、防大风、防火、防煤气工作，做好用电防范工作。

(6)严禁非工作人员进入施工场地。

(7)做好劳动保护工作，为所有工作人员提供劳动部门规定的劳保用品。

10.3　安全技术保证措施

(1)施工现场的布置应符合防火、防爆、防洪、防雷电等安全规定及文明施工的要求，施工现场的生产、生活办公用房、仓库、材料堆放场、停车场、修理厂等应按批准的平面布置图进行布置。

(2)现场道路应平整、坚实，保持畅通，危险地点应悬挂按照法规规定的标牌，夜间行人经过的坑、洞应设红灯示警，施工现场设置大幅安全宣传标语。

(3)现场的生产、生活区要设足够的消防水源和消防设施网点，消防器材应有专人管理不得乱拿乱放，所有施工人员要熟悉并掌握消防设备的性能和使用方法。

(4)各类房屋、库棚、料场等消防安全距离应符合公安部门的规定，室内不得堆放易燃品。

(5)施工现场的临时用电，严格执行《施工现场临时用电安全技术规范》的规定。临时用电工程的安装、维修和拆除均由经过培训并取得上岗证的电工完成，非专业电工不准进行电工作业。

(6)施工中发现危及地面建筑物或危险品、文物时，应立即停止施工，待处理完毕方可施工。

(7)雨季施工时，应按雨季施工要求进行。

10.4　施工机械安全控制措施

各种机械操作人员和车辆驾驶员，必须取得操作合格证，不准操作与证不相符的机械，不准将机械设备交给无本机操作证的人员操作，对机械操作人员要建立档案，专人管理。

操作人员必须按照本机说明规定，严格执行工作前的检查制度和工作中注意观察及工作后的检查保养制度。

驾驶室或操作室应保持清洁，严禁存放易燃、易爆物品。严禁酒后操作机械，严禁机械带病运转或超负荷运转。

机械设备在施工现场停放时，应选择安全的停入地点，夜间应有专人看管。用手柄起动的机械应注意手柄倒转伤人，向机械加油时要严禁烟火。严禁对运转中的机械设备进行维修、保养、调整等作业。

指挥施工机械作业人员必须站在可让人瞭望的安全地点，并应明确规定指挥联络信号。

使用钢丝绳的机械，在运转中严禁用手套或其他物件接触钢丝绳，用钢丝绳拖、拉机械或重物时，人员应远离钢丝绳。

起重作业应严格按照《建筑机械使用安全技术规程》和《建筑安装工人安全技术操作规定》的要求执行。

定期组织机电设备、车辆安全大检查，对检查中查出的安全问题，按照“三不放过”的原则进行调查处理，制定防范措施，防止机械事故的发生。

11 文明施工和环境保护

(1)工程实施时，将严格遵守《建设工程现场文明施工管理暂行规定》并积极争创武汉市文明施工工地。

(2)根据现场条件、项目部场地设置施工标示牌，标明建设工程名称、规模及业主、设计、监理、施工单位名称和施工单位负责人，项目技术负责人以及工程开工、竣工日期、施工许可证等。

(3)狠抓文明施工、环境保护工作，并实行责任承包制，将文明施工和环境保护与各作业组管理人员工资考核挂钩。

(4)施工现场场容管理严格按规定办理，并采取以下保证措施：

①按施工总平面布置图实施管理，施工现场内的所有临时设施均按平面图布置，使施工现场处于有序并且状态。

②施工现场设置的临时设施，包括办公室、宿舍、食堂、厕所等建立住地文明、卫生、防火、责任制，按规定布置防火设施，并落实相关负责人管理。

③工地的原材料和半成品不得堆放于围墙外，材料及半成品的堆码严格按公司《文明施工管理办法》要求分类堆放，并用标识牌标识清楚，进行必要的防护。

④施工现场内道路平整畅通，排水出口良好，无人作业的沟、井、坑均加设护盖和安全防护标志或固填整齐。

⑤对施工道路加强养护整修，必要时可采用洒水车洒水，避免尘土飞扬，影响环境。

⑥确保施工现场的文明施工。

⑦工程完工后，按要求及时拆除所有工地围墙、安全防护设施和其他临时设施，并将工地及周围环境清理整洁，做到工完、料清、场地净。

⑧施工机械停放整齐有序，废油废液集中倒于土坑内，防止对周围环境的污染。

12 基坑监测及应急措施

12.1 基坑监测

为了确保工程顺利施工以及基坑安全，该工程必须制定严密的监测方案，采用信息法施工。

12.2 应急措施

对于基坑开挖过程中突发和偶然因素下发生的事件，我们首先应有所估计，根据基坑施工特点，结合具体工程特点制定可行的预防措施，以确保施工中不至措手不及，同时可确保基坑安全。

根据基坑设计要求，基坑施工中可能出现的问题及采用的措施列于附表5。

附表5　基坑施工中可能出现的问题及采用的措施

出现问题	应急措施
坡顶水平位移过大	增设支撑或锚杆
土流失	增设注浆孔、泄水孔或红砖砌拱抹砂浆
边坡地面下沉或裂缝扩大	封填裂缝，查明原因，必要时先反压

12.3　应急措施安排

施工现场较开阔，其开挖后周边可堆放材料，对其应急所用材料工及人员、设备做以下准备：

(1)准备应急材料，如备用部分钢管或型钢、红砖、砂、石料、编织袋等，同时与供应商保持密切联系，以保证及时供货。

(2)对拟采用措施的施工设备，如钻孔机、锚杆机等，检修完毕备放基地，以保证及时运送至现场。

(3)在基坑开挖过程中，保证24小时有人值班，对其基坑变形以及周边环境变化及时掌握，对突发问题有一个预估，为应急措施的实施提供时间保证。

设抢险人员、储备施工人员20人左右，他们与技术人员保持通信畅通，确保能及时到位处理突发事件。

附录三

××市××小区6#楼静压预制管桩基础专项施工方案

1 工程概况及特点

1.1 工程概况

工程名称：××小区6#楼；
工程地点：××市××区××路；
建设单位：××房地产有限公司；
勘察单位：××建筑设计院有限公司；
设计单位：××设计工程有限责任公司；
监理单位：××工程监理有限责任公司；
施工单位：××建设工程有限公司；
该项目基础桩型：PHC-A400-95预应力管桩，桩身混凝土强度等级为C80，管桩具体参数如附表1所示。

附表1 管桩参数表

楼号	桩型号	桩长(m)	桩数(根)	竖向承载力特征值	持力层	备注
6#楼	PHC-A400-95	31米	140	1400kN	⑧砾砂层	工程桩

1.2 地质情况

详见×××建筑设计院有限公司提供的《岩土工程勘察报告》。

2 施工现场组织

2.1 组织结构

为圆满完成该工程的工程桩施工任务，本着创新、创优、创信誉的思想，按项目法施工模式组织内部的施工生产诸要素，对工程的质量、工期、安全、成本等综合要素进行有计划地综合管理，通过平衡、协调及调度，将桩段的购制、运输及压桩紧密地组织成一体，以确保工程按期完成任务，其项目组织结构如图1所示。

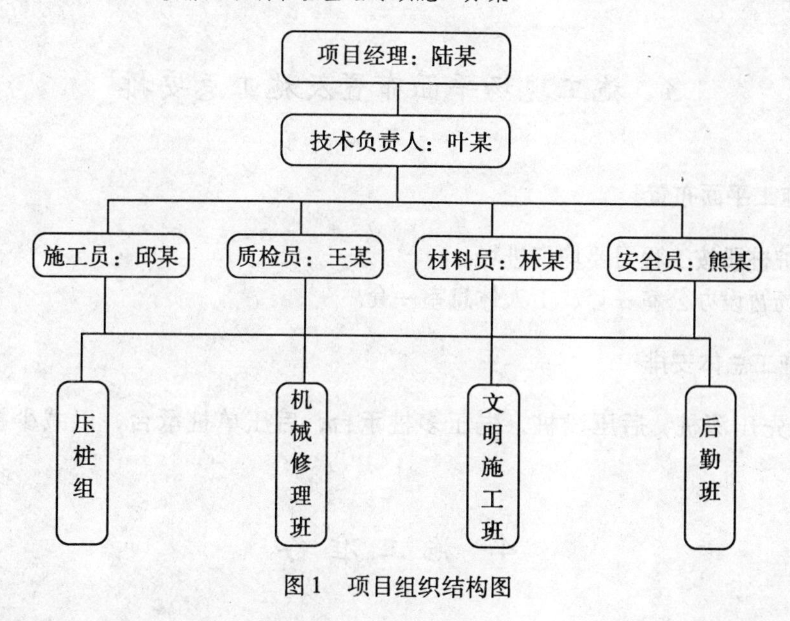

图1 项目组织结构图

2.2 项目部主要管理人员职责分配

项目部主要管理人员职责分配见附表2。

附表2 项目部主要管理人员职责分配表

职务	姓名	职称	主要职责
项目经理	陆某	工程师	(1)代表企业全面履行本工程施工承包合同 (2)负责对内，对外工程联系和协调 (3)负责对项目部人员、资金的管理和调度
技术负责人	叶某	工程师	(1)负责组织编制《施工组织设计》和《质量计划》 (2)负责图纸会审和技术交底 (3)负责组织质量检验和评定工作 (4)负责组织编制重大技术方案和质量处理方案 (5)负责项目部质量保证体系的建立及实施
质检员	王某	技术员	(1)负责对进货过程和最终质量的检验和试验落实“三检制” (2)复核红线、轴线、桩位和标高 (3)制定和落实纠正预防措施，并对一般不合格品进行处置
安全员	熊某	技术员	(1)负责识别和控制施工现场的环境和风险因素 (2)负责检查施工现场危险源控制情况 (3)负责施工现场节水、节电具体降耗指标的落实工作，健全能源计量台账，纠正现场节能过程中的违章现象 (4)负责施工现场施工电源、液化燃气罐等易燃易爆物的使用、管理，严防火灾及爆炸事故发生

3 施工现场平面布置及施工总安排

3.1 施工平面布置

(1)管桩桩段按工程需要均衡进场。

(2)现场暂设办公室一套、工人休息室一套。

3.2 施工总体安排

施工中先压深桩，后压浅桩，先压多桩承台，后压单桩承台，以减少挤土效应的影响。

4 施工准备

4.1 场地平整

(1)施工现场，保证供桩到位。满足桩机工作要求，然后派技术人员进场，对场地进行平面丈量和标高测量，绘出测量成果定位图。

(2)遇到坑凹处和土质较松情况，要及时通知甲方回填碾压，保证场地基本平整，并开挖排水沟，以便雨水及时排出场外，确保施工机械能正常工作。

4.2 放桩位线

(1)建筑基线验线完毕后，开始放轴线桩，用全站仪从基准线引出，在打桩区附近使用50mm×50mm，40～50mm 的木方或 $\phi18$～$\phi20$ 钢筋作为控制桩，以确保控制桩的准确性。

(2)放桩位线，由轴线桩放出桩位，钉 150～200mm 长竹签，放桩位位置允许偏离 2cm。

(3)竹签钉入土中后，每个桩位用红带做记号，以示标识便于压桩时查找。

(4)全部竹签钉入土后要与地面平齐，不允许外露，以免车辆、桩机碾压倾倒变位，造成桩位位移过大。

(5)轴线与桩位放好后，需进行自检，检验符合要求后，报公司施工管理部质检员复查，合格后报监理工程师复测，并办理轴线、桩位线复查记录。

(6)压桩前，施工员还需和作业人员共同对桩位进行复检，发现偏位，应及时对轴线控制点和相邻桩轴线进行校核，达到要求后方能施工。

4.3 技术准备

4.3.1 图纸会审

(1)技术人员收到图纸后，认真阅读图纸，并记录下图纸中存在的问题以及合理建议。

(2)由项目技术负责人组织图纸内审，形成统一内部意见。

(3)参与有业主、监理、设计及施工单位参加的正式图纸技术交底和图纸会审，并形成记录。

4.3.2　编写技术质量文件

(1)由项目部技术负责人根据正式的技术文件，新的技术要求，深化《施工组织设计》的技术交底。

(2)由项目部施工员对施工班组做《施工工艺》、《项目管理计划》的交底。

4.3.4　其他工作

对施工中使用的静压桩机，按照我公司《设备保养维修规定》做好保养工作，以保证施工顺利进行。

4.4　材料准备

工程主要施工根据该工程的地质情况，材料准备见附表3。

附表3　**工程主要设备、仪器、量具计划表**

项次	机具名称	规格型号	单位	数量	用途	备注
1	静压桩机	YZY-600	台	1	压桩	
2	CO2电焊机		台	2	接桩	
3	全站仪	RTS632	部	1	控制点及桩位施放	
4	经纬仪	J2	部	1	测量放线	
5	钢卷尺	50m	把	1	测量放线	

4.5　劳动力准备

劳动力需要计划见附表4。

附表4　**劳动力需要计划表**

序号	工种	需用人数	小计
1	生产班长兼指挥	1	1
2	主机操作工	1	1
3	吊机操作工	1	1
4	桩工	2	2
5	电焊工	2	2
6	小计	7	7

4.6　材料及桩段需要量计划

施工所用材料及桩段需要量计划见附表5。

附表5 施工需用桩段、材料进场计划

序号	材料名称	规格型号	数量	单位	进货时间	备注
1	管桩桩段	PHC-A400-95	140	套	施工中根据现场进度分批进场	6#楼

5 工期、施工进度计划及保障措施

5.1 工期

我公司将采用科学周密的组织管理和先进使用的施工新技术，在保证质量的前提下，利用前期准备时间制作桩段，保证在工程桩施工前有足够桩段。施工前期准备3天，在符合开工条件情况下，由业主(监理工程师)下达工程桩施工开工令，拟用10天完成全部工程桩，每天完成约15根桩。

5.2 保障措施

5.2.1 组织措施

(1)建立有效的组织体系是施工计划正确实施的前提保证，由项目经理作为该项目的责任人，统一指挥桩机设备的施工调度工作，并以各单机组负责人组建进度控制组织系统，对单机确定进度目标，建立目标体系，确定进度控制工作制度，并及时对影响进度的因素进行分析、预测、反馈，以便提出改进措施和方案，建立一套贯彻、检查、调整的程序。

(2)做好施工配合及前期施工准备工作拟定施工准备计划，专人逐项落实，确保后勤工作的高质量、高效率。

(3)在管理制度上合理安排施工进度计划，紧紧抓住关键工序不放，而用非关键工序去调整设备、劳动力计划生产平衡。

5.2.2 技术措施

(1)所有材料及半成品(桩段)按计划分批进场加工。

(2)施工期间加强与气象部门联系，入场前做好雨季施工准备。

(3)桩机设备是该工程进度计划实现的保证，进场前对设备进行保养，使设备在施工中能正常运转。

6 主要分项工序施工方法

6.1 预应力砼管桩工艺流程

测量放线→桩位复核→桩机就位→吊桩→桩机调平→桩落位→双向调整垂直度→压桩→接桩→压桩→送桩。

6.2　测量放桩位

使用全站仪测量用极坐标法测放出桩位，使桩位偏差控制在20mm以内，并用短竹签打好定位桩，同时用红绳做出标志，便于施工。

6.3　桩机就位

压桩机的指挥人员根据施放准确的红绳标志桩位，指挥压桩机就位。

6.4　配桩

用水准仪先测量出要施工桩位处的自然地面标高，根据图纸提供的桩顶标高，算出该桩桩顶标高离自然地面的高度，再参考地勘报告及试桩或附近施工完的桩位，选配合理长度的桩段。

6.5　桩落位

先由施工员对桩位进行复测，对桩机在行走过程中造成的桩位偏差进行纠正，再由当班施工员和桩工扶桩就位，不得自由落位。

6.6　双向调整垂直度

在压桩机附近两侧设置钢支架吊线锤，观测被压桩桩段两个不同方向的边缘，调整桩机，控制桩的垂直度误差小于0.5%。

6.7　接桩

当下节桩段沉至离地面0.8m左右时，即吊上节桩。先将上、下节桩对称点焊在一起，然后调整缝隙和垂直度后，再使用二氧化碳气体保护焊两人对称施焊，焊完后对焊缝进行检查，对焊接不饱满处进行补焊，最后涂上防腐漆。

6.8　压桩终止条件

施工过程中以油压值（≥2倍设计特征值）控制为主，桩长为辅，保证进持力层深度≥0.5m。

6.9　送桩

送桩时，送桩的中心线与桩身重合后再往下送。

7　质量目标、质量保证体系及组织措施

7.1　质量目标

将该工程的质量目标定为优良等级，即根据GB50202—2002的要求，桩位合格率达95%以上，桩基施工完毕经小应变检测Ⅰ类桩达95%以上，不出现Ⅲ类桩，单桩承载力

检测达到设计要求。

7.2 质量组织机构及主要职责

(1)建立由项目经理领导、技术负责人控制、质检员基层检查的三级管理体系。

(2)各班组主要质量职责见附表6。

附表6 各班组主要质量职责

职能部门或责任人	职 责
工程负责人	(1)全面负责项目部的质量工作，明确和落实项目部各类人员的质量职责 (2)对外代表公司履行工程承包合同，对内合理组织施工生产，实施质量计划，实现项目质量目标，是工程项目施工的直接组织者和负责人 (3)申请办理开工报告，负责生产过程中的协调工作
技术负责人	(1)编制项目工程质量计划，并督促施工中各类人员严格执行 (2)组织编制施工组织设计/施工方案，参加图纸内审、会审，进行技术交底和技术复核工作 (3)检查项目质量计划的实施情况，指导落实关键工序、特殊工序的监控过程，并组织特殊过程的坚定工作 (4)对生产过程中出现的不合格品进行记录，及时上报，参与分析原因，对处置措施组织实施，对不合格项实施纠正的预防措施，防止再发生 (5)掌握工程质量动态，提供质量信息，实施统计技术在项目上的应用，并对项目进行技术总结
质检组	(1)负责施工过程的质量检验和监控工作，配合技术负责人、施工员对班组进行技术交底，确保每道工序受控 (2)配合施工员复查工程轴线，桩位线和标高，督促班组执行“三检”制，对工程施工的全过程尤其是关键工序、特殊工序进行跟踪检查，对有追溯性要求的场所，作好标识工作 (3)对施工中的进货过程，最终检验和试验进行控制，确保未经检验和试验的物资不投入使用 (4)监督、检查工程中使用的原材料、半成品质量，对不符合要求的材料和半成品有权令其停止供应和使用，对违反操作规程和设计要求的工序及工程量隐患应有权制止，及时主动向有关部门报告，并做好状态标识 (5)负责建立项目文件资料有效版本清单及保管工作，对作废的文件和资料进行标识，防止混用 (6)掌握施工进度，做好资料与工程进度同步，对不符合要求的资料监督承办人重新办理。做好资料的交接口工作 (7)对质量记录进行收集、整理，并负责其编目、借阅、归档、保管和处理工作 (8)保持与专业职责部门的联系，提供完善的竣工资料

续表

职能部门或责任人	职　责
材料组	(1)根据材料验收规范，对进场物资进行验收，应妥善保管物资采购的质量记录，严格执行各种材料的管理制度 (2)熟悉掌握各种材料的技术标准，对进场的物资及时索取有关检验报告和材质证明，并进行标识 (3)负责办理采购物资和顾客提供产品的搬运、储存、维护、验收手续，并建立物资采购台账
压桩组	严格按设计图压桩，依据工艺标准，对压桩质量负责，并向下一道工序交接．要准确填写压桩记录
施工组	(1)负责参与施工组织设计/施工方案的编制，参加图纸内审、会审，配合技术负责人对项目(分承包方)操作人员进行技术交底 (2)严格按设计图纸、施工规范、操作规程、质量计划、施工组织设计/施工方案施工，做好施工日志，接受质检员的监督检查 (3)对项目施工使用的检验、测量和试验设备进行检查和控制，正确使用、保管各种检测设备，并做好过程测量放线工作 (4)做好施工过程中的质量记录和竣工资料，参加工程自检、验收、成品保护及交付工作
接桩组	根据设计图要求，使用合格的电焊条，依据作业指导书操作，并填写焊接隐蔽记录保证焊接质量达到设计要求

7.3 质量管理措施

在本工程施工中，全面推行ISO9001：2000质量管理体系系列标准进行质量管理和质量控制，并结合我国现行的国家质量管理政策及质量法规编制《项目管理计划》，通过在施工生产中贯彻实施《项目管理计划》，不断完善项目部质量保证体系提高工作质量和施工质量。

(1)建立质量管理体系和编制质保计划。为了确保本工程质量达到优良工程，现场建立质量保证体系和质量监督体系。

质量保证体系：以项目经理为首，各专业工长、试验员、测量员、材料员、技术内业所组成，并形成横向到边、纵向到底的质量保证网络。

质量监督体系：以项目技术负责人为首、各专业专职质检员为主、班级兼职质检员所组成专、兼职结合的质量监督网络。

(2)施工准备过程的质量保证措施。

①细化《施工组织设计》。根据正式的施工图、技术文件认真分析工程的特点，有针对性地提出施工方案和防范措施。

②严格审查图纸，避免设计图纸的误差和设计意图不清给工程质量带来的影响。

③搞好技术交底及必要的技术培训工作。项目技术负责人对施工员、质检员、施工班长进行施工组织设计、施工图技术交底，施工员对施工班组进行项目管理计划、工艺标准技术交底。使项目部的执行人员了解项目的质量特性，做到心中有数，避免盲目行动。

④搞好管桩桩段、焊接材料的质量控制。严格按质量标准和进度计划订货、采购。并不定期派员到预制厂检查桩段制作质量。

⑤施工前，搞好桩机的检修及保养工作，使桩机保持良好的技术状态。

(3)施工过程中的质量保证措施。

①建立由项目经理领导、技术负责人中间控制、质检员日常检查的三级管理体系。

②加强现场工作质量的检查监控，强化“三检”工作的及时性和准确性，使工序质量指标控制在设计和规范要求的允许偏差内。

③对进入施工现场的桩段、电焊条等材料应对其品种、规格、型号、质量、数量、物理性能进行检查或试验，如外观质量、物理性能均满足规范要求，并有出厂合格证或试验报告方能投入使用。

④施工过程中的每道工序都必须经质检员检查合格方可继续施工。一般工序质量控制如图 2 所示。

⑤根据静压预应力管桩施工工艺，并结合本工程的特点，测量定位和桩接头焊接为关键工序，关键工序质量控制点设置见附表 7。

附表 7　　本项目关键工序质量控制点设置表

分项内容	控制点设置	实施措施	检查方法	负责人
测量设备	全站仪、钢卷尺的校准状态	(1)按时送法定部门周检 (2)定期对仪器进行检查	查标定合格证	质检员
计　算	保证计算值的准确	(1)两人分开计算、核对 (2)质检部门抽查	(1)直角坐标法 (2)极坐标法	质检员
实测操作	全站仪操作	(1)精确对点 (2)采用正倒镜观测法		施工员
	钢卷尺丈量	(3)采用往返丈量法 (4)坚持复核制度		质检员
	轴线控制	(5)设轴线控制点和辅助控制点	(1)用经纬仪和钢卷尺 (2)用测量成果表做记录	施工员
桩段焊接	接头质量	(1)使用的焊丝条宜用 ER50-6 (2)焊缝饱满 (3)上、下接桩的垂直误差检查	(1)检查材质 (2)质检员目测或用尺测量 (3)经纬仪及线垂检查	质检员

(6)施工过程中发生的设计变更应得到有效控制，首先应根据设计变更函将变更内容标注在施工图上，然后对项目部执行人员进行书面交底，形成记录，保存设计变更进入竣工资料，并将实施情况记入施工日志。

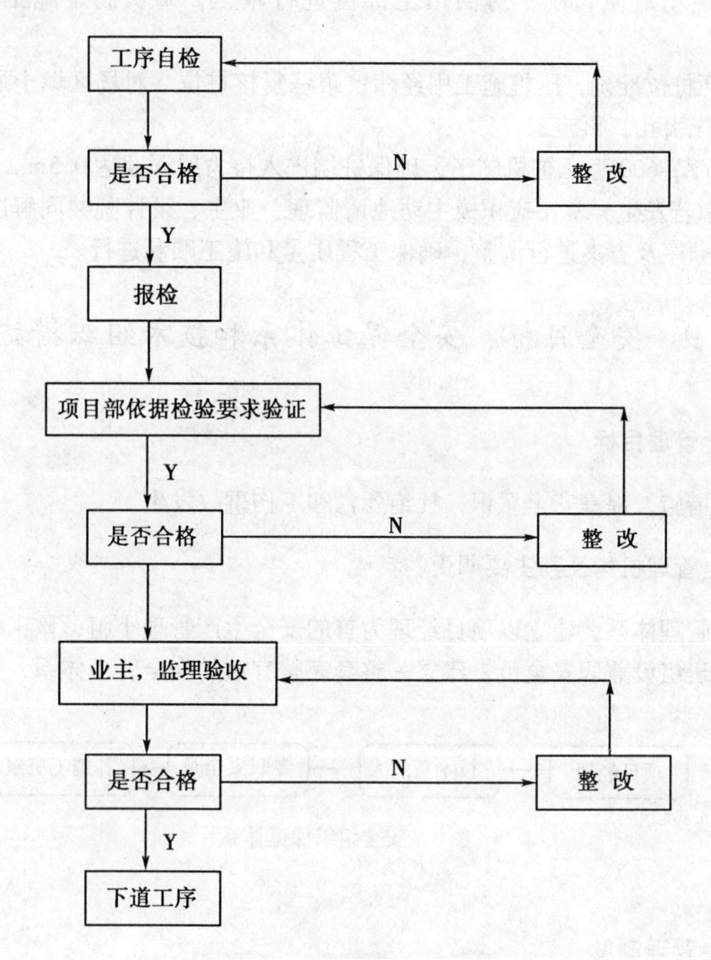

图2 工序质量控制图

7.4 质量管理及检验标准

(1)各分项工程质量严格执行“三检制”，对各班组施工质量层层把关，做好工序交接与质量等级的验证工作。

(2)施工中执行的有关规范：

《建筑地基基础工程施工质量验收规范》(GB50202—2002)；

《预应力砼管桩标准图集》(O3SG409—2003)；

《建筑工程施工质量验收统一标准》(GB50300—2001)；

《建筑桩基技术规范》(JGJ94—94)；

《基桩低应变动力检测规程》(JGJ106—2003)。

8 技术措施

(1)根据现场地质情况，对回填土部位进行碾压，确认满足施工要求后再进行施工。

(2)为保证桩位准确，压桩施工用经纬仪跟踪复核桩位，对场区填土层中碎石等部位可采用送桩器先引孔，再施工。

(3)采用 YZY-600 型压桩机施工，确保桩端进入持力层深度达 0.5m。

(4)施工中若发生异常，应积极主动地请监理、业主、设计院共同解决施工难题，我方随时对施工顺序及方案进行调整，确保工程质量和施工顺利进行。

9 安全目标、安全保证体系和技术组织措施

9.1 安全管理目标

完善安全措施，提高安全意识，杜绝死亡和工伤事故发生。

9.2 安全管理机构及其主要职责

安全生产管理体系。建立以项目经理为首的安全生产管理小组，该工程设一名专职安全员，各施工班组设兼职安全员，建立一整套完整有效的安全管理体系，如图 3 所示。

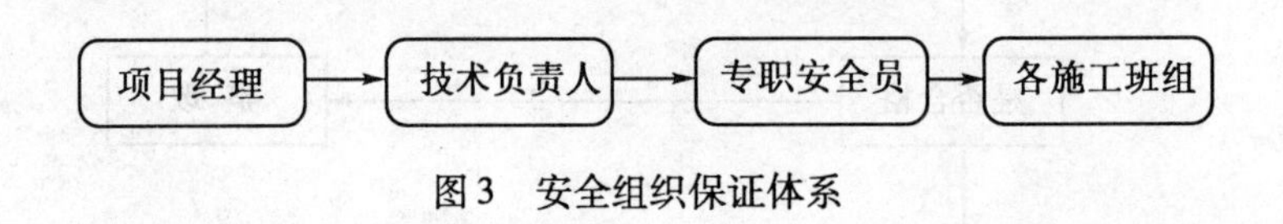

图 3 安全组织保证体系

9.3 安全管理制度

(1)安全技术交底制：根据安全措施要求和现场实际情况，各级管理人员需亲自逐级进行书面交底。

(2)班前检查制：责任工人必须督促与检查施工班组对安全防护措施是否进行了检查。

(3)大、中型机械设备实行验收制：凡不经验收的一律不得投入使用。

(4)周一安全活动制：项目部每周一要组织全体工人进行安全教育，对上一周安全方面存在的问题进行总结，对本周的安全重点和注意事项进行必要的交底，使广大工人能做到心中有数，从意识上时刻绷紧“安全”这根弦。

(5)定期检查与隐患整改制：项目部每周要组织一次安全生产检查，对查出的安全隐患必须定措施、定时间、定人员整改，并做好安全隐患整改消项记录。

(6)管理人员和特种作业人员实行年审制，每年由公司统一组织进行，加强施工管理人员的安全考核，增强安全意识，避免违章指挥。

(7)实行安全生产奖罚制与事故报告制。

(8)危急情况停工制：一旦出现危及职工生命财产安全的险情，要立即停工，同时即刻报告公司，及时采取措施排除险情。

(9)持证上岗制：特殊工种必须持有上岗操作证，严禁无证操作。

9.4 安全组织技术措施

(1)现场施工用高、低压线及设备禁止使用破损或绝缘性能差的电线，严禁电线随地走。电器设备要有良好的保护接时和接零，传动装置要有防护罩。

(2)加强防火消防管理，切实加强火源管理，易燃、易爆物品指定专人管理。焊工作业时必须清理周围的易燃物品。消防工具、器材要齐全，并安装在适当位置，指定专人负责清理，定期检查。

(3)上岗人员必须戴安全帽，上岗人员必须系安全带。

(4)安全用电，电器设备必须安装漏电保护器，输电线路必须按规定连接、架设。如不能架设，必须铺设安全可靠的电缆。

(5)所有施工设备在使用前一定要试运行，确认正常后再正式运行。凡不符合安全要求的机械、设备禁止使用。

(6)桩机行走或吊桩时，要听从指挥人员信号，信号不明确或可能引起事故时，应暂停操作。各种电动具必须按规定接零接地，并设置单一开关，遇有临时停电时，必须拉闸加锁。

10 环境保护及文明施工

10.1 文明施工目标

严格执行《安全文明施工承诺书》的有关规定，文明施工，争创市级文明施工工地。

划分职责，严格按施工平面图进行管理，设专人打扫现场和周围道路清洁，做到物流有序、施工顺畅，确保现场达到文明施工现场要求。

10.2 组织管理措施

为了把文明施工落到实处，提高综合管理水平和施工人员的素质，本项目部成立了以项目经理为组长、以技术负责人为副组长的现场文明施工管理小组。

10.3 文明施工管理措施

10.3.1 工程现场进出场规定

(1)现场员工不准携带任何非法或未经授权的物品进入施工现场。

(2)进入施工现场时必须戴硬质安全帽。

10.3.2 安全施工及检查记录

(1)工程开工前，制定并组织员工学习《安全施工措施》，并由专职安全员监督检查执行。

(2)安全员必须及时跟踪检查施工现场安全施工执行情况，并形成记录，提出整改措施。

(3)定期召开安全会议，并及时做好安全会议记录和月安全作业、检查总结。

参 考 文 献

[1]《地基处理手册》编委会. 地基处理手册. 北京：中国建筑工业出版社，2000.
[2] 陈希哲. 土力学地基基础. 北京：清华大学出版社，1998.
[3] 刘永红. 地基处理. 北京：科学出版社，2005.
[4] 孙维东. 土力学与地基基础. 北京：机械工业出版社，2003.
[5] 傅裕寿，张正威. 土力学与地基基础. 北京：清华大学出版社，2009.
[6] 李章政. 土力学与地基基础. 北京：化学工业出版社，2011.
[7] 陈兰云. 土力学与地基基础. 北京：机械工业出版社，2006.
[8] 朱永祥. 地基基础工程施工. 北京：高等教育出版社，2005.
[9] 刘福臣. 地基与基础工程施工. 南京：南京大学出版社，2012.
[10] 裴利剑，郭秦渭. 地基基础工程施工. 北京：科学出版社，2010.
[11] 丁宪良，刘粤. 地基与基础工程施工. 修订版. 武汉：中国地质大学出版社，2005.
[12] 毕守一，钟汉华. 基础工程施工. 郑州：黄河水利出版社，2009.
[13] 黄林青. 地基基础工程. 北京：化学工业出版社，2008.
[14] 建筑地基基础设计规范. 北京：中国建筑工业出版社，2012.
[15] 岩土工程勘察规范. 北京：中国建筑工业出版社，2002.
[16] 建筑抗震设计规范. 北京：中国建筑工业出版社，2010.
[17] 土工试验方法标准. 北京：中国计划出版社，1999.
[18] 建筑地基处理技术规范. 北京：中国建筑工业出版社，2002.
[19] 混凝土结构施工图平面整体表示方法制图规则和构造详图(独立基础、条形基础、筏形基础及桩基承台). 北京：中国计划出版社，2006.
[20] 建筑施工手册. 第四版. 北京：中国建筑工业出版社，2011.
[21] 建筑地基基础工程施工质量标准. 北京：中国建筑工业出版社，2007.
[22] 建筑地基基础工程施工质量验收规范. 第一版. 北京：中国计划出版社，2002.